"博学而笃志，切问而近思。"

（《论语》）

博晓古今，可立一家之说；
学贯中西，或成经国之才。

复旦博学·复旦博学·复旦博学·复旦博学·复旦博学·复旦博学

作者简介

陈光梦，男，1950年生。1966年因"文化大革命"辍学，进入工厂。1977年恢复高考后考入复旦大学，毕业后留校至今。

留校以后一直从事电路与系统的教学与科研工作。长期从事电子线路基础教学，曾参加过国家教育部组织的中华学习机系列的研制工作，参加过上海多家工厂的工业自动化改造项目，在自动控制技术、可编程逻辑器件应用技术、声音与图像的处理与应用技术等领域开展过不少工作。编著有《可编程逻辑器件的原理与应用》、《数字逻辑基础》、《高频电路基础》、《模拟电子学基础与数字逻辑基础学习指南》、《数字逻辑基础学习指导与教学参考》等书。

"十二五"普通高等教育本科国家级规划教材

电子学基础系列
ELECTRONICS

模拟电子学基础

（第二版）

MONI DIANZIXUE JICHU

MONI DIANZIXUE JICHU

MONI DIANZIXUE JICHU

MONI DIANZIXUE JICHU

陈光梦 编著

复旦大学出版社

内 容 提 要

本书是电子学基础课程中关于模拟电子学部分的教材。包含电路分析基础、半导体器件、基本放大器、集成放大器、反馈以及信号处理电路等内容。在内容安排上重点讨论模拟电子学中最基本的电路概念，尽量在原理上阐述各种基本电路的结构特点与工作特性，从基本模型或基本电路结构出发进行大量的分析。对于具体应用电路，只作典型电路的介绍。本书重点培养学生的基本分析能力，目的是使学生能够通过典型例子举一反三，完成对一般模拟电路的分析工作。

根据目前模拟集成电路的发展情况，本书还着重安排了场效应管、场效应管放大器以及集成放大器的内容，力图让学生建立关于场效应管放大器和集成放大器的基本概念，以使他们在以后的学习和工作中能够延拓和运用这些概念。

本书可以作为高等学校电子科学与技术类专业学生的教科书，也可以作为大学理科学生以及相关工程技术人员的参考书。

再 版 前 言

正如在第一版前言中所述,由于作者的学识所限,本书第一版中存在许多错误。在本书出版以后,就不断有热心的读者、学生以及同事给我指出书中的错误。甚至有些外地的读者,通过信件、电子邮件等方式向我指出错误。我首先向这些朋友们表示深深的谢意!

另外,我自己在这几年的教学活动中,也感到本书的某些章节或过于简略或过于繁琐,不利于学生的学习。这次趁着出版社要求改版的机会,详细整理了大家给我指出的错误,并对那些自认为不合适的地方作了一些改动。

主要的改动大约有以下几处:

第1章删去了回路电流法。主要是考虑到一般在分析线性电路时用节点电压法较方便,回路电流法不太常用。删去以后可以使学生更容易掌握,而想学习回路电流法的同学在掌握节点电压法后,通过阅读其他参考书也很容易掌握它。本章的一些例题也作了较大的改动。

第2章增加了二极管的应用电路一节。在教学活动中发现,由于原来的教材中没有涉及这方面的内容,使得一般学生对于整流电路、限幅电路、钳位电路等二极管的主要应用电路知之甚少,结果是在实际应用中还要重新学习。这次在书中增加了一节,尽管内容不多,但是可以起到使学生入门的作用。

第3和第4两章主要是改正了一些错误以及表述不清的地方。

第5章作了较大幅度的改动。主要问题是在原来的教材中,对于基本放大器的增益的表述有些含混不清。在同事王勇老师的建议下,这次将反馈放大器两种不同的环路增益(放大器前端输入和放大器后端输入)作了明确的区分,并以此为基础对文中有关的描述、例题等全部作了修改。在此特别对王勇老师表示衷心感谢。

第6章除了改正了一些错误之外,增加了运放应用中应该注意的压摆率的一条。这是在指导学生应用运放构成电路的过程中,发现原来教材没有提及,结果使得有些学生忽略此问题而导致失败。

尽管在这次再版中作者想尽可能改正上一版的错误,但是由于本人的学识、精力等诸多限制,在本书再版后肯定还会存在一些问题和谬误。实际上这是一个不断螺旋式上升的过程,所以衷心希望广大读者以及各位专家多多指教!

陈光梦

2009 年 7 月于复旦大学

前　　言

当今社会已经是一个高度信息化的社会,电子科学技术在信息化过程中充当了一个不可或缺的重要角色。电子学已经不仅仅是电子科学与技术类专业学生的专门课程,它日益成为所有理科大学生都应该通晓的基本知识。本书就是在复旦大学开始实行全面学分制改革以后,根据电子学基础课程的教学大纲要求编写而成。

考虑到兼顾电子类专业和非电子类理科学生的共同需要,本教材在内容安排上重点讨论模拟电子学中最基本的电路概念,尽量在原理上阐述各种基本电路的结构特点与工作特性,大量的分析从基本模型或基本电路结构出发进行。对于具体应用电路,只作典型电路的介绍。有些比较主要的应用电路则在习题中让学生自行分析。这样的考虑是希望学生能够掌握基本的分析手段,通过典型例子的分析举一反三,而不致被种类繁多的应用电路所困扰。全书共分 6 章。

第 1 章电路分析基础,介绍了本课程必须的关于电路分析的内容。

第 2 章半导体器件,介绍了半导体二极管、双极型晶体管和场效应管的结构、伏安特性以及各种等效模型。其中的重点是各种半导体器件的等效模型,是以下几章的基础知识。

第 3 章晶体管放大器和第 4 章集成放大器,是关于放大器的基础知识,也是本教材的重点内容之一。

自 20 世纪 90 年代以来,由于集成电路技术的发展,模拟集成电路正逐渐与数字集成电路相融合,典型的例证就是混合信号的片上系统(SOC)得到快速发展。由于目前在数字集成电路领域主要以 CMOS 技术为主,所以在频率不是很高的场合,模数混合集成电路中的放大器要求与 CMOS 工艺兼容。基于当前模拟电路的这一发展趋势,本书将场效应管放大器的内容与双极型放大器的内容相提并论,并单独安排了集成放大器一章。这样的教学安排是试图让大学一、二年级的学生建立起关于场效应管放大器和集成放大器的基本概念,以使他们在以后的学习和工作中能够延拓和运用这些概念。

第 5 章反馈,介绍了放大器中具有重要地位的反馈问题。重点分析基本的反馈原理、负反馈的组态以及负反馈电路的特点、负反馈对于放大器的影响、负反馈电路的近似估算等内容。同时引入正反馈及其主要应用电路。

第 6 章信号处理电路,主要介绍基于集成运放的运算电路、滤波电路等应用电路。没有列举过多的电路实例,而是在详细分析基本放大器的基础上,引入函数与反函数电路、电路的传递函数等概念,并以此导出其他应用电路。

本课程的总体要求是学生应该掌握模拟电子学的基本概念,能够运用等效电路等基本手段分析晶体管放大器,掌握负反馈放大器的原理与特点,并对基于集成运放构成的信号处理电路进行分析。

为了使学生能够对课堂知识有更深刻的了解,在电子学课程设计中另外安排有配套的实验课程。学生可以在学完理论知识后,通过实验对课堂教学内容作进一步的深入了解。

使用本教材的实际课时大约在 64 到 72 学时(不含实验),可以根据实际情况作适当的增删。如果在前修课程中已经包含有电路分析,则可以跳过第 1 章。如果教学时间紧凑而在后续的课程中有高频电路的课程,那么也可以适当压缩第 2、3、4 章中关于晶体管和放大器的高频特性的内容,将它们合并在高频电路课程中。如果教学时间充裕,也可以在第 6 章适当增加应用电路的实例。

在本书中符号使用的约定是:电阻、电容、跨导等一般符号与多数文献中的用法一致。电压或电位以字母 V 表示,电流以字母 I 表示,并且以小写字母 v、i 作为交流小信号电压与电流的符号,以大写字母 V、I 表示直流信号或者瞬时信号(即叠加了交流信号的直流信号)。下标的大小写根据上下文需要确定,可以与符号相同,也可以不同。凡是静态直流信号(工作点),一般均在其下标附加字母 Q。由于本书在试用期间经过多次改动,另外在有些场合也很难确定信号的性质,所以个别地方可能与上述约定不符。

在本书的编写与试用过程中,得到了院系领导的关心和同事们的热情支持与帮助。孙承缀和王勇老师一起参与了教材的试用工作,对于教材的内容安排和材料取舍提出了许多中肯的意见,对这本教材的定稿起了很大的作用。王勇老师在试用过程中不仅仔细阅读了全书,指正了书稿中的多处错误,并且对全部习题进行了校对与试解。宋万年和孔庆生老师等也对书中的内容提出了许多有益的建议。在此对他们致以诚挚的谢意。

另外,我很感激我的夫人石敏,在本书的编写过程中,她为我完成了包括录入在内的许多事务性工作。

本书的出版也离不开复旦大学出版社工作人员的辛勤劳动,尤其是范仁梅副编审和本书的责任编辑梁玲博士,在此对她们表示衷心感谢。

尽管在教材的试用过程中已经发现并改正了许多错误(其中有些问题是在试用期间由学生们发现的,在此致谢),但我相信书中还会存在谬误和不妥之处,所以我衷心希望广大读者一旦发现书中的问题请与我联系,以便能够及时改正错误。

陈光梦

2005 年 3 月于复旦大学

目　　录

第1章 电路分析基础

电子学研究的基本内容可以用"信号—电路—系统"来说明。电子学的研究对象是电信号；实现对信号进行某种处理，例如放大、选择、变换等基本功能的单元就是电子电路；各种电路按照信号处理的要求，以一定的次序加以连接并完成特定的功能，就构成了电子系统。

信号可以按照它们的表现形式分为模拟信号（Analog Signal）与数字信号（Digital Signal）两大类，对应地就有模拟电路与数字电路、模拟系统与数字系统两大领域。模拟信号的特点是它无论在时间上还是空间上都是连续的，自然界中绝大部分信号是模拟信号。以连续的方式处理模拟信号的电路就是模拟电路，以模拟电路组成的系统就是模拟系统。

模拟电路还可以按照信号之间的相互关系分成线性电路和非线性电路两类。线性电路中输入输出信号的关系可以用线性方程进行描述，而非线性电路中输入输出信号之间的关系必须用非线性方程进行描述。

由于许多常用的电路在一定的近似条件下可以用线性电路来等效，所以线性电路的分析方法是分析电子电路的基础。本章将研究线性电路分析的一般问题：如何根据已知的电路结构列出描述其电压电流关系的电路方程；如何根据电路方程求解输入输出信号之间的关系，即电路的传递函数；如何根据传递函数讨论电路的各种特性。

§1.1 概　　述

1.1.1 线性元件

由于电特性的区别，电路中的元件可以分为线性元件与非线性元件两大类。

线性元件（Linear Components）的特点是：元件参数不随外加电压、电流的变化而发生变化，可以用线性方程（代数方程、微分方程或积分方程）描述其电压电流关系。非线性元件（Non-linear Components）的特点是它的电压电流关系由一个非线性方程来描述。

若构成电路的所有元件均为线性元件,则该电路是线性电路。反之,只要在电路中存在非线性元件,则该电路就是非线性电路。

实际上,"线性"和"非线性"是相对的。所谓"线性元件",总是针对某个特定的条件(电流电压范围、温度范围等)而言的,超出此范围,可能就是非线性元件了。而所谓的"非线性元件",若能将加在它上面的信号控制在某个特定的较小的范围内,也可以近似地将它作为线性元件处理。

为了能够在电路分析中使用数学的分析方法,通常将实际的电路加以抽象,用电路等效模型来代替实际的电路。所谓等效模型,就是用一些已知特性的元件模型来代替实际电路,以利于电路的分析。在规定的条件下,由这些元件模型构成的等效电路与被等效的实际电路具有相同的电学特性。

线性元件的模型有 9 种,它们是:电阻、电容、电感、电压源、电流源、压控电压源、流控电压源、压控电流源、流控电流源。

电阻(Resistance)的电压、电流关系可以用欧姆定律描述如下:

$$v_R(t) = R \cdot i_R(t) \tag{1.1a}$$

$$i_R(t) = G \cdot v_R(t) \tag{1.1b}$$

其中,R 是电阻值,单位为欧姆(Ω);G 是电阻的倒数,称为电导(Conductance),单位为西门子(S)。

电容(Capacitance)的电压、电流关系可以用下式表示:

$$v_C(t) = \frac{1}{C} \int i_C(t) \mathrm{d}t \tag{1.2}$$

其中,C 是电容值,单位为法拉(F)。

电感(Inductance)的电压、电流关系可以用下式表示:

$$v_L(t) = L \frac{\mathrm{d}i_L(t)}{\mathrm{d}t} \tag{1.3}$$

其中,L 是电感值,单位为亨利(H)。

其余的 6 种模型都是有源元件,前两种为独立源,后 4 种为相关源。

电压源(Voltage Source)和电流源(Current Source)都是理想的二端元件。电压源和电流源的电路符号如图 1-1 所示。

电压源两端的电压与流过它的电流无关,在图 1-1 所示的电压源电路中,无论负载网络如何,总有 $v(t) = v_s(t)$。

流过电流源的电流与电流源两端的电压无关,在图 1-1 所示的电流源电路中,

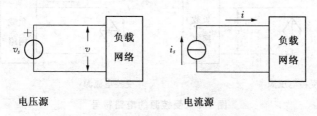

电压源　　　　　　　　　　电流源

图 1-1　电压源和电流源的电路符号

无论负载网络如何,总有 $i(t) = i_s(t)$。

　　需要说明的是,尽管在电压源符号中标明了正负极性,在电流源符号中标明了电流方向,这并不意味着它们只能用来描述直流信号。它们只是表示在电路中的一个参考极性或参考方向。若实际的极性或方向与参考相反,则在表达式中可以用负值来描述。如果是一个交流源,则可以用一个时间的函数来描述源的数值。所以上述模型可以描述任意一个电压源或电流源。

　　实际的电压源在负载电流增加时,端电压会下降。实际的电流源在负载变化引起端电压上升时,输出电流会下降。引起这些变化的原因在于实际的电源总存在一定的内阻,所以实际的电源在负载变化时,两端的电压(或流过它的电流)会发生变化。在进行电路分析时,可以用图 1-2 的电路等效一个实际的电源,其中 r_s 表示实际电源中的内阻。

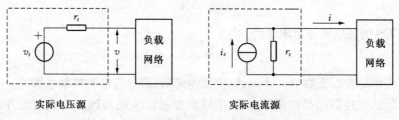

实际电压源　　　　　　　　　　实际电流源

图 1-2　实际电压源和实际电流源的等效电路

　　压控电压源(Voltage Control Voltage Source,简称 VCVS)、流控电压源(Current Control Voltage Source,简称 CCVS)、压控电流源(VCCS)、流控电流源(CCCS)都是相关源(Dependant Source)。相关源是一种非独立电源,它们的源输出(电压或电流)受电路中其他部分的电压或电流的控制,所以也称它们为受控源。引入这 4 种非独立源的目的是为了用它们来描述电路中的晶体管等放大器件。它们在电路中的符号如图 1-3 所示。

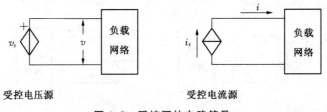

受控电压源   受控电流源

图 1-3 受控源的电路符号

必须指出,受控源与独立源是不同的。独立源的输出是电路中的激励信号的来源,它们不受电路中其他部分的影响(这就是"独立"的含义)。而受控源的输出受电路中其他部分(控制信号)的影响,一旦控制信号消失,受控源的输出也就消失。所以受控源只是反映电路中某处的电压或电流被另一处的电压或电流所控制,它本身并不是激励信号的源头。在电路上,受控源的数值往往用控制信号的函数来表达。例如,VCVS 的源电压通常表达为

$$v_s = A_v v_c \tag{1.4}$$

其中 v_c 是控制电压,A_v 是电压控制系数。

同样,CCVS 的源电压通常表达为

$$v_s = A_r i_c \tag{1.5}$$

VCCS 的源电流通常表达为

$$i_s = A_g v_c \tag{1.6}$$

CCCS 的源电流通常表达为

$$i_s = A_i i_c \tag{1.7}$$

上面 3 式中的控制系数 A_r、A_g、A_i 分别为跨阻、跨导与电流控制系数。

实际的受控源也都存在源内阻,所以也都可以采用与独立源类似的方法用等效电路进行等效。

1.1.2 线性电路的分析方法

对于一个线性电路的分析,就是分析该电路在一定的电压或电流的激励下,具有何种响应。按照分析方法的不同,可以有时域分析和频域分析两种分析方法。

时域分析方法将激励与响应的电压、电流都表示为时间的函数,电路分析在时间域进行。即对网络施加一个随时间变化的激励,然后研究网络响应随时间的变

化规律。

通常情况下,时不变线性网络的响应对于激励来说,可以用一个常微分方程组来描述。研究网络响应随时间的变化规律,就是设法解出这个微分方程组。我们可以有两种方法解常微分方程组:一种是直接在时域求解微分方程组,得到响应对于激励的关系;另一种是将常微分方程组通过拉普拉斯变换,转换为复频域的代数方程组,然后解此代数方程组,最后将解通过拉普拉斯反变换返回到时域讨论它的物理意义。由于解复频域的代数方程组比直接解微分方程组容易,而且利用后面要讨论的方法,可以直接列出电路的复频域的代数方程组,所以通常用复频域的代数方程组进行电路分析,也称之为电路的复频域分析。

频域分析方法对系统施加一个频率变化的正弦激励信号,然后研究网络响应随激励信号的频率变化的变化规律。对于一个线性网络而言,若激励是一个简谐信号,则其响应也一定是一个简谐信号,只是响应信号与激励信号之间的幅度比以及相位差会随着激励的频率改变而变化。频域分析方法就是研究网络响应随激励信号的频率改变而产生幅度与相位变化的规律。

1.1.3　线性元件在复频域的表示

由于复频域分析是电路分析中最常用的一个分析方法,所以有必要详细讨论一下在复频域中线性元件的电压电流关系。

将(1.1)式、(1.2)式和(1.3)式进行拉普拉斯变换,可以得到电阻、电容和电感的电压电流关系在复频域的表示:

$$v_R(s) = R \cdot i_R(s) \tag{1.8}$$

$$v_C(s) = \frac{1}{Cs} i_C(s) \tag{1.9}$$

$$v_L(s) = Ls i_L(s) \tag{1.10}$$

将上面的表示式加以变换,可以导出电阻、电容和电感在复频域的阻抗表达式:

$$Z_R(s) = \frac{v_R(s)}{i_R(s)} = R \tag{1.11}$$

$$Z_C(s) = \frac{v_C(s)}{i_C(s)} = \frac{1}{Cs} \tag{1.12}$$

$$Z_L(s) = \frac{v_L(s)}{i_L(s)} = Ls \tag{1.13}$$

在电路分析中,有时要用阻抗(Impedance)的倒数进行运算。电阻的倒数称为电导(Conductance),电抗(Reactance,包括容抗和感抗)的倒数称为电纳(Susceptance)。电导与电纳合称导纳(Admittance)。

关于独立源在复频域的表示,只要将它们的自变量更换成复频率 s 即可。

相关源在复频域的表示可以通过对(1.4)式~(1.7)式进行拉普拉斯变换得到。除了改变它们的自变量以外,还要将它们的系数进行相应的变换。

另一方面,我们知道在正弦信号激励下,用复数表示的电阻、电容与电感上的电压电流关系为

$$v_R(\mathrm{j}\omega) = R \cdot i_R(\mathrm{j}\omega) \tag{1.14a}$$

$$i_R(\mathrm{j}\omega) = G \cdot v_R(\mathrm{j}\omega) \tag{1.14b}$$

$$v_C(\mathrm{j}\omega) = \frac{1}{\mathrm{j}\omega C} i_C(\mathrm{j}\omega) \tag{1.15}$$

$$v_L(\mathrm{j}\omega) = \mathrm{j}\omega L i_L(\mathrm{j}\omega) \tag{1.16}$$

比较(1.8)~(1.10)式与(1.14)~(1.16)式,我们可以发现,只要将复频域方程中的复变量 s 用 $\mathrm{j}\omega$ 代替,则这两组方程的形式完全一致。

§1.2　基本定律与定理及其应用

在分析线性电路时,除了运用在上一节提到的欧姆定律,以及由(1.2)式、(1.3)式所表示的电容与电感的基本伏安特性以外,还经常用到基尔霍夫定律、等效电源定律和叠加定理。实际上,欧姆定律、电容与电感的伏安特性等是元件本身的特性。而本节要介绍的这些定律,是由于元件连接成电路后对于电路中的电流与电压的约束关系的体现。

本节将简单地叙述这些基本定律及其应用,至于它们的详细的讨论和严格的证明,可以参考有关电路理论的书籍。

1.2.1　基尔霍夫定律

基尔霍夫定律是描述复杂的线性电路中电压电流关系的一个基本定律,它由两个定律组成:基尔霍夫电流定律(Kirchhoff's Current Law,简称 KCL)和基尔霍夫电压定律(Kirchhoff's Voltage Law,简称 KVL)。

为了阐述这个定律,首先定义几个术语。

　　支路(Branch):电路中能通过同一电流的分支。支路一般由二端元件或二端元件的串联构成。

　　节点(Node):电路中 3 个或 3 个以上的支路的交点。

　　回路(Loop):电路中由支路构成的闭合路径。

　　例如,在图 1-4 中,共有 2 个节点,a 与 b;3 条支路,分别由 v_{s1} 和 R_1、v_{s2} 和 R_2 以及单独的 R_3 构成;还有 3 个回路,v_{s1}、R_1、R_2、v_{s2} 构成一个回路,v_{s2}、R_2、R_3 构成另一个回路,v_{s1}、R_1、R_3 构成第三个回路。

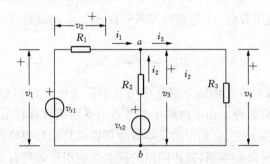

图 1-4　电路的支路、节点与回路

一、基尔霍夫电流定律

　　对于电路的任意一个节点,流入该节点的所有瞬时电流的代数和为零,即

$$\sum i(t) = 0 \tag{1.17}$$

　　注意在上述表述中,定义了电流的参考方向:流入该节点的为正,流出该节点的为负。所以也可以将它表述为:对于电路的任意一个节点,流入该节点的电流之和等于流出该节点的电流之和。它是电流连续性的直接体现。

　　例 1-1　列出图 1-4 中节点 a 的电流方程。

　　根据基尔霍夫电流定律,可得

$$i_1 + i_2 - i_3 = 0$$

由于图 1-4 中 i_3 标示的方向与定义的方向相反,所以取负号。

二、基尔霍夫电压定律

　　对于电路的任意一个回路,环绕该回路的所有瞬时电压的代数和为零,即

$$\sum v(t) = 0 \tag{1.18}$$

注意在运用上式时,也要定义一个参考方向。具体地说,先指定一个绕行回路的方向,凡电路中电压的标示方向与此绕行方向一致者为正,反之为负。所谓与绕行方向一致,是指电压的标示方向由正到负的方向。实际上,此定律是导体等势性的直接体现。

例 1-2 列出图 1-4 中由 v_{s1}、R_1、R_2、v_{s2} 构成之回路的回路电压方程。

在图 1-4 中,对于由 v_{s1}、R_1、R_2、v_{s2} 构成的回路,若指定顺时针方向为正,则按照图中标识的电压方向,v_3 与绕行方向一致,v_1、v_2 与绕行方向相反。所以可以列出回路方程如下:

$$- v_1 - v_2 + v_3 = 0$$

对电路中的每个节点和每个回路应用基尔霍夫电流定律和基尔霍夫电压定律,可以得到一系列方程。由于电路中的节点与支路相互有联系,所以这些方程并不是完全独立的,换言之,它们中的某些方程可以由其他方程导出。对于一个包含 N 个节点和 M 个支路的网络,描述网络的联立方程组应该具有 $N-1$ 个独立的基尔霍夫电流方程和 $M-N+1$ 个独立的基尔霍夫电压方程。解这个方程组可以得到各节点的电压和各支路的电流。

在列基尔霍夫方程组时,电路中电压与电流的方向是随意规定的,可能与实际的方向并不符合,但是不影响方程的解。若实际方向与规定方向相反,则解出的结果为负。

例 1-3 解出图 1-4 中 v_1、v_2、v_3、v_4 的值。

对于图 1-4 的电路网络,$N = 2$,$M = 3$,所以具有 1 个基尔霍夫电流方程和 2 个基尔霍夫电压方程,方程组为

$$\begin{cases} i_1 + i_2 - i_3 = 0 \\ - v_1 - v_2 + v_3 = 0 \\ - v_3 + v_4 = 0 \end{cases}$$

将上述方程组中的 v_1、v_2、v_3、v_4 分别利用欧姆定律写出,在列等式时注意到标识的电流方向与电压方向之间的相互关系,有

$$v_1 = v_{s1}, \ v_2 = - i_1 R_1, \ v_3 = v_{s2} - i_2 R_2, \ v_4 = i_3 R_3$$

然后将上式代回原方程组,就可以解出该电路中 i_1、i_2、i_3 的值,其结果如下:

$$i_1 = \frac{R_2 + R_3}{R_1 R_2 + R_1 R_3 + R_2 R_3} v_{s1} - \frac{R_3}{R_1 R_2 + R_1 R_3 + R_2 R_3} v_{s2}$$

$$i_2 = \frac{R_1 + R_3}{R_1 R_2 + R_1 R_3 + R_2 R_3} v_{s2} - \frac{R_3}{R_1 R_2 + R_1 R_3 + R_2 R_3} v_{s1}$$

$$i_3 = \frac{R_2}{R_1 R_2 + R_1 R_3 + R_2 R_3} v_{s1} - \frac{R_1}{R_1 R_2 + R_1 R_3 + R_2 R_3} v_{s2}$$

再代回电压表达式，可以得到 v_1、v_2、v_3、v_4 的值：

$$v_1 = v_{s1}$$

$$v_2 = -i_1 R_1 = -\frac{(R_2 + R_3)R_1}{R_1 R_2 + R_1 R_3 + R_2 R_3} v_{s1} + \frac{R_1 R_3}{R_1 R_2 + R_1 R_3 + R_2 R_3} v_{s2}$$

$$v_3 = v_{s2} - i_2 R_2 = -\frac{R_1 R_3}{R_1 R_2 + R_1 R_3 + R_2 R_3} v_{s2} + \frac{R_2 R_3}{R_1 R_2 + R_1 R_3 + R_2 R_3} v_{s1}$$

$$v_4 = i_3 R_3 = \frac{R_2 R_3}{R_1 R_2 + R_1 R_3 + R_2 R_3} v_{s1} - \frac{R_1 R_3}{R_1 R_2 + R_1 R_3 + R_2 R_3} v_{s2}$$

由上例可见，运用基尔霍夫定律求解具有 M 个支路、N 个节点的线性网络时，需要列出 $N-1$ 个独立的基尔霍夫电流方程和 $M-N+1$ 个独立的基尔霍夫电压方程，总计 M 个方程。另外还要根据每个支路上的元件，列出 M 个支路上的电压电流关系。也就是说，这个方程组由 $2M$ 个方程构成，对应着 M 个支路上的 M 个电压和 M 个电流，共 $2M$ 个独立变量。

当网络的支路数目较大时，直接运用基尔霍夫定律求解显然是比较复杂的。如何保证所列出的方程都是独立的？如何求解 $2M$ 元联立方程组？为此，人们归纳出一些规范的方法，称为节点电压法与回路电流法，既可以避免错误，又能适当化繁为简。我们在这里从应用的角度简单介绍节点电压法，而不对它们作进一步深入的讨论，感兴趣的读者可以自行参考有关电路分析的书籍。

在电子电路中，通常总有这样的情况：一个具有 N 个节点的网络，其中一个节点具有特殊的地位，就是"接地"点。实际上它是一个参考节点，其他节点到该节点的支路电压全部以节点到该参考点的电压差来表示，称为节点电压。

显然，任何一个支路电流都等于支路两端的电压差乘以该支路的导纳，所以可以用 $N-1$ 个节点电压作为独立变量，写出 $N-1$ 个节点的基尔霍夫方程组，它就是节点电压方程。

下面我们用一个例子来说明如何导出节点电压方程。

例 1-4　用节点电压法求解图 1-5 所示电路,其中 i_s 为激励源。

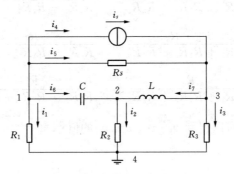

图 1-5　节点电压法的例

在图 1-5 的电路中,节点 4 是参考节点。节点 1、2、3 对参考点的电压就是节点电压,记为 v_1、v_2、v_3。写出节点 1、2、3 的基尔霍夫电流方程:

$$\begin{cases} i_1 + i_4 + i_5 + i_6 = 0 \\ -i_2 + i_6 + i_7 = 0 \\ -i_3 + i_4 + i_5 - i_7 = 0 \end{cases}$$

然后将各支路的电流用相应的节点电压来表示:

$$\begin{cases} i_1 = v_1 / R_1 \\ i_2 = v_2 / R_2 \\ i_3 = v_3 / R_3 \\ i_4 = i_s \\ i_5 = (v_1 - v_3) / R_s \\ i_6 = (v_1 - v_2) sC \\ i_7 = (v_3 - v_2) / sL \end{cases}$$

将上式代入基尔霍夫电流方程,并以节点电压为顺序整理,得到节点电压方程如下:

$$\begin{cases} \left(\dfrac{1}{R_1} + \dfrac{1}{R_s} + sC \right) v_1 - sC v_2 - \dfrac{1}{R_s} v_3 = -i_s \\ -sC v_1 + \left(\dfrac{1}{R_2} + sC + \dfrac{1}{sL} \right) v_2 - \dfrac{1}{sL} v_3 = 0 \\ -\dfrac{1}{R_s} v_1 - \dfrac{1}{sL} v_2 + \left(\dfrac{1}{R_3} + \dfrac{1}{R_s} + \dfrac{1}{sL} \right) v_3 = i_s \end{cases}$$

观察上述节点电压方程,可以发现网络的节点电压方程总是由支路导纳(已知量)、激励电流源(已知量)和节点电压(未知量)组成。可以证明,对于任何网络,其节点电压方程具有下列一般形式:

$$\begin{cases} Y_{11}v_1 + Y_{12}v_2 + \cdots + Y_{1m}v_m = i_1 \\ Y_{21}v_1 + Y_{22}v_2 + \cdots + Y_{2m}v_m = i_2 \\ \qquad\qquad \cdots\cdots\cdots\cdots\cdots \\ Y_{m1}v_1 + Y_{m2}v_2 + \cdots + Y_{mm}v_m = i_m \end{cases} \qquad (1.19)$$

其中，v_i：第 i 个节点的节点电压。

$\quad Y_{ii}$：第 i 个节点的自导纳，即连接在节点 i 和其他节点之间的支路导纳之和，取正号。

$\quad Y_{ij}(i \neq j)$：互导纳，即连接在节点 i、j 之间的所有支路导纳之和，取负号。若节点 j 与节点 i 无支路相连，则取零。

$\quad i_i$：流入节点 i 的所有激励电流源之和。若流出则取负号。

$\quad$ 方程的总数 $m = N - 1$，N 为节点数。

根据上述规则，可以很方便地直接由电路写出节点电压方程。

在上述方程中，要求流入节点的源为电流源。若电路中的激励源不是电流源，则可以通过下面将要介绍的诺顿定理先行转换。在特殊情况下，若激励电压源的一端接地，也可以直接将此节点电压作为已知量处理。若在电路中出现相关源，可以先作为独立源处理，最后将它移到方程左边，与相同的变量合并。

例 1-5　用节点电压法求解图 1-6 电路，其中 v_s 为激励源。

在此电路中，激励源为带有内阻 r_s 的电压源 v_s，且带有相关电流源 $g_m v_1$。采用节点电压法列电路方程，通常要将电压激励源转换为电流激励源。但由于这里的激励源一端接地，我们可以增加一个节点 0，并直接将此节点电压作为已知量处理，即

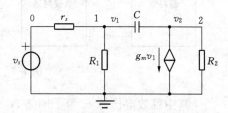

图 1-6　电压源激励且带有相关源的例子

$v_0 = v_s$。这样，节点 0 不用列电压方程，其余两个节点的节点电压方程如下：

$$\begin{cases} -\dfrac{1}{r_s}v_0 + \left(\dfrac{1}{r_s} + \dfrac{1}{R_1} + sC\right)v_1 - sCv_2 = 0 \\ 0 \cdot v_0 - sCv_1 + \left(\dfrac{1}{R_2} + sC\right)v_2 = -g_m v_1 \end{cases}$$

第 1 个方程中 $v_0 = v_s$ 为已知量，应该移到方程右边。第 2 个方程中出现相关电流源，其控制量为 v_1，可以与方程左边的 v_1 合并。因此，最终得到的节点电压方程为

$$\begin{cases} \left(\dfrac{1}{r_s} + \dfrac{1}{R_1} + sC\right)v_1 - sCv_2 = \dfrac{1}{r_s}v_s \\ (g_m - sC)v_1 + \left(\dfrac{1}{R_2} + sC\right)v_2 = 0 \end{cases}$$

1.2.2 等效电源定律

等效电源定律可以将一个具有复杂结构的激励源网络简化成一个简单的结构,从而方便电路的分析。与基尔霍夫定律类似,等效电源定律也可以分为两部分:等效电压源定律和等效电流源定律。

一、等效电压源定律(戴文宁定律,Thevenin Law)

在一定的电源激励下的线性网络 N 与另一个任意网络 N' 互相连接时,对于网络 N' 来说,无论网络 N 的内部结构如何,它都可以等效成一个等效电压源 v_s 和一个等效源内阻 r_s 的串联,如图 1-7 所示。

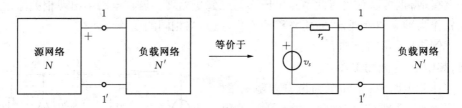

图 1-7　等效电压源定律

其中等效电压源 v_s 等于网络 N 的端口 1-1′间的开路电压(即去除负载网络 N' 后测得的端口电压);等效源内阻 r_s 等于网络 N 内所有独立源被去除(即将电压源短路、电流源开路)后的端口 1-1′间的总阻抗。

例 1-6　图 1-8 是一个具有复杂网络的源,可以通过等效电压源定律将它等效为图右边的形式,使得复杂的源网络变得简单。

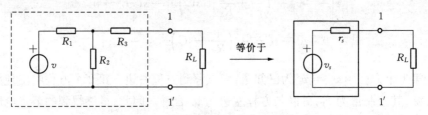

图 1-8　等效电压源定律的例子

其中，$v_s = v \cdot \dfrac{R_2}{R_1 + R_2}$，$r_s = (R_1 /\!/ R_2) + R_3$。

二、等效电流源定律（诺顿定律，Norton Law）

在一定的电源激励下的线性网络 N 与另一个任意网络 N' 互相连接时，对于网络 N' 来说，无论网络 N 的内部结构如何，它都可以等效成一个等效电流源 i_s 和一个等效源内阻 r_s 的并联，如图 1-9 所示。

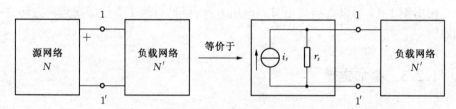

图 1-9　等效电流源定律

其中等效电流源 i_s 等于网络 N 的端口 1-1′间的短路电流（即将负载网络 N' 短路后测得的端口电流）；等效源内阻 r_s 等于网络 N 内所有独立源被去除（即将电压源短路、电流源开路）后的端口 1-1′间的总阻抗。

例 1-7　图 1-10 将例 1-6 的电路通过等效电流源定律转换为电流源形式。

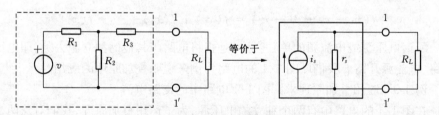

图 1-10　等效电流源定律的例子

其中，$i_s = v \cdot \dfrac{1}{R_1 + R_2 /\!/ R_3} \cdot \dfrac{R_2}{R_2 + R_3}$，$r_s = (R_1 /\!/ R_2) + R_3$。

例 1-8　通过诺顿定律转换为电流源形式求解例 1-5 电路。

若将例 1-5 电路中带内阻的激励电压源转换为电流源，则此电路形式如下：

$$\begin{cases} \left(\dfrac{1}{r_s} + \dfrac{1}{R_1} + sC\right)v_1 - sCv_2 = \dfrac{v_s}{r_s} \\[2mm] (g_m - sC)v_1 + \left(\dfrac{1}{R_2} + sC\right)v_2 = 0 \end{cases}$$

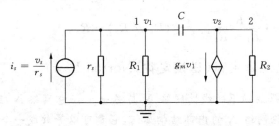

图 1-11   将例 1-5 电路中带内阻的激励电压源转换为激励电流源的电路

根据图 1-11 可以直接列出节点电压方程，可见与例 1-5 最后得到的方程完全相同。

1.2.3   叠加定理

叠加定理(Superposition Principle)是线性电路的一个重要定理。在线性网络中存在多个激励源情况下，应用该定理可以有效地简化电路的分析过程。

叠加定理可表述为：

在线性电路中，任意一个支路的电流（或电压）都是电路中各个电压源或电流源单独激励时在该支路中产生的电流（或电压）之总和。

若用 x 表示激励，$f(x)$ 表示响应，则上述定理可以写为：

$$f(x_1 + x_2 + \cdots + x_n) = f(x_1) + f(x_2) + \cdots + f(x_n) \tag{1.20}$$

所谓电压源或电流源的单独激励，是指将电路中其他的独立源去除，即电压源短路、电流源开路。我们以图 1-4 的电路为例来说明叠加原理的应用。

例 1-9   应用叠加原理求解图 1-4 电路中的支路电流。

在图 1-4 的电路中有两个独立的电压源，为了运用叠加原理，我们对这两个独立源分别施加激励。例如，我们要求电流 i_1，可以如下进行：

首先考虑电压源 v_{s1} 的作用，此时将电压源 v_{s2} 短路，可以求得此时的电流 i_1 为

$$i_1' = \frac{v_{s1}}{R_1 + R_2 \,/\!/\, R_3} = \frac{R_2 + R_3}{R_1 R_2 + R_1 R_3 + R_2 R_3} v_{s1}$$

再考虑电压源 v_{s2} 的作用，此时将电压源 v_{s1} 短路，可以求得此时的电流 i_1 为

$$i_1'' = -\frac{v_{s2}}{R_2 + R_1 \,/\!/\, R_3} \cdot \frac{R_3}{R_1 + R_3} = -\frac{R_3}{R_1 R_2 + R_1 R_3 + R_2 R_3} v_{s2}$$

将两个电流叠加，即

$$i_1 = i'_1 + i''_1 = \frac{R_2 + R_3}{R_1 R_2 + R_1 R_3 + R_2 R_3} v_{s1} - \frac{R_3}{R_1 R_2 + R_1 R_3 + R_2 R_3} v_{s2}$$

此结果与前面用基尔霍夫定理得到的结果相同。

当电路中的电压源或电流源乘以一个任意常数 α 时,我们可以认为其串联或并联了另一个独立源。根据叠加原理,它的响应也应该乘以该任意常数,即有:

$$f(\alpha \cdot x) = \alpha \cdot f(x) \tag{1.21}$$

联合(1.20)式和(1.21)式,我们有

$$f(\alpha_1 x_1 + \alpha_2 x_2 + \cdots + \alpha_n x_n) = \alpha_1 f(x_1) + \alpha_2 f(x_2) + \cdots + \alpha_n f(x_n) \tag{1.22}$$

(1.22)式是叠加定理的一般表达式。

运用叠加定理时要注意以下几点:

(1) 只能用来计算线性电路的电流和电压。对于非线性电路,叠加定理不适用。对于功率计算,叠加定理也不适用(功率不是电压或电流的一次函数)。

(2) 叠加时要注意电压和电流的方向。

(3) 叠加时,除了将不作用的独立源去除外,不得更动其他的元件(电阻、电容、电感、受控源)。

§1.3　线性电路的分析方法

1.3.1　网络函数

当一个网络的结构和元件数值确定之后,在一定的电压或电流的激励下,网络中任意一个支路上的电流和电压也都确定了。通常,人们只对在已知信号激励下网络中某个特定的支路的响应感兴趣。若将激励作用的支路作为网络的输入端口,将感兴趣的响应支路作为输出端口,则可以将网络看成一个双口网络(Two Port Network)。

通常,输入端口与输出端口是分开的,这时的网络就是四端网络,如图 1-12 所示。

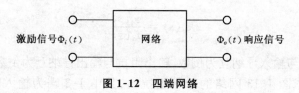

图 1-12　四端网络

当激励信号确定后,根据前面介绍的基本定理与定律,可以解出响应信号。通常在电路分析时采用复频域分析,此时的激励为 $\Phi_i(s)$,响应为 $\Phi_o(s)$,响应与激励的关系为

$$\Phi_o(s) = H(s)\Phi_i(s) \tag{1.23}$$

或

$$H(s) = \frac{\Phi_o(s)}{\Phi_i(s)} \tag{1.24}$$

函数 $H(s)$ 称为网络函数。网络函数完全由网络的结构与参数确定,完整地反映了网络的特性。线性网络的网络函数与输入信号无关,也与时间无关。

根据激励与响应在网络中的位置不同,可以将网络函数分为两类:驱动点函数与传递函数。

一、驱动点函数(Driving Point Function)

当激励信号与响应信号出现在网络的同一端口时,对应的网络函数为驱动点函数。共有 4 种驱动点函数:输入导纳、输入阻抗、输出导纳、输出阻抗。

若激励信号是作用在输入端的电压 $v_i(s)$,响应是输入端的电流 $i_i(s)$,则相应的网络函数称为该网络的输入导纳 $y_i(s)$,即

$$y_i(s) = \frac{i_i(s)}{v_i(s)} \tag{1.25}$$

分别改变激励信号与响应信号的类型与位置,我们可以得到其他 3 种驱动点函数的定义:

输入阻抗:

$$z_i(s) = \frac{v_i(s)}{i_i(s)} \tag{1.26}$$

输出导纳:

$$y_o(s) = \frac{i_o(s)}{v_o(s)} \tag{1.27}$$

输出阻抗:

$$z_o(s) = \frac{v_o(s)}{i_o(s)} \tag{1.28}$$

显然,输入阻抗与输入导纳互为倒数,输出阻抗与输出导纳互为倒数。

例 1-10 求图 1-13 网络的输入阻抗 z_i,其中 1-3 端为输入端,2-3 端为输

出端。

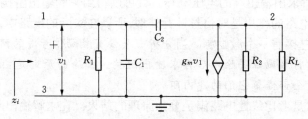

图 1-13　求输入阻抗的例子

为求此网络的输入阻抗,可以在其输入端(1-3 端)加一个电流源作为激励,然后求出 1-3 端的电压 v_1 即可。

设加在 1-3 端的电流源的电流为 $i_i(s)$,运用节点电压法,可以得到下列方程组:

$$\begin{cases} \left(\dfrac{1}{R_1} + sC_1 + sC_2\right)v_1(s) - sC_2 v_2(s) = i_i(s) \\ (-sC_2 + g_m)v_1(s) + \left(sC_2 + \dfrac{1}{R_2} + \dfrac{1}{R_L}\right)v_2(s) = 0 \end{cases}$$

消去 v_2 可以求得输入电压 v_i(即 v_1)为

$$v_1(s) = \frac{\dfrac{1}{C_1}s + \dfrac{1}{(R_2 \mathbin{/\mkern-5mu/} R_L)C_1C_2}}{s^2 + \left[\dfrac{1}{R_1C_1} + \dfrac{C_1+C_2}{(R_2 \mathbin{/\mkern-5mu/} R_L)C_1C_2} + \dfrac{g_m}{C_1}\right]s + \dfrac{1}{R_1(R_2 \mathbin{/\mkern-5mu/} R_L)C_1C_2}} i_i(s)$$

所以,输入阻抗为

$$z_i(s) = \frac{\dfrac{1}{C_1}s + \dfrac{1}{(R_2 \mathbin{/\mkern-5mu/} R_L)C_1C_2}}{s^2 + \left[\dfrac{1}{R_1C_1} + \dfrac{C_1+C_2}{(R_2 \mathbin{/\mkern-5mu/} R_L)C_1C_2} + \dfrac{g_m}{C_1}\right]s + \dfrac{1}{R_1(R_2 \mathbin{/\mkern-5mu/} R_L)C_1C_2}}$$

例 1-11　试求图 1-14 网络的输出阻抗 z_o。

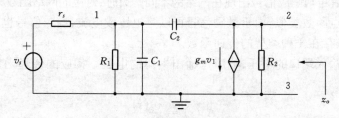

图 1-14　求输出阻抗的例子

根据输出阻抗的定义(1.28)式,我们在此网络的输出端(2-3 端)加一个激励电流 $i_o(s)$,然后求出输出端的电压 $v_o(s)$,就可以得到它的输出阻抗。

由于电子电路的作用是对信号进行处理,所以在实际的电路中,一般在四端网络的输入端口总接有一个激励源。当分析一个带有激励信号源的网络的输出阻抗时,要特别注意将激励源去除以后再求输出阻抗。去除的原则是:电压源短路,电流源开路,但是全部保留它们的源内阻。

实际上,这是考虑线性电路满足叠加原理的结果。在求解输出阻抗的时候,我们要在输出端加信号源,这样就在电路中形成了两个信号的叠加。我们将输入端的激励源去除,就是只保留了输出的作用,这样才能得到正确的输出阻抗。

将图 1-14 中的激励电压源 v_s 短路,并在 2-3 端加一个激励电流 $i_o(s)$,运用节点电压法得到的基尔霍夫方程组为

$$\begin{cases} \left(\dfrac{1}{r_s} + \dfrac{1}{R_1} + sC_1 + sC_2\right)v_1(s) - sC_2 v_2(s) = 0 \\ (-sC_2 + g_m)v_1(s) + \left(\dfrac{1}{R_2} + sC_2\right)v_2(s) = i_o(s) \end{cases}$$

由此求得 v_o(即 v_2)为

$$v_2(s) = \frac{\dfrac{C_1 + C_2}{C_1 C_2}s + \dfrac{1}{(r_s /\!/ R_1)C_1 C_2}}{s^2 + \left[\dfrac{1}{(r_s /\!/ R_1)C_1} + \dfrac{C_1 + C_2}{R_2 C_1 C_2} + \dfrac{g_m}{C_1}\right]s + \dfrac{1}{(r_s /\!/ R_1)R_2 C_1 C_2}}i_o(s)$$

所以,此网络的输出阻抗为

$$z_o(s) = \frac{\dfrac{C_1 + C_2}{C_1 C_2}s + \dfrac{1}{(r_s /\!/ R_1)C_1 C_2}}{s^2 + \left[\dfrac{1}{(r_s /\!/ R_1)C_1} + \dfrac{C_1 + C_2}{R_2 C_1 C_2} + \dfrac{g_m}{C_1}\right]s + \dfrac{1}{(r_s /\!/ R_1)R_2 C_1 C_2}}$$

二、传递函数(Transform Function)

当激励信号与响应信号出现在网络的不同端口时,对应的网络函数为传递函数。

与驱动点函数类似,由于激励信号可以是电压或电流,响应信号也可以是电压或电流,所以存在 4 种类型的传递函数。

激励是输入端口的电压,响应是输出端口的电压。相应的传递函数为电压放大系数:

$$A_v(s) = \frac{v_o(s)}{v_i(s)} \tag{1.29}$$

激励是输入端口的电压,响应是输出端口的电流。相应的传递函数为跨导:

$$A_g(s) = \frac{i_o(s)}{v_i(s)} \tag{1.30}$$

激励是输入端口的电流,响应是输出端口的电压。相应的传递函数为跨阻:

$$A_r(s) = \frac{v_o(s)}{i_i(s)} \tag{1.31}$$

激励是输入端口的电流,响应是输出端口的电流。相应的传递函数为电流放大系数:

$$A_i(s) = \frac{i_o(s)}{i_i(s)} \tag{1.32}$$

例 1-12　求例 1-10 网络的跨阻 $A_r(s) = \dfrac{v_2(s)}{i_i(s)}$。

求跨阻要求在输入端施加电流激励,其响应信号是输出端口的电压。我们已经在例 1-10 中写出了网络以电流激励的基尔霍夫方程组,消去其中的 v_1 可以解得

$$v_2(s) = \frac{\dfrac{s}{C_1} - \dfrac{g_m}{C_1 C_2}}{s^2 + \left[\dfrac{1+g_m R_1}{R_1 C_1} + \dfrac{C_1 + C_2}{(R_2 \; /\!/ \; R_L) C_1 C_2}\right]s + \dfrac{1}{R_1(R_2 \; /\!/ \; R_L) C_1 C_2}} i_i(s)$$

所以该网络的跨阻为

$$A_r(s) = \frac{\dfrac{s}{C_1} - \dfrac{g_m}{C_1 C_2}}{s^2 + \left[\dfrac{1+g_m R_1}{R_1 C_1} + \dfrac{C_1 + C_2}{(R_2 \; /\!/ \; R_L) C_1 C_2}\right]s + \dfrac{1}{R_1(R_2 \; /\!/ \; R_L) C_1 C_2}}$$

例 1-13　求图 1-15 网络的源电压放大倍数 $A_{vs} = \dfrac{v_2}{v_s}$。

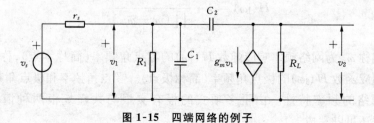

图 1-15　四端网络的例子

电压放大倍数是在输入端施加电压激励,响应信号是输出端口的电压。在本例中,输入是一个独立电压源。我们以节点电压法写出该网络的基尔霍夫方程组如下:

$$\begin{cases} \left(\dfrac{1}{r_s} + \dfrac{1}{R_1} + sC_1 + sC_2\right)v_1(s) - sC_2 v_2(s) = \dfrac{v_s(s)}{r_s} \\ (-sC_2 + g_m)v_1(s) + \left(\dfrac{1}{R_L} + sC_2\right)v_2(s) = 0 \end{cases}$$

可以求得上述方程组的解为

$$v_2(s) = \frac{\dfrac{s}{r_s C_1} - \dfrac{g_m}{r_s C_1 C_2}}{s^2 + \left[\dfrac{1}{(r_s /\!/ R_1)C_1} + \dfrac{C_1 + C_2}{R_L C_1 C_2} + \dfrac{g_m}{C_1}\right]s + \dfrac{1}{(r_s /\!/ R_1)R_L C_1 C_2}} v_s(s)$$

所以该网络的源电压放大倍数为

$$A_{vs}(s) = \frac{\dfrac{s}{r_s C_1} - \dfrac{g_m}{r_s C_1 C_2}}{s^2 + \left[\dfrac{1}{(r_s /\!/ R_1)C_1} + \dfrac{C_1 + C_2}{R_L C_1 C_2} + \dfrac{g_m}{C_1}\right]s + \dfrac{1}{(r_s /\!/ R_1)R_L C_1 C_2}}$$

从上节的几个例子,我们可以看到,电路的任何一种网络函数 $H(s)$ 都可以表示为以复频率 s 为自变量的两个多项式之比,它的一般形式为

$$H(s) = \frac{b_m s^m + b_{m-1}s^{m-1} + \cdots + b_1 s + b_0}{a_n s^n + a_{n-1}s^{n-1} + \cdots + a_1 s + a_0} \tag{1.33}$$

频域分析实际上是复频域分析的一个特例。若在(1.33)式中令 $s = j\omega$,且考虑到其分子多项式有 m 个根,分母多项式有 n 个根,可以写出电路的频率响应函数 $H(j\omega)$ 的一般表达式如下:

$$H(j\omega) = k \cdot \frac{\prod_m (j\omega + \omega_{zm})}{\prod_n (j\omega + \omega_{pn})} \tag{1.34}$$

我们称 ω_z 为网络频率响应函数 $H(j\omega)$ 的零点角频率(简称零点),称 ω_p 为网络频率响应函数 $H(j\omega)$ 的极点角频率(简称极点)。零点角频率和极点角频率反映了一个网络的频率特性。由于多项式的根有实根与共轭复根两种情况,所以(1.34)式还可以写成

$$H(\mathrm{j}\omega) = k \cdot \frac{\prod\limits_{s}(\mathrm{j}\omega + \omega_{zs})\prod\limits_{t}\left[(\mathrm{j}\omega)^2 + \mathrm{j}\dfrac{\omega_{zt}}{Q_t}\omega + \omega_{zt}^2\right]}{\prod\limits_{u}(\mathrm{j}\omega + \omega_{pu})\prod\limits_{v}\left[(\mathrm{j}\omega)^2 + \mathrm{j}\dfrac{\omega_{pv}}{Q_v}\omega + \omega_{pv}^2\right]} \tag{1.35}$$

其中$(\mathrm{j}\omega + \omega_n)$对应着实极点或实零点，$\left[(\mathrm{j}\omega)^2 + \mathrm{j}\dfrac{\omega_n}{Q}\omega + \omega_n^2\right]$对应着共轭复极点或共轭复零点。

下面我们结合一些典型电路，分析零点与极点对于电路频率特性的影响。

1.3.2　稳态分析

稳态分析是一种频域分析，讨论在不同频率的正弦信号的激励下网络响应的变化情况。

由于网络函数反映了网络的结构与特征，所以可以根据网络函数对网络的特性进行分析。在线性网络中，电容、电感的阻抗都是频率的函数，因此网络函数一般也是频率的函数。当激励的频率发生变化时，网络输出端的响应也要发生变化。我们将网络函数随频率变化的规律称为网络的频率响应特性，简称频响特性。

因为线性网络的全部电压电流关系满足线性运算要求（微分、积分、代数运算），所以在正弦信号的激励下，其输出一定仍然是正弦信号。但是随着输入信号的频率变化，输出信号与输入信号之间的幅度比和相位差会发生变化。研究网络的频响特性，就是研究这种幅度比和相位差的变化规律。我们将输出信号与输入信号之间的幅度比随输入信号的频率变化而变化的规律称为网络的幅频特性，将输出信号与输入信号之间的相位差随输入信号的频率变化而变化的规律称为网络的相频特性。

例 1-14　求图 1-16 电路的频率响应函数，分析其特点。

图 1-16 的网络是一个最简单的网络。利用复阻抗的概念，可以直接写出该网络的电压传递函数为

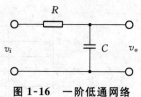

图 1-16　一阶低通网络

$$H(s) = \frac{v_o(s)}{v_i(s)} = \frac{\dfrac{1}{sC}}{R + \dfrac{1}{sC}} = \frac{1}{1 + sRC}$$

或记为

$$H(s) = \frac{1}{1 + \dfrac{s}{\omega_0}} = \frac{\omega_0}{s + \omega_0} \tag{1.36}$$

这是一个单实极点网络,极点角频率 $\omega_0 = \dfrac{1}{RC}$。电路的频率响应函数为

$$H(j\omega) = \frac{1}{1 + j\dfrac{\omega}{\omega_0}} = \frac{\omega_0}{j\omega + \omega_0} \tag{1.37}$$

为了分析此电路的频率特性,需要写出它的幅频特性与相频特性,为此,对上式求模与幅角,分别为

$$|H(j\omega)| = \frac{1}{\sqrt{1 + \left(\dfrac{\omega}{\omega_0}\right)^2}} \tag{1.38}$$

$$\varphi(\omega) = \angle H(j\omega) = -\arctan\left(\frac{\omega}{\omega_0}\right) \tag{1.39}$$

为了直观地看出电路的频率特性,一个常用的办法是绘制上面两式的曲线,称为幅频特性曲线和相频特性曲线。由于自变量 ω 的变化范围很大,通常采用对数坐标作图。对于幅频特性,通常还对 $|H(j\omega)|$ 取对数再乘以 20(以分贝为单位),称为对数幅频特性。本电路的对数幅频特性为

$$A(\omega) = 20\lg|H(j\omega)| = -10\lg\left[1 + \left(\frac{\omega}{\omega_0}\right)^2\right] \tag{1.40}$$

按照(1.40)式和(1.39)式,我们可以分别作出它们的对数幅频特性曲线和相频特性曲线如图 1-17 和图 1-18。该图通常称为波特图(Bode Plot)。

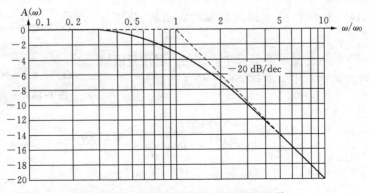

图 1-17 一阶低通网络的对数幅频特性

我们首先观察上述对数幅频特性曲线。在低频时,它几乎是一条水平直线;在高频时,它几乎是一条斜线。事实上,根据(1.40)式可知:

当 $\omega \ll \omega_0$ 时,$A(\omega) \approx 0$ dB, 对应一条直线。

当 $\omega \gg \omega_0$ 时,$A(\omega) \approx -20\lg\left(\dfrac{\omega}{\omega_0}\right)$ dB, 对应一条斜线。每当 ω/ω_0 增加 10 倍,$A(\omega)$ 将减小 20 dB,所以该斜线的斜率为 -20 dB/十倍频程(以下简记为 -20 dB/dec)。

当 $\omega = \omega_0$ 时,$A(\omega) = -10\lg 2 = -3$ dB。

在不需要很精确数据的场合,我们经常用两段直线来近似对数幅频特性曲线,一段是 0 dB 的水平直线,另一段是斜率为 -20 dB/dec 的直线,它们在 $\omega = \omega_0$ 处相交,如同图 1-17 中的虚线所示。实际上它是对数幅频特性曲线的渐近线,ω_0 称为该电路的转折角频率。在转折角频率处,要对渐近线作 -3 dB 的修正。

我们再观察上述相频特性曲线。当 $\omega/\omega_0 < 0.1$ 时,幅角变化很小,几乎保持为 0;当 $\omega/\omega_0 > 10$ 时,幅角变化也很小,几乎保持为 $-90°$;当 ω/ω_0 在 0.1 到 10 之间时,幅角变化明显,在转折角频率 ω_0 处,幅角为 $-45°$。

我们也可以用一条折线来近似相频特性曲线,如图 1-18 中的虚线所示。该折线在 $\omega/\omega_0 < 0.1$ 时保持幅角为 $0°$,在 $\omega/\omega_0 > 10$ 时,幅角保持为 $-90°$,在 ω/ω_0 为 0.1 到 10 之间时,斜率为 $-45°$/dec。在 $\omega = \omega_0$ 点上,幅角为 $-45°$。可以计算出,该折线与实际的相频特性曲线之间的误差小于 $6°$。

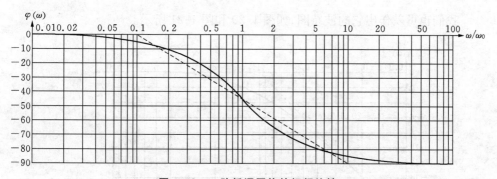

图 1-18　一阶低通网络的相频特性

上述幅频特性表明,该电路在低频时的增益为 1,随着频率的升高,增益渐渐降低,当频率大于转折频率以后,增益将大幅度降低。所以它是一个典型的低通网络。由于它的传递函数中仅包含一个极点,所以称为一阶低通网络(First-order Low-pass Network)。

例 1-15　求图 1-19 电路的频率响应函数,分析其特点。

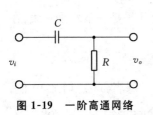

图 1-19 一阶高通网络

此网络与上一例的区别在于电阻与电容交换位置。仿照上一例的做法,我们也可以写出它的电压传递函数:

$$H(s) = \frac{v_o}{v_i} = \frac{R}{R + 1/sC} = \frac{s/\omega_0}{1 + s/\omega_0} = \frac{s}{s + \omega_0}$$

$$(1.41)$$

这是一个包含一个零点与一个极点的传递函数。其中零点角频率为 0,极点角频率 $\omega_0 = \dfrac{1}{RC}$。其频率响应函数为

$$H(j\omega) = \frac{j\omega/\omega_0}{1 + j\omega/\omega_0} = \frac{j\omega}{j\omega + \omega_0} \qquad (1.42)$$

它的对数幅频特性与相频特性分别为

$$A(\omega) = 20\lg|H(j\omega)| = 20\lg \frac{\omega/\omega_0}{\sqrt{1 + (\omega/\omega_0)^2}} = 20\lg \frac{\omega}{\omega_0} - 20\lg\sqrt{1 + (\omega/\omega_0)^2}$$

$$(1.43)$$

$$\varphi(\omega) = \angle H(j\omega) = \frac{\pi}{2} - \arctan\left(\frac{\omega}{\omega_0}\right) \qquad (1.44)$$

我们也可以作出它的波特图,如图 1-20 和图 1-21 所示。

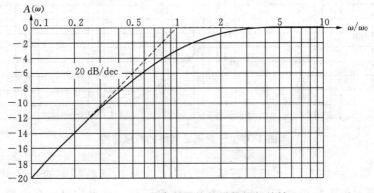

图 1-20 一阶高通网络的对数幅频特性

可以看到,此电路的特性与上一例电路的特性有很大不同。在高频 $(\omega \gg \omega_0)$ 时,它几乎是一条水平直线;而在低频 $(\omega \ll \omega_0)$ 时,它几乎是一条斜线,斜率为

$+20$ dB/dec。当 $\omega = \omega_0$ 时，$A(\omega) = -3$ dB。

　　我们也同样可以作出它的渐近线，一段是 0 dB 的直线，另一段是斜率为 $+20$ dB/dec的直线，它们在 $\omega = \omega_0$ 处相交，如同图 1-21 中的虚线所示。

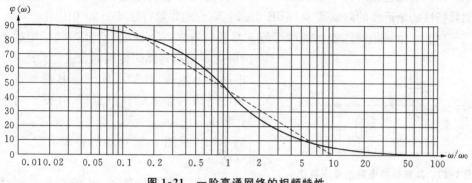

图 1-21　一阶高通网络的相频特性

　　它的相频特性曲线也与上一例电路的特性有很大不同。当 $\omega/\omega_0 < 0.1$ 时，幅角几乎保持为 $90°$；当 $\omega/\omega_0 > 10$ 时，幅角几乎保持为 $0°$；在转折角频率 ω_0 处，幅角为 $45°$。

　　上述特性表明，该电路在高频时的增益为 1，随着频率的降低，增益渐渐降低，当频率小于转折频率以后，增益将大幅度降低，所以它是一个典型的高通网络。同样，由于它的传递函数中仅包含一个极点，所以称为一阶高通网络。

　　从上面几个例子，我们可以找到画波特图的一些规律：

　　(1) 若从频率为 0 处出发向频率增加方向画对数幅频特性的渐近线，每遇到一个零点对应的转折频率，渐近线的斜率就增加 20 dB/dec；每遇到一个极点对应的转折频率，渐近线的斜率就减少 20 dB/dec。在例 1-15 中，零点对应的转折频率的位置在角频率为 0 处，所以它的渐近线一开始就是 $+20$ dB/dec，到了极点对应的转折频率位置 ($\omega = \omega_0$)，渐近线的斜率减少 20 dB/dec，成为水平直线。而在例 1-14 中，由于只有一个极点，所以一开始为水平直线，到了极点对应的转折频率以后转为 -20 dB/dec 的斜线。

　　(2) 可以令网络的频率响应函数的频率等于某特定值，从而得到对数幅频特性的渐近线的高度。例如在(1.38)式中，令 $\omega = 0$，则 $|H(j\omega)| = 1$，即 $A(j\omega) = 20\lg H(j\omega) = 0$ dB，从而确定渐近线的起始高度为 0 dB。又如在(1.43)式中，若令 $\omega = 0$，则 $A(j\omega) \rightarrow -\infty$，较难处理，但若令 $\omega \rightarrow \infty$，则 $A(j\omega) = 0$ dB，说明此时渐近线的高度为 0 dB，这与图 1-20 吻合。

（3）一定的幅频特性对应着一定的相频特性。通常情况下，对数幅频特性的渐近线的斜率为 0 时，对应的相频特性为 0°相位角。在极点和零点附近相频特性将发生变化，相位角的变化在极点和零点附近的两个十倍频程内进行。一般情况下，对数幅频特性的渐近线的斜率增加 20 dB/dec 时，对应的相频特性增加 90°相位角；对数幅频特性的渐近线的斜率减少 20 dB/dec 时，对应的相频特性减少 90°相位角。

（4）上述相频特性变化规律可能在某些特殊条件下改变，所以在确定相频特性时，可能要根据具体的传递函数进行验证。

根据以上规律，我们可以比较方便地直接画出线性网络的频率特性渐近线，并据此对网络进行频率分析。

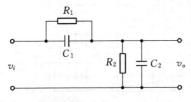

图 1-22　具有补偿电容的分压电路

例 1-16　求图 1-22 电路的频率响应函数，分析其特点。

此电路是一个分压电路，其特点是在两个分压电阻上分别并联有电容。该电路的电压传递函数为

$$H(s) = \frac{v_o}{v_i} = \frac{\dfrac{R_2}{1 + sR_2C_2}}{\dfrac{R_1}{1 + sR_1C_1} + \dfrac{R_2}{1 + sR_2C_2}} = k\,\frac{1 + \dfrac{s}{\omega_1}}{1 + \dfrac{s}{\omega_0}} \tag{1.45}$$

这也是一个包含一个实零点与一个实极点的传递函数。其中 $k = \dfrac{R_2}{R_1 + R_2}$，零点角频率 $\omega_1 = \dfrac{1}{R_1C_1}$，极点角频率 $\omega_0 = \dfrac{1}{(R_1 /\!/ R_2)(C_1 + C_2)}$。其频率响应函数为

$$H(j\omega) = k\,\frac{1 + j\dfrac{\omega}{\omega_1}}{1 + j\dfrac{\omega}{\omega_0}} \tag{1.46}$$

它的对数幅频特性与相频特性分别为

$$A(\omega) = 20\lg |H(j\omega)| = 20\lg k + 20\lg\sqrt{1 + (\omega/\omega_1)^2} - 20\lg\sqrt{1 + (\omega/\omega_0)^2} \tag{1.47}$$

$$\varphi(\omega) = \angle H(j\omega) = \arctan\left(\frac{\omega}{\omega_1}\right) - \arctan\left(\frac{\omega}{\omega_0}\right) \tag{1.48}$$

由(1.48)式可知，该网络的相频特性中既有相位超前的部分，也有相位滞后的

部分,所以这个网络有时也称为超前-滞后网络。

由于超前-滞后网络具有一个实极点与一个实零点,它们均不为零,所以相对位置可能有以下 3 种情况:$\omega_1 < \omega_0$,$\omega_1 > \omega_0$,$\omega_1 = \omega_0$。下面讨论这 3 种情况下的波特图。

当 $\omega = 0$ 时,$H(j\omega) = k$,$A(\omega) = 20\lg k$,所以对数幅频特性在 $\omega = 0$ 时位于 $20\lg k$。

根据前面的讨论,对数幅频特性遇到一个零点频率,渐近线的斜率就增加 $20\ dB/dec$;遇到一个极点频率,渐近线的斜率就减少 $20\ dB/dec$。当 $\omega_1 < \omega_0$ 时,属于零点频率小于极点频率的情况,所以对数幅频特性的渐近线的斜率是先增加然后再减小,如图 1-23 所示。

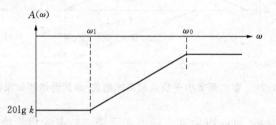

图 1-23　零点频率小于极点频率的超前-滞后网络的对数幅频特性

当 $\omega_1 > \omega_0$ 时,属于零点频率大于极点频率的情况,所以对数幅频特性的渐近线的斜率是先减小然后再增加,如图 1-24 所示。

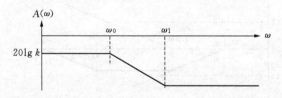

图 1-24　零点频率大于极点频率的超前-滞后网络的对数幅频特性

当 $\omega_1 = \omega_0$ 时,零点与极点重合,它们的作用相互抵消,所以对数幅频特性为一根位于 $20\lg k$ 的水平直线,如图 1-25 所示。

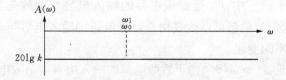

图 1-25　零点频率等于极点频率的超前-滞后网络的对数幅频特性

我们可以同样分析该电路的相频特性曲线。由于对应一个零点,相频特性增加 90°相位角;对应一个极点,相频特性减少 90°相位角,所以根据零点与极点相对位置的不同,我们可以得到不同形状的相频特性。

图 1-26 为零点频率小于极点频率的相频特性曲线。图中细实线是每个零点与极点单独的相频特性,粗实线是合成以后的相频特性曲线。注意合成后曲线的转折点不取决于零点与极点,而是取决于单独的相频特性的叠加结果。

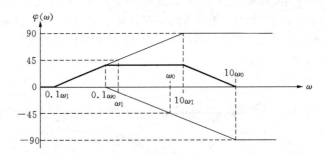

图 1-26 零点频率小于极点频率的超前-滞后网络的相频特性

根据同样的分析,可以得到零点频率大于极点频率的相频特性曲线,如图1-27所示。

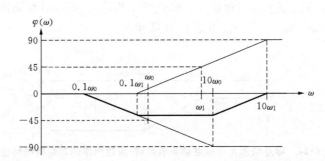

图 1-27 零点频率大于极点频率的超前-滞后网络的相频特性

当零点频率等于极点频率时,相频特性 $\varphi \equiv 0$,即输入与输出无相位差。

实际上在这个例子中,C_2 是后级电路的输入电容与杂散电容,C_1 是补偿电容。改变补偿电容 C_1 的值可以改变由于后级电路的输入电容与杂散电容带来的传输特性对于频率的变化。

当 $\omega_1 < \omega_0$ 或 $\omega_1 > \omega_0$ 时,由于后级电路的输入电容与杂散电容的影响,输出电压的幅度与相位与频率有关。我们将 $\omega_1 > \omega_0$ 的情况称为欠补偿,将 $\omega_1 < \omega_0$ 的

情况称为过补偿。在欠补偿的情况下,电路呈现低通特性,输出幅度随频率的升高而降低。在过补偿的情况下,电路呈现高通特性,输出幅度随频率的升高而升高。

当 $\omega_1 = \omega_0$ 时,零点与极点抵消,电路的传输特性与频率无关,所以是一种最佳补偿。补偿的条件是

$$R_1 C_1 = (R_1 \mathbin{/\!\!/} R_2)(C_1 + C_2) = R_2 C_2$$

上面我们讨论的都是实极点系统,下面再讨论一个共轭复极点系统。

例 1-17　求图 1-28 电路的频率响应函数,分析其特点。

此电路的电压传递函数为

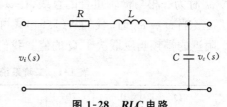

图 1-28　RLC 电路

$$H(s) = \frac{v_o}{v_i} = \frac{\dfrac{1}{sC}}{R + sL + \dfrac{1}{sC}} = \frac{\omega_0^2}{s^2 + \dfrac{\omega_0}{Q}s + \omega_0^2} \qquad (1.49)$$

其中 $\omega_0^2 = \dfrac{1}{LC}$, $Q = \dfrac{\omega_0 L}{R} = \dfrac{\sqrt{L/C}}{R}$。

此传递函数具有 2 个极点,分别为 $p_{1,2} = \dfrac{\omega_0}{2Q}(-1 \pm \sqrt{1 - 4Q^2})$。当参数 $Q \leqslant \dfrac{1}{2}$ 时,p_1、p_2 为两个实根,可以利用前面讨论的结果分别得到每个极点的幅频与相频特性,然后叠加得到总的频率特性,这里不再重复讨论。

当参数 $Q > \dfrac{1}{2}$ 时,p_1、p_2 为一对共轭复根,即电路具有一对共轭复极点。此电路是一个二阶系统,其频率特性为

$$H(j\omega) = \frac{\omega_0^2}{(j\omega)^2 + j\omega \dfrac{\omega_0}{Q} + \omega_0^2} = \frac{1}{\left[1 - \left(\dfrac{\omega}{\omega_0}\right)^2\right] + j\dfrac{\omega}{Q\omega_0}} \qquad (1.50)$$

对数幅频特性为

$$A(\omega) = -20\lg\sqrt{\left[1 - \left(\dfrac{\omega}{\omega_0}\right)^2\right]^2 + \left(\dfrac{\omega}{Q\omega_0}\right)^2} \qquad (1.51)$$

相频特性为

$$\varphi(\omega) = -\arctan \frac{\dfrac{\omega}{Q\omega_0}}{1 - \left(\dfrac{\omega}{\omega_0}\right)^2} \tag{1.52}$$

由(1.51)式,我们可以知道:当 $\omega \ll \omega_0$ 时,$A(\omega) \approx -20\lg 1 = 0$ dB。当 $\omega \gg \omega_0$ 时,$A(\omega) \approx -20\lg\left(\dfrac{\omega}{\omega_0}\right)^2 = -40\lg\left(\dfrac{\omega}{\omega_0}\right)$。所以对数幅频特性的大致形状是在 $\omega \ll \omega_0$ 时为一根与横轴重合的直线,在 $\omega \gg \omega_0$ 时为斜率等于 -40 dB/dec 的斜线。

当 $\omega = \omega_0$ 时,我们从(1.51)式可以知道,$A(\omega_0) = 20\lg Q$。所以此电路在 ω_0 附近的幅频响应取决于 Q 的值。我们将它计算出来,列成下面的表 1-1。

表 1-1　二阶系统幅度修正值与 Q 值的关系

Q	0.5	0.707 1	1	2	3	5	10	20
$A(\omega_0)$(dB)	-6.02	-3.0	0	6.02	9.54	13.98	20	26.02

运用上面的结果,我们可以绘出上述电路的对数幅频响应特性曲线如图1-29,图中一组曲线分别表示不同的 Q 值。

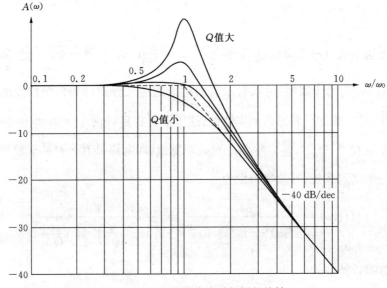

图 1-29　二阶系统的对数幅频特性

同样,我们可以根据(1.52)式来讨论上述电路的相频响应特性。当 $\omega \ll \omega_0$ 时,$\varphi(\omega) \approx 0$;当 $\omega \gg \omega_0$ 时,$\varphi(\omega) \approx -\pi$。可以验证,相频特性的变化主要集中在

$0.1\omega_0 \sim 10\omega_0$ 范围内,但是它的形状与 Q 值有很大关系。图 1-30 就是实际的相频特性曲线。

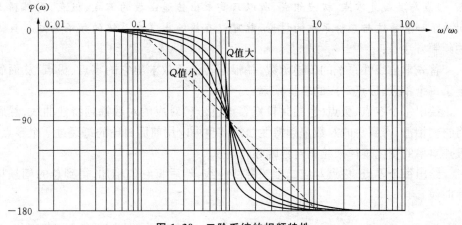

图 1-30　二阶系统的相频特性

由这两个 Bode 图可以看到,由于二阶系统具有一对共轭复极点,所以它的对数幅频特性和相频特性同一阶系统有很大不同。二阶系统的对数幅频特性与相频特性在远离转折频率 ω_0 时,仍然满足经过一个极点幅频特性斜率变化 -20 dB/dec 以及相频特性变化 $-90°$ 的规律(一对共轭复极点可以看成两个极点),但是在转折频率 ω_0 附近,它们强烈地受到参数 Q 的影响。参数 $Q = \dfrac{\sqrt{L/C}}{R}$ 称为品质因数,实际上反映了电阻 R 对于电路的损耗作用。Q 值越大,表示电阻 R 对于电路的损耗作用越小,表现为在 ω_0 附近的输出越大,若 $R = 0$,则电路将产生自由振荡。

以上我们分别讨论了一阶系统和二阶系统的频率特性。根据(1.34)式,任何一个电路的对数幅频特性可以表示成

$$A(\omega) = 20\lg K + \sum_{i=1}^{m} 20\lg N_i - \sum_{i=1}^{n} 20\lg D_i \qquad (1.53)$$

其中 $20\lg K$ 为一个常数,表示由系统直流增益对应的幅频特性;$20\lg N_i$ 表示由零点对应的幅频特性;$20\lg D_i$ 表示由极点对应的幅频特性。

同样,根据(1.34)式,任何一个电路的相频特性可以表达成

$$\varphi(\omega) = \sum_{i=1}^{m} \alpha_i - \sum_{i=1}^{n} \beta_i \qquad (1.54)$$

其中 α_i 表示由于零点引起的相移,β_i 表示由于极点引起的相移。

(1.53)式和(1.54)式表明:任何一个电路的总的对数幅频特性和相频特性,都可以分解成每个零点、极点的特性的叠加。由于线性电路的传递函数总是由实零点、极点与共轭复零点、极点组成,所以只要求出传递函数的零点、极点,再根据上面关于一阶系统与二阶系统的讨论,就可以直接绘出复杂系统的频响曲线。具体的绘制方法是:

首先求出线性系统的传递函数,并根据传递函数求出它的零点、极点,从而确定了每个零点、极点对应的转折频率。

绘出每个零点、极点(包括共轭复零点、极点)对应的对数幅频特性曲线,然后将它们相加,得到总的对数幅频特性曲线。也可以用前面讨论的每经过一个零点、极点斜率的变化规律来绘制对数幅频特性。

绘出每个零点、极点对应的相频特性曲线,然后将它们相加,得到总的相频特性曲线。

1.3.3　瞬态分析

一般情况下,电路中的输入信号可以看成数个简谐信号的叠加,所以可以用稳态分析来讨论电路对于输入的稳态响应。但是,有时我们要讨论电路在输入信号变化的瞬间的输出变化情况,此时稳态分析将无能为力,而必须采用其他方法对电路的输出进行讨论。

瞬态分析通过对于网络函数在时域求解的方法得到输出端口随时间的响应,所以它可以讨论电路在输入信号变化的瞬间的输出变化情况。在瞬态分析中,通常采用非正弦信号作为电路的激励信号,经常采用的信号有冲击信号与阶跃信号。下面我们通过一些具体的例子来介绍线性电路的瞬态分析。

例 1-18　讨论一阶低通网络和一阶高通网络在阶跃函数作用下的输出。

一阶低通网络和一阶高通网络的电路分别见图 1-16 和图 1-19,传递函数已经在(1.36)式和(1.41)式给出了。阶跃函数由下式定义:

$$v_s(t) = \begin{cases} 0 & t < 0 \\ v_s & t \geq 0 \end{cases} \tag{1.55}$$

通常令 $v_s = 1$,称此时的阶跃函数为单位阶跃函数,记为 $1(t)$。

经过拉普拉斯变换以后,阶跃函数的像函数为 $\dfrac{v_s}{s}$,单位阶跃函数的像函数为 $\dfrac{1}{s}$。

将(1.36)式中的 $v_i(s)$ 用阶跃函数的像函数 $\dfrac{v_s}{s}$ 代入,可以得到图 1-16 的一阶

低通网络在阶跃函数激励下的输出为

$$v_o(s) = H(s)v_s(s) = \frac{1}{1+sRC} \cdot \frac{v_s}{s} = v_s \cdot \frac{1/RC}{s\left(s+\dfrac{1}{RC}\right)} = v_s\left[\frac{1}{s} - \frac{1}{s+\dfrac{1}{RC}}\right]$$

$$(1.56)$$

利用拉普拉斯变换表,可以得到反变换以后的输出为

$$v_o(t) = v_s(1 - \mathrm{e}^{-\frac{t}{RC}}) \qquad (1.57)$$

响应曲线如图 1-31 所示。

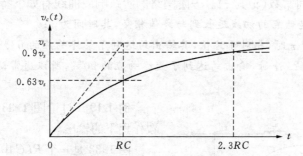

图 1-31   在阶跃函数作用下一阶低通网络的输出波形

同样,将(1.41)式中的 $v_i(s)$ 用阶跃函数的像函数 $\dfrac{v_s}{s}$ 代入,可以得到图 1-19 所示的一阶高通网络的阶跃响应为

$$v_o(s) = H(s)v_s(s) = \frac{sRC}{1+sRC} \cdot \frac{v_s}{s} = v_s \cdot \frac{1}{s+\dfrac{1}{RC}} \qquad (1.58)$$

利用拉普拉斯变换表,可以得到反变换以后的输出为

$$v_o(t) = v_s \mathrm{e}^{-\frac{t}{RC}} \qquad (1.59)$$

响应曲线如图 1-32 所示。

要注意到图 1-32 只反映了 $t>0$ 时刻的输出。由于在 $t=0$ 时刻之前系统并无输出,所以上述输出波形实际上应该是:在 $t=0$ 时刻输出电压由 0 突然上升到 v_s,然后按照图 1-32 的波形衰减。

从上面两个例子,我们可以了解线性网络对于非正弦函数的响应情况。

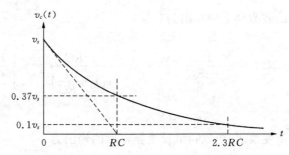

图 1-32 在阶跃函数作用下一阶高通网络的输出波形

对于一阶网络来说,其阶跃响应是一个单调指数过程。通常将乘积 RC 称为一阶网络的时间常数(记为 τ)。一阶网络的阶跃响应曲线有如下特点:

(1) 若将起始点的切线延长到与终值相交,其时间为 τ;

(2) 当 $t = \tau$ 时,相对于终值,其输出约达到了最终响应的 63%;

(3) 当 $t = 2.3\tau$ 时,输出约达到了最终响应的 90%,所以通常认为输出响应已经结束。

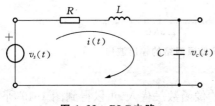

图 1-33 RLC 电路

例 1-19 讨论图 1-33 电路在冲击函数作用下的输出。

图 1-33 是一个 RLC 串联电路,电压源 $v_s(t)$ 为激励源(Driving Source),电容与电感的初始条件均为零。现分析在 $v_s(t)$ 的激励下,电容 C 两端的输出电压 $v_c(t)$,即网络的响应电压(Response Voltage)。

在图中给定的电流方向条件下,我们可以列出电路的微分方程如下:

$$R \cdot i(t) + L\,\frac{\mathrm{d}i(t)}{\mathrm{d}t} + \frac{1}{C}\int i(t)\mathrm{d}t = v_s(t) \tag{1.60}$$

我们可以解此线性微分方程,求出 $i(t)$,并由 $i(t)$ 求得 $v_c(t)$ 即输出电压。一般而言,$v_c(t)$ 是 $v_s(t)$ 的一个函数。当给定激励源 $v_s(t)$ 的函数形式后,$v_c(t)$ 表示了输出随时间的变化规律。

在电路分析中通常利用拉普拉斯变换求解线性微分方程。对于上面的例子,我们将(1.60)式进行拉普拉斯变换,得到如下的方程:

$$R \cdot i(s) + Ls \cdot i(s) + \frac{1}{Cs} \cdot i(s) = v_s(s) \tag{1.61}$$

这是一个复频域的线性代数方程,解之,得

$$i(s) = \frac{v_s(s)}{R + Ls + \dfrac{1}{Cs}} = \frac{Cs}{LCs^2 + RCs + 1}v_s(s) \tag{1.62}$$

所以,输出 $v_c(t)$ 的像函数 $v_c(s)$ 为

$$v_c(s) = \frac{i(s)}{Cs} = \frac{\dfrac{1}{LC}}{s^2 + \dfrac{R}{L}s + \dfrac{1}{LC}}v_s(s) \tag{1.63}$$

由题意,已知激励信号 $v_s(t)$ 为冲击函数:

$$v_s(t) = \delta(t) = \begin{cases} 0 & t \neq 0 \\ \infty & t = 0 \end{cases} \tag{1.64}$$

冲击函数的像函数为 $v_s(s) = 1$。代入(1.63)式,可得输出 $v_c(t)$ 的像函数 $v_c(s)$ 为

$$v_c(s) = \frac{1}{1 + sRC + s^2 LC} = \frac{\omega_0^2}{s^2 + \dfrac{\omega_0}{Q}s + \omega_0^2} \tag{1.65}$$

其中, $\omega_0 = \sqrt{\dfrac{1}{LC}}$, $Q = \dfrac{\sqrt{L/C}}{R}$。

若满足 $Q > \dfrac{1}{2}$ 条件,利用拉普拉斯变换表,可以求出 $v_c(s)$ 的原函数 $v_c(t)$:

$$v_c(t) = \frac{\omega_0}{\sqrt{1 - \dfrac{1}{4Q^2}}} e^{-\frac{\omega_0}{2Q}t} \sin\left(\sqrt{1 - \frac{1}{4Q^2}} \cdot \omega_0 t\right) \tag{1.66}$$

此结果的图像如图 1-34 所示。它表示在冲击函数作用下,满足 $Q > \dfrac{1}{2}$ 条件的 RLC 网络的输出是一个幅度呈指数衰减的正弦波。其初始幅度为 $\dfrac{\omega_0}{\sqrt{1 - \dfrac{1}{4Q^2}}}$,

振荡角频率为 $\sqrt{1 - \dfrac{1}{4Q^2}} \cdot \omega_0$,衰减速度为 $e^{-\frac{\omega_0}{2Q}t}$,均与电路中的元件参数有关。

若不满足 $Q > \dfrac{1}{2}$ 条件,则其响应过程与上述图形不同,这里不再进行详细讨论。附录 1 介绍了求解二阶网络的阶跃响应过程。有兴趣的读者可以参考附录的

讨论,自行得到二阶网络的冲击响应。

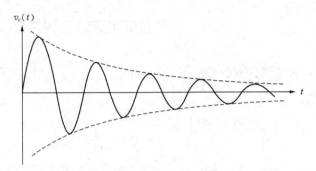

图 1-34 在冲击函数作用下 *RLC* 电路的输出波形

本章概要

线性电路分析方法是分析电子电路的基础。本章首先介绍了线性电路的基本元件:无源元件包括电阻、电容与电感,有源元件包括电压源、电流源以及 4 种受控源。也介绍了线性电路的主要分析手段之一:复频域分析。在此基础上,介绍了电路分析的 3 个基本定律与定理:基尔霍夫定律、等效电源定律、叠加定理。

基尔霍夫定律是基本的电路定律,它由两个定律组成:基尔霍夫电流定律和基尔霍夫电压定律。前者是电流连续性的体现,后者是导体等势性的体现。可以由它导出电路的基本解法:节点电压法和回路电流法。

等效电源定律也由两个定律组成:等效电压源定律和等效电流源定律。这两个定律将一个具有复杂结构的激励源网络与一个简单结构的信号源之间建立相互转换关系,它的主要作用是可以将复杂电路的分析问题简化。

叠加原理描述了线性电路中激励源的独立性,即任何一个激励在线性电路中产生的响应都是独立的,与其他源的激励情况无关。

上述定律与定理以及由此导出的各种基本解法是电子电路分析中的基本分析手段,得到相当广泛的运用,所以要求读者必须熟练掌握。

在上述分析方法的基础上,本章讨论了双口网络的网络函数,将网络函数分为驱动点函数与传递函数两类。驱动点函数的激励与响应位于双口网络的同一端口,包括输入阻抗(导纳)和输出阻抗(导纳)。传递函数的激励与响应位于双口网络的不同端口,可分为电压传递函数、电流传递函数、跨阻与跨导。网络函数可以由电路分析的基本解法如节点电压法等得到,对于线性网络,还可以运用叠加定理简化分析过程。网络函数完全由网络的结构与参数确定,完整地反映了网络的特性。

　　最后,本章讨论了运用网络函数对网络的电学特性进行分析的两种过程:稳态分析和瞬态分析。稳态分析将网络函数由复频域转移到频域进行分析,得到的结果是网络对于不同频率的激励信号下的稳态响应。本章详细分析了一阶和二阶系统的稳态响应情况,并用稳态分析中最常用的波特图描述了这种响应。由于大部分模拟电子电路工作在相对稳定的输入情况下,所以这种分析具有相当有效的实用价值。瞬态分析则直接在时域得到网络函数的解,据此可以得到线性网络在阶跃、冲击等脉冲型激励情况下的响应情况,所以这种分析方法对于数字电路更具有实际意义。

思考题与习题

1. 用基尔霍夫定理求下图所示电路中 R_L 上的输出电压。

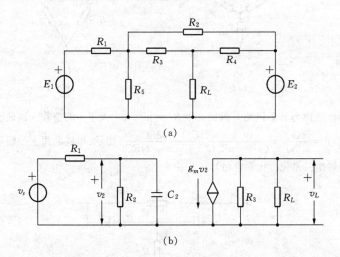

(a)

(b)

2. 画出下图电路的戴文宁等效电路和诺顿等效电路。

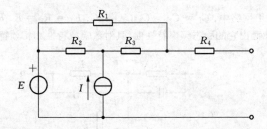

3. 用叠加定理求解下图电路的输出电压。

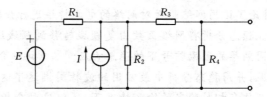

4. 下图两种电路通常称为星形连接与三角形连接。试证明:星形连接与三角形连接等效互换的条件是:

$$R_A = \frac{R_{CA}R_{AB}}{R_{AB} + R_{BC} + R_{CA}}, \quad R_B = \frac{R_{AB}R_{BC}}{R_{AB} + R_{BC} + R_{CA}}, \quad R_C = \frac{R_{BC}R_{CA}}{R_{AB} + R_{BC} + R_{CA}}$$

$$R_{AB} = R_A + R_B + \frac{R_A R_B}{R_C}, \quad R_{BC} = R_B + R_C + \frac{R_B R_C}{R_A}, \quad R_{CA} = R_C + R_A + \frac{R_C R_A}{R_B}$$

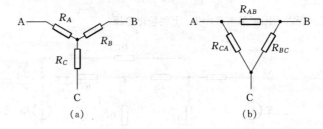

(a)   (b)

5. 下图所示电路称为单 T 网络。假设其中 $R_1 = nR$,n 为大于 1 的整数。试证明其电压传递函数为:$H(s) = \dfrac{v_o(s)}{v_i(s)} = \dfrac{(1 + s^2 nR^2 C^2) + s2RC}{(1 + s^2 nR^2 C^2) + s(n+2)RC}$(提示:可以利用上一题星形网络与三角形网络的转换关系先行化简电路)。

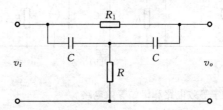

6. 设在下图所示双 T 网络中,$C_1 = C_2 = C$,$C_3 = 2C$,$R_1 = R_2 = R$,$R_3 = R/2$。试计算电压传递函数,并据此画出它的稳态频率特性曲线(对数幅频特性和相频特性)。

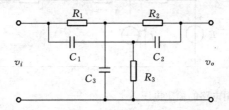

7. 试求下列电路的电压传递函数,并据此画出它们的稳态频率特性曲线(对数幅频特性和相频特性)。

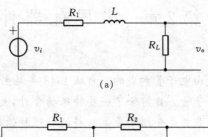

(a)

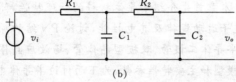

(b)

8. 试求下图电路的电压传递函数,并据此画出它的稳态频率特性曲线(对数幅频特性和相频特性)。

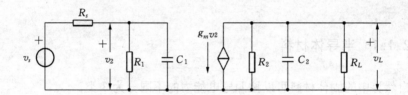

9. 试求下图两个电路的输出阻抗,并分析它们的不同。

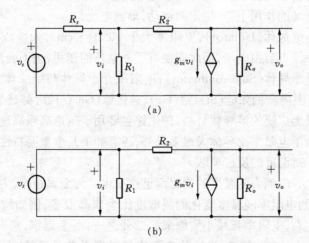

(a)

(b)

第2章 半导体器件

　　早期的电子电路是由电子管构成的。自从1948年诞生了晶体管以后,半导体器件逐渐替代了传统的电子管。目前除了一些特殊场合外,大部分电子电路已经全部由半导体器件构成。本章首先介绍半导体材料的物理特性,简要说明本征半导体和杂质半导体中的载流子运动规律及其电性能,讨论PN结的原理和主要特性。以此为基础,本章介绍了半导体二极管、双极型晶体管、场效应晶体管等基本的半导体器件的伏安特性、等效模型和主要特性参数,为下面讨论半导体电路打下基础。

§2.1 半导体基础知识

2.1.1 半导体材料

　　自然界中的固体材料可以按照导电能力的不同分为3类。

　　第一类是导体(Conductor),电阻率为 $10^{-6} \sim 10^{-4}\,\Omega \cdot cm$,如大部分金属和石墨等。这类材料在室温条件下,有大量电子处于可以自由运动的状态,这些自由电子可以在外电场的作用下,产生定向运动,形成电流。

　　第二类是绝缘体(Isolator),电阻率大于 $10^{10}\,\Omega \cdot cm$。如橡胶、塑料等。在这类材料中几乎没有自由电子,因此即使有了外电场的作用,也不会形成电流。

　　第三类是半导体(Semiconductor),电阻率介于导体与绝缘体之间,在 $10^{-3} \sim 10^{9}\,\Omega \cdot cm$ 范围内。例如硅(Si)、锗(Ge)、砷化镓(GaAs)等,都是半导体。其中硅是目前应用最为广泛的半导体材料,砷化镓主要用于制造高频高速器件。

　　半导体除了电阻率比导体大很多以外,还有如下几个重要特性。

　　特性一　对温度的反应灵敏。

　　半导体的导电能力随温度的变化而迅速变化。与金属相比,主要有两点区别:第一,半导体的电阻率随温度变化的灵敏度比金属高很多,例如纯硅半导体,温度每升高8℃左右,电阻率将减小到原来的二分之一,而金属铜,每升高1℃其电阻率仅增加0.4%左右。第二,半导体电阻率的温度系数是负的,而金属则是正的。即当温度升高时,半导体的电阻率减小,而金属的电阻率增大。

特性二　杂质的影响显著。

金属中含有少量杂质时,看不出电阻率有什么显著的变化。但是微量杂质在半导体里可以引起电阻率很大的变化。例如纯硅的电阻率是 214 000 Ω·cm,若掺入百万分之一杂质的磷原子,则电阻率降至 0.2 Ω·cm,几乎降低 100 万倍。

特性三　光照可以改变电阻率。

金属的电阻率不受光照影响,而半导体受到光照后,其电阻率发生显著的变化。例如半导体硫化镉薄膜,其暗电阻为几十 MΩ,当受到光照射时,电阻可下降到只有几 kΩ,电阻值改变了几万倍。我们利用半导体的光电导特性来做成光敏电阻。

半导体的上述特性,在电子技术中有广泛的应用。尤其是利用半导体的导电能力随微量杂质的掺入而发生巨大变化的特性所研制出来的半导体二极管、三极管以及其他各种新型器件,是当今电子技术发展的基础,有着极其重要的应用。

由同一种材料构成的完全纯净、不含杂质、结构完整而无缺陷的半导体晶体称为本征半导体(Intrinsic Semiconductor)。图 2-1 描述了硅晶体的原子排列结构,其中的黑点代表硅原子。可以看到一个硅原子周围有 4 个相邻的硅原子,它们之间构成一个正四面体结构。这个结构以一定的规律不断重复,就构成了硅单晶体。

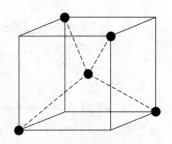

图 2-1　硅晶体的原子排列结构

硅或锗都是周期表上第 IV 族元素,或称为四价元素。四价元素的共同特点是原子中最外层电子轨道有 4 个电子。由于内层电子受原子核的束缚较大,很少有离开运动轨道的可能,所以它和原子核组成一个惯性核(Inert Ionic Core),净电量是 4 个正电子电量,而最外层的 4 个电子受原子核的束缚较小,叫做价电子(Valence Electron)。这样,硅和锗的原子结构由带 4 个正电子电量的惯性核和外层轨道上 4 个价电子所组成。

当硅或锗形成晶体后,由于原子彼此靠得很近,因而价电子同时也受到相邻原子的吸引,使每个原子的 4 个价电子也分别成为 4 个最邻近的原子的价电子。两个相邻原子共用价电子这一事实,称为两者间存在共价键(Covalent Bond)。在图 2-1 中,每个原子都以对称的形式和其邻近的 4 个原子用共价键紧密地联系着。为了画图的方便,我们将硅原子结构用图 2-2 的平面示意图表示。图中的圆圈表示惯性核,圆圈之间两根

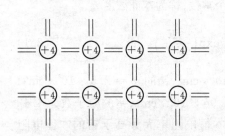

图 2-2　硅原子的共价键示意

平行线表示由价电子构成的共价键。

被共价键束缚在两个原子之间的价电子,在绝对零度下不能成为自由电子。此时,半导体相当于绝缘体。但是,当硅或锗晶体温度升高或受光线照射,共价键中的价电子从外界获取一定的能量,就能够挣脱束缚,成为自由电子(Free Electron)。这种现象称为本征激发。

当价电子冲破共价键束缚成为自由电子时,同时在该价电子原位置留下一个带单位正电荷的空位,叫做空穴(Hole),从而形成一个电子-空穴对。图 2-3 表示本征激发后形成电子-空穴对的示意图。

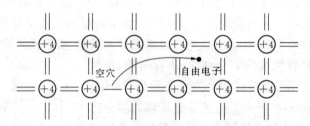

图 2-3 本征激发形成电子-空穴对

当一个原子失去一个价电子以后,它本身已经不能再保持电中性,所以它具有从其他临近的原子中俘获一个价电子的能力,这时,空穴就移动到临近的原子。这种空穴的移动像自由电子的移动一样,也可以在电场作用下形成电流(实际上是大量价电子移动的结果)。从这个角度上说,空穴可以看成一个与电子电荷数值相等、符号相反的正电荷。所以在半导体中,电子和空穴都被称为载流子(Carriers)。在电场作用下形成的电流是两种载流子形成的电流叠加的结果。

另一方面,本征激发产生的自由电子也可能被失去价电子的原子俘获,从而重新成为价电子,同时也减少了一个空穴,这个过程称为载流子的复合(Recombination)。在一定的温度下,本征激发和复合达到一个动态平衡,所以在半导体中的载流子浓度(单位体积内的载流子数目)在一定温度下是一个常数,称为本征浓度 n_i。

$$n_i = 4.28 \times 10^{15} \times T^{3/2} \exp\left(\frac{-E_g}{2kT}\right) \tag{2.1}$$

k 为玻尔兹曼常数。室温下,硅的 $n_i = 1.5 \times 10^{10}/\mathrm{cm}^3$,锗的 $n_i = 2.5 \times 10^{13}/\mathrm{cm}^3$,硅的本征浓度大大低于锗。而硅的原子数为 $4.96 \times 10^{22}/\mathrm{cm}^3$,锗的原子数为 $4.42 \times 10^{22}/\mathrm{cm}^3$,两者相差无几。所以常温下硅的本征电阻率大大高于锗的本征电阻率,$\rho_{\mathrm{Si}} = 2.3 \times 10^5\ \Omega \cdot \mathrm{cm}$,$\rho_{\mathrm{Ge}} = 45\ \Omega \cdot \mathrm{cm}$。

　　本征浓度是温度的函数。对于硅,大约每升高 8 ℃本征浓度增加一倍,对于锗,大约每升高 12 ℃本征浓度增加一倍。尽管硅的本征浓度随温度上升比锗快,但由于硅的本征浓度远小于锗的本征浓度,所以硅的本征浓度绝对值比锗的小得多,电阻率也比锗的大得多。

　　若在本征半导体中人为掺入其他元素,改变半导体材料的导电性质,就形成了杂质半导体(Extrinsic Semiconductor)。根据掺入的元素的不同,杂质半导体分成 N 型半导体和 P 型半导体两种。

　　在本征半导体中掺入极微量的 V 族杂质元素,如磷(P)、砷(As)、锑(Sb)等,可以形成 N 型半导体。

　　由于 V 族元素有 5 个价电子,所以当它和硅或锗原子形成共价键时,将多出一个电子。这个多出的电子虽然受到 V 族元素原子核的束缚,但是受束缚的作用很弱,只要得到较小能量就可以脱离束缚,成为自由电子。此时原来的 V 族元素原子则成为带正电的离子。

　　由于 V 族杂质元素在半导体中可以施放出自由电子,所以将它称为施主杂质(Donor Impurity)。施放电子的过程称为施主电离,在室温下施主杂质几乎全部电离。施主电离产生一个自由电子和一个正离子,但是正离子不能在晶体中运动,只是自由电子对半导体材料的导电性有贡献,因此在整个 N 型半导体材料中,自由电子数量远远大于空穴数量。我们将 N 型半导体中的自由电子称为多数载流子(Majority Carriers),简称多子;将空穴称为少数载流子(Minority Carriers),简称少子。图 2-4 是 N 型半导体的结构示意图。

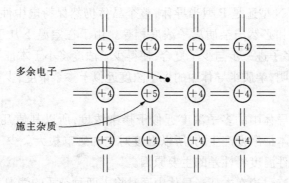

图 2-4　N 型半导体结构示意

　　与 N 型半导体类似,在本征半导体中掺入极微量的 Ⅲ 族元素,如硼(B)、镓(Ga)、铟(In)等,就形成了 P 型半导体。在 P 型半导体中,杂质原子和硅、锗原子组成的共价键中少一个电子,所以产生一个空穴。

由于与 N 型半导体同样的原因,P 型半导体中的杂质原子很容易接受电子,被称为受主杂质(Acceptor Impurity)。当受主杂质接受电子后,就成为带负电的离子,这个过程被称为受主电离。在室温下几乎所有的受主杂质都是电离的。由于受主杂质接受了电子,所以在整个半导体晶体中,空穴的数量远远大于自由电子的数量。在 P 型半导体材料中,空穴是多数载流子,自由电子是少数载流子。图 2-5 是 P 型半导体的结构示意图。

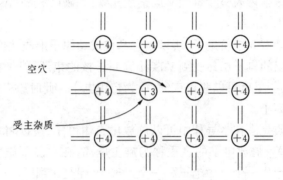

图 2-5　P 型半导体结构示意

在本征半导体中,载流子是由于本征激发产生的,电子和空穴的浓度相等。在杂质半导体中,载流子由本征激发和杂质电离两种过程共同产生,本征激发产生成对的电子和空穴,而杂质电离仅仅产生多子。

由于无论是 N 型还是 P 型半导体,整个晶体仍然保持电中性,所以所有的载流子浓度的代数和必然与杂质离子浓度相等。由于在室温下几乎所有杂质都电离,它们产生的多子进一步与少子复合,使得少子浓度将小于本征半导体中的载流子浓度。可以证明,杂质半导体中的多子浓度近似于掺杂浓度,少子浓度远远低于多子浓度。

由于杂质半导体中的多子浓度近似于掺杂浓度,所以其值几乎与温度无关。但是少子是由于本征激发产生的,所以温度对它的影响极大。少子浓度的温度敏感性是半导体器件温度特性差的主要原因。

最后我们简略讨论在本征半导体中同时掺入两种杂质的情况。

在本征半导体内同时掺入两种杂质以后,施主杂质产生的自由电子将与受主杂质产生的空穴复合,这种作用称为杂质的补偿作用。由于补偿作用,杂质半导体的特性将由掺杂浓度高的杂质所决定。例如,向原来为 P 型的半导体单晶中掺入

Ⅴ族元素,当掺杂浓度超过原来Ⅲ族元素的掺杂浓度以后,原来的 P 型半导体将转变为 N 型半导体。若两种杂质的浓度相等,则杂质半导体的特性将同本征半导体相似。这种利用掺杂来改变半导体材料的导电性质的方法是制造半导体器件的一种主要方法。

2.1.2 载流子运动

在半导体中有自由电子和空穴两种载流子,当这些载流子作定向运动时就会产生电流。引起载流子定向运动的原因有以下两个:(1)在电场的作用下,空穴将沿电场方向运动,电子将逆电场方向运动。这种载流子运动形成的电流被称为漂移电流。(2)在半导体内部载流子浓度不均匀,根据扩散定律,载流子将从浓度高的区域向浓度低的区域运动。这样形成的电流被称为扩散电流。

漂移电流(Drift Current)是半导体中的载流子在电场作用下的定向运动造成的,其大小取决于载流子的浓度和载流子在电场作用下的平均漂移速度。

载流子的浓度由半导体材料的掺杂浓度决定,杂质浓度越高,在电场作用下的漂移电流越大,半导体材料的电阻率就越低,其导电性能就越好。

载流子在电场作用下的平均漂移速度的比例因子分别称为空穴和电子的迁移率(Mobility),记为 μ_p 和 μ_n,是决定半导体器件速度的重要参数。实验表明,迁移率随温度升高而下降,也随掺杂浓度上升而下降。在室温下,硅的 $\mu_n \approx 1400 \text{ cm}^2/(\text{V} \cdot \text{s})$,$\mu_p \approx 500 \text{ cm}^2/(\text{V} \cdot \text{s})$;锗的 $\mu_n \approx 3\,900 \text{ cm}^2/(\text{V} \cdot \text{s})$,$\mu_p \approx 1\,900 \text{ cm}^2/(\text{V} \cdot \text{s})$;砷化镓的 $\mu_n \approx 8\,500 \text{ cm}^2/(\text{V} \cdot \text{s})$,$\mu_p \approx 400 \text{ cm}^2/(\text{V} \cdot \text{s})$。迁移率高的材料可以制造高频性能好、速度快的器件。

扩散电流(Diffusion Current)是由于在半导体材料中存在载流子浓度梯度而造成的载流子定向运动。若在半导体材料中电子与空穴沿 x 方向存在浓度梯度,使得沿着 x 轴正负两个方向运动的载流子平均数目不同,结果是相当于一定数量的载流子发生定向运动,由此引起扩散电流。

扩散电流的大小取决于载流子浓度梯度以及载流子的扩散系数。在室温下,硅的扩散系数为 $D_n = 34 \text{ cm}^2/\text{s}$,$D_p = 13 \text{ cm}^2/\text{s}$;锗的扩散系数为 $D_n = 98 \text{ cm}^2/\text{s}$,$D_p = 46 \text{ cm}^2/\text{s}$。

迁移率高的载流子其扩散系数也大。另外,扩散系数随温度的升高而加大。

下面进一步讨论产生载流子浓度梯度的原因。我们知道,一块半导体材料在热平衡条件下其内部的载流子浓度是处处相等的。但是,若半导体材料受到某种外来因素的作用,例如使半导体材料局部受到光照,则光能量使价电子激发,在受到光照的局部将产生自由电子-空穴对,电子比平衡时多出 Δn,同时也多出了空穴 Δp。这些增加的载流子称为非平衡载流子(Non-equilibrium Carriers)。由于 $\Delta n = \Delta p$,所以半导体材料仍然处处保持电中性,由此产生的载流子浓度梯度就必须依靠扩散作用来拉平。这和导体中的情形完全不同。在导体中只有自由电子一种载流子,所以一旦形成浓度梯度,每个局部必然不能保持电中性,由此产生的电场将立即将电子浓度拉平。

除了上面讨论的由光照形成的非平衡载流子之外,还有一种非平衡载流子注入方式是电注入。与光注入不同的是,电注入的非平衡载流子是不成对的,仅仅是非平衡的少子。

利用光注入或电注入的非平衡载流子,由于浓度梯度的存在而进行扩散,在扩散过程中由于复合作用而逐渐消失。在一般情况下,注入的非平衡载流子虽然比平衡时的多子要少得多,但是比平衡时的少子要多得多,因此它们的作用不可忽视。在半导体二极管、半导体三极管中,正是这些非平衡载流子成为最活跃的因素。

2.1.3   PN 结

若在一块 P 型半导体材料的特定部位掺入施主杂质,并使得掺杂浓度大于原来的杂质浓度,则由于杂质补偿作用,该部位的半导体将形成 N 型区域,在 P 型半导体和 N 型半导体的界面上将形成 PN 结。同样,在 N 型半导体中掺入受主杂质也能形成 PN 结。

PN 结是半导体器件的基础,几乎所有半导体器件都是由一个或几个 PN 结构成的,所以研究 PN 结的特性是弄清这些器件工作原理的基础。

由于在 P 型半导体中空穴是多子,在 N 型半导体中电子是多子,在 PN 的界面两侧明显地存在电子和空穴的浓度差异,所以如图 2-6 所示,载流子的扩散将不可避免地在 PN 结的界面上发生。

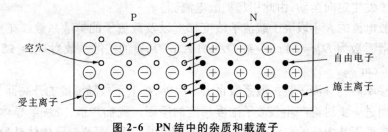

图 2-6   PN 结中的杂质和载流子

　　由于扩散总是首先发生在 PN 结的界面附近,并且扩散到界面另一侧的载流子很快就被复合掉,所以在 PN 结界面附近将留下一些杂质离子。这些杂质离子形成了一个空间电荷区(Space-charge Region),这个区域内不再保持电中性,P 区一侧为负电荷,N 区一侧为正电荷,并且随着扩散的进行不断扩大,如图 2-7 所示。

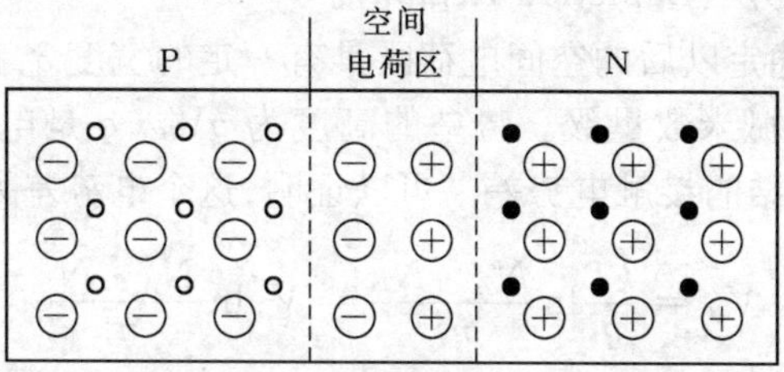

图 2-7　PN 结中的空间电荷区

　　另一方面,由于空间电荷的存在,在空间电荷区将形成一个电场,其方向是由 N 区指向 P 区。这个电场是由于界面两侧的载流子扩散和复合所造成的,所以被称为内建电场。而在空间电荷区以外的 P 区和 N 区中,仍然保持电中性,不存在电场。

　　载流子在空间电荷区的电场作用下产生漂移运动,方向是电子向 N 区运动、空穴向 P 区运动。这个运动方向恰恰与载流子的扩散运动方向相反。所以在 PN 结界面附近存在载流子的两种运动:扩散和漂移。随着扩散的进行,空间电荷区逐渐加宽,同时内建电场也逐渐增强,漂移运动也慢慢增强。当这两种运动达到动态平衡以后,空间电荷区便稳定下来。显然在稳定状态下流过 PN 结的电流为零。

　　空间电荷区的电场对于电子和空穴的扩散起阻碍作用,也可以用势垒作用的观点来描述:空间电荷区存在电场,使得它的各个位置的电势不同,电子在各处的电势能也不同。电子从 N 区跑到 P 区要克服电场的阻力,所以 P 区的电子势能较高,N 区的电子势能较低,形成势垒。N 区的电子必须获得足够的能量,才能越过势垒到达 P 区。

　　图 2-8 是 PN 结的势垒示意图,势垒高度在空间电荷区是逐渐变化的。

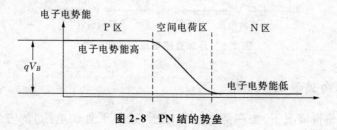

图 2-8　PN 结的势垒

由于空穴带正电荷,所以在势垒区电子电势能高的地方,正是空穴的电势能低的地方。P 区的空穴要到 N 区去同样要越过势垒。

因为可以将空间电荷区看成一个势垒,所以空间电荷区也称势垒区(Barrier Region)。又因为在空间电荷区内杂质都已经离,电子和空穴的数量很少,所以空间电荷区又称耗尽层(Depletion Region)。

在 PN 结达到稳定以后的空间电荷区具有一定的宽度 δ,它与 PN 结材料及掺杂浓度有关,通常在微米数量级。势垒的高度为 qV_B,q 是电子电量,V_B 是内建电势差,也就是 PN 结的接触电势差。可以证明,这个电势差为

$$V_B = \frac{kT}{q}\ln\frac{N_A \cdot N_D}{n_i^2} = V_T\ln\frac{N_A \cdot N_D}{n_i^2} \tag{2.2}$$

其中 N_D 和 N_A 分别为施主杂质浓度和受主杂质浓度,$V_T = \dfrac{kT}{q}$ 称为 PN 结的热电势。在室温下,$V_T \approx 26$ mV。

通常在室温下,由硅材料构成的 PN 结的 V_B 大约为 0.6～0.8 V,由锗材料构成的 PN 结的 V_B 大约为 0.2～0.3 V。

V_B 是温度的函数,由于受本征载流子浓度 n_i 的影响较大,且 n_i 具有正的温度系数,所以 V_B 的温度系数为

$$\frac{\mathrm{d}V_B}{\mathrm{d}T} \approx -2 \text{ mV/℃} \tag{2.3}$$

在一个 PN 结的两端施加直流电压,则称该 PN 结被偏置。当 PN 结被偏置以后,内部载流子的运动将发生变化。如图 2-9 所示,PN 结的偏置有两种情况,一种是外电源的正极接 P 区、负极接 N 区,称为正向偏置;另一种是外电源的正极接 N 区、负极接 P 区,称为反向偏置。无论哪一种偏置,由于在势垒区的载流子几乎耗尽、电阻很大,空间电荷区之外则电阻很小,所以偏置电压几乎都作用在势垒区。

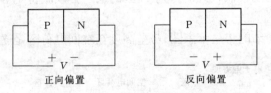

正向偏置   反向偏置

图 2-9　外加直流电压时的 PN 结

一、正向偏置的 PN 结

在正向偏置情况下,加在势垒区的电压(近似于外加电压)的方向是 P 区为

正、N 区为负,它产生的电场方向由 P 区指向 N 区。这个电场和 PN 结的内建电场方向相反,削弱了内建电场,最终产生两个结果:(1)电场减弱,说明空间电荷区内的电荷量减少,所以势垒宽度 δ 将减小。(2)电场减弱,使得势垒区两侧的电势能降低,结果是势垒降低。若外加电压为 V,则势垒高度降低为 $q(V_B - V)$。

由于势垒高度降低,原来的载流子扩散运动和漂移运动的动态平衡被打破,漂移运动被削弱,扩散运动将加强。所以从总体上看,将形成一个扩散电流。电流的全过程是这样的:电子从电源负极源源不断进入 N 区,到达势垒边界后,由于扩散作用而进入 P 区。进入 P 区的电子成为 P 区的非平衡载流子(少子),由于注入作用是由外电源引起,所以被称为电注入。这些电注入的非平衡载流子先是堆积在 P 区的边界,然后向 P 区内部扩散,并且边扩散边同 P 区内的空穴(多子)复合,浓度逐渐降低。P 区由于复合而减少的空穴则由外电源正极不断提供。空穴的扩散过程与此类似。图 2-10 是正向偏置下少数载流子的浓度分布。

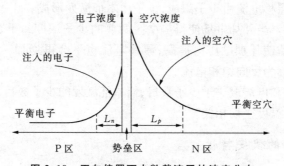

图 2-10 正向偏置下少数载流子的浓度分布

由于电子、空穴在上述扩散过程中的连续不断的流动就形成了电流。因为此电流是在正向偏置下形成的,所以称之为正向电流。正向电流随着正向电压的增加而迅速增加。

二、反向偏置的 PN 结

在反向偏置情况下,加在势垒区的电压(近似于外加电压)的方向是 P 区为负、N 区为正,它产生的电场方向由 N 区指向 P 区,所以它和 PN 结的内建电场方向相同。这个外加电场导致空间电荷区内的电荷量增加,势垒宽度 δ 加大,势垒加高。

由于势垒加高,原来的载流子扩散运动和漂移运动的动态平衡同样也被打破,漂移运动加强,扩散运动被削弱,从总体上形成一个漂移电流。在势垒区 N 侧的少子(空穴)不断漂移进入 P 区,势垒区 P 侧的少子(电子)不断漂移进入 N 区。势垒区两侧的少子浓度趋于零。

在外电源的作用下，N 区因漂移而失去的空穴和 P 区因漂移而失去的电子源源不断地从电源得到补充，使得电流连续性得以满足。由于此电流是在反向偏置下形成的，所以称之为反向电流。由于反向电流是由少子漂移形成的，而少子的浓度总是很低的，所以一般情况下反向电流远小于正向电流。图 2-11 是反向偏置下少数载流子的浓度分布。

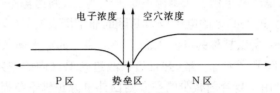

图 2-11 反向偏置下少数载流子的浓度分布

另一方面，漂移电流由少子组成，少子由本征激发形成。在一定的温度下少子的数目是有限的。当外加电场使得势垒区两侧的少子浓度趋于零时，漂移电流趋于一个固定值，即使外加电压再提高，漂移电流也不会再增加。这个现象称为饱和，此时的电流称为反向饱和电流。

由于反向饱和电流取决于少子数目，而本征激发的少子数目与温度有关，所以反向饱和电流与温度密切相关。

三、PN 结的伏安特性

运用半导体物理理论可以证明，无论是 PN 结的正向电流还是反向电流，都可以用下式描述：

$$I = I_s\left[\exp\left(\frac{qV}{kT}\right)-1\right] = I_s\left[\exp\left(\frac{V}{V_T}\right)-1\right] \tag{2.4}$$

其中 I_s 就是 PN 结的反向饱和电流，其值为

$$I_s = qA\left(\frac{D_n n_{p0}}{L_n} + \frac{D_p p_{n0}}{L_p}\right) \tag{2.5}$$

其中 A 是 PN 结的面积，D_n、D_p 分别是电子和空穴的扩散系数，p_{n0}、n_{p0} 分别是 N 区的平衡空穴浓度和 P 区的平衡电子浓度，L_n、L_p 分别是电子和空穴的扩散长度。对于硅 PN 结来说，反向饱和电流约为 $10^{-14} \sim 10^{-15}$ A。锗材料 PN 结的反向饱和电流要比硅材料的大得多。

反向饱和电流与温度关系密切，硅材料 PN 结的 I_s 大约每 8 ℃增加一倍，锗材

料 PN 结的 I_s 大约每 12 ℃ 增加一倍。另一方面,由于 I_s 随温度迅速增加,使得 PN 结的正向特性也受温度影响(虽然 V_T 也是温度的函数,但其影响不如 I_s 显著)。PN 结的正向电流随温度升高而略有增加。

根据(2.4)式可以画出 PN 结的伏安特性如图 2-12 所示,注意图中坐标的正反向比例是不一致的。

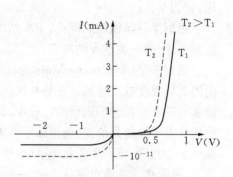

PN 结正向偏置时,(2.4)式中的偏置电压 V 取正值,I 为正向电流。

当加在 PN 结上的正向偏置电压比较小时,由于 I_s 是一个很小的值,所以此时实际流过 PN 结的电流极小。例如,若 $I_s =$ 10^{-15} A,则当 $V < 0.54$ V 时,$I < 1\ \mu$A。

图 2-12　PN 结的伏安特性

当加在 PN 结上的正向偏置电压增加时,正向电流将随之迅速增加。若偏置电压 V 足够大 $(V \geqslant 4V_T \approx 100\ \text{mV})$,可以近似认为正向电流按照指数规律增加,即

$$I \approx I_s \exp\left(\frac{V}{V_T}\right) \tag{2.6}$$

在这种情况下,由于流过 PN 结的正向电流呈指数增加,PN 结电压大约每增加 60 mV,流过 PN 结的电流增加到原来的 10 倍,所以在一个较大的正向电流范围内,PN 结上的电压变化很小。例如:若 $I_s = 10^{-15}$ A,I 从 2.3 mA 变化到 230 mA,改变 100 倍时,V 从 0.74 V 变化到 0.86 V 时,仅变化 120 mV。

当 PN 结反向偏置时,(2.4)式中的偏置电压 V 取负值,I 即为反向电流。当反向电压的绝对值 $|V| > 0.1 \sim 0.2$ V 以后,$I \approx -I_s$(反向饱和电流),不再随反向电压增加而增加。由于反向饱和电流极小,所以可以认为此时的 PN 结基本不导通。

综上所述,PN 结的最显著的特性是它的单向导电性。

最后要指出的一点是:上述所有结论都是在室温(300 K)附近得出的。由于半导体材料的温度特性,当温度升高时,本征激发加剧,热平衡少子增加。若温度升高到使得本征激发的少子数量与杂质浓度相当时,杂质半导体的特性就类似本征半导体,此时 PN 结消失,上述所有特性也不复存在。对于硅材料的 PN 结,此极端温度大约在 150～200 ℃。

四、PN 结的击穿特性

由上一小节的讨论可知,当 PN 结处于反向偏置状态时的反向电流是很小的,

并且基本不随反向电压的增加而增加。可是,如果反向电压不断增加,到达某一个极限时,我们能观察到流过 PN 结的反向电流会突然增加。这个现象称为 PN 结的击穿。我们将反向电流开始明显增加时对应的反向电压称为 PN 结的击穿电压,记为 V_{BR}。

根据半导体物理的理论, PN 结的击穿现象大致又有两种不同的机理:一类是雪崩击穿,另一类是齐纳击穿。

雪崩击穿(Avalanche Multiplication)的机理是:随着反向电压的提高,势垒区内的电场强度越来越高。在势垒区内的载流子由于受到高场强的加速,具有不断增加的动能。在它们运动的过程中,如果与晶格中的原子发生碰撞,则可能将原子中的价电子撞离共价键,使得原子电离。这个碰撞的结果是增加了一个自由电子和一个空穴,而新产生的载流子(电子和空穴)又会以同样的方式继续产生新的载流子,所以载流子数目将呈 1→3→9→27→81……这样的几何速率增加。这就是所谓雪崩过程。雪崩过程的后果是导致反向电流急剧增加,出现 PN 结的反向击穿。

若反向电压较小,载流子在势垒区内得不到足够动能,则雪崩过程不会发生,所以雪崩击穿一定发生在反向电压较高的场合。

雪崩击穿电压还与温度有关。随着温度的提高,晶格内原子的热运动加剧,使得载流子可能提前与原子发生碰撞,也就是说,载流子的自由程缩短了。由于在碰撞前没有得到足够的加速,所以载流子的动能变小,致使雪崩过程无法继续。在这种情况下只有提高场强(提高击穿电压)才能使载流子重新获得足够动能,发生碰撞电离。所以,雪崩击穿电压具有正温度系数。

当 PN 结两侧的材料的杂质浓度很高时,势垒区将变得很薄。在这种情况下,不高的外加电压就可以在势垒区产生很高的场强。足够高的场强可以使价电子获得足够的能量,从而脱离共价键的束缚成为自由电子。这个过程称为场致电离,也称为隧道效应。场致电离的结果是产生大量载流子,因而使反向电流急剧增加,造成 PN 结击穿。这种击穿称为齐纳击穿(Zener Breakdown)。

齐纳击穿一定发生在高掺杂的 PN 结中,击穿电压比较低。两种不同击穿的分界线约在 5~6 V 左右。

齐纳击穿电压具有负温度系数。这是因为随着温度升高,原子中价电子的能量也增加,所以只要获得更小的能量即可摆脱共价键的束缚,导致击穿电压降低。

图 2-13 是两种击穿过程的伏安特性示意图。由于雪崩击穿过程中存在载流子的扩增效应,所以其击穿特性比较陡峭,而齐纳击穿不存在载流子的扩增效应,所以其击穿特性相对比较缓慢。

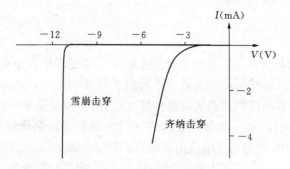

图 2-13　PN 结的击穿特性

五、PN 结的电容特性

电容是一个存储电荷的元件,当存储于其中的电荷量发生变化时,其端电压亦随之发生变化。端电压与存储于其中的电荷量是成正比的。

在 PN 结中,随着其两端电压的变化,空间电荷区中的电荷(正、负离子)量也要变化,空间电荷区两侧由对方区域注入的非平衡少数载流子的数量也要发生变化,这些都相当于电容效应。前者称为势垒电容(Barrier Capacitance),后者称为扩散电容(Diffusion Capacitance)。

当 PN 结被反向偏置时,随着反向电压的改变,漂移运动发生变化,在势垒区附近的多数载流子将受其影响,造成空间电荷数的改变以及空间电荷区宽度的改变。这个效应和电容器的充放电类似,可以用势垒电容来等效。PN 结的势垒区起电荷屏蔽作用,它把内建电场屏蔽在势垒区内部,在势垒区外两侧则不受内建电场的影响。这表明势垒电容类似一个平板电容器:偏置电压越负,空间电荷区宽度 δ 越大,势垒电容量越小。

势垒电容 C_B 可以用(2.7)式表示,其中 V_D 是加在二极管上的偏置电压,V_B 是二极管的内建电势,C_{B0} 是偏置电压为零时的势垒电容。

$$C_B = \frac{C_{B0}}{\left(1 - \dfrac{V_D}{V_B}\right)^m} \tag{2.7}$$

用(2.7)式描述的势垒电容适用于 PN 结反向偏置的情况。当 PN 结正向偏置时,若偏置电压 V_D 小于 PN 结的内建电势 V_B,则(2.7)式仍然适用;若偏置电压 V_D 接近于 PN 结的内建电势 V_B,由(2.7)式得到的 C_B 将趋于无穷大,所以它不再适用,需作修正。一般用(2.8)式来描述 V_D 接近于 V_B 时的势垒电容:

$$C_B = \frac{C_{B0}}{(0.1)^m} \tag{2.8}$$

需要指出的是:势垒电容是一个非线性电容,与普通的电容器有很大不同。根据制造工艺的不同,PN 结可以分为若干不同的类型,如图 2-14 所示。其中一种是线性缓变结,该 PN 结两侧的杂质浓度呈线性变化;另一种是突变结,该 PN 结两侧的杂质浓度是突变的;还有一种超突变结,它在 PN 结两侧的杂质浓度分布为超突变型。不同类型的 PN 结的势垒电容是不同的。在(2.7)式中,m 为结电容梯度因子。对于线性缓变结,$m = 1/3$;对于突变结,$m = 1/2$;对于超突变结,$m = 1/2 \sim 6$。

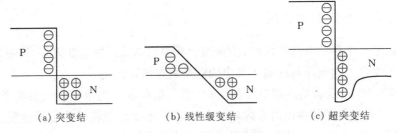

(a) 突变结   (b) 线性缓变结   (c) 超突变结

图 2-14　PN 结的杂质分布

当 PN 结正向偏置时,载流子的扩散运动加强。势垒区两侧的多数载流子由于扩散作用越过势垒区后,成为非平衡少子。这些非平衡少子会在势垒区边界上形成积累,然后在其寿命时间内进行扩散。当正向偏置电压改变时,势垒区边界上积累的非平衡少子也会发生变化。这种非平衡少子在势垒区边界上积累的效应称为少子存储效应或电荷存储效应,其作用相当于一个电容,称之为扩散电容。显然,PN 结反向偏置时不存在此效应。

由半导体物理理论,扩散电容 C_D 可以表示为

$$C_D = \frac{\tau}{kT/q} I \tag{2.9}$$

其中 τ 是非平衡少子寿命。

由(2.9)式可知,扩散电容的大小与流过 PN 结的电流 I 成正比。

由于势垒电容和扩散电容均跨接在 PN 结上,所以 PN 结的总电容 C_j 为两者之和:

$$C_j = C_B + C_D \tag{2.10}$$

PN 结正向偏置时以扩散电容 C_D 为主,在流过 PN 结的电流不是很大的情况

下,扩散电容的值在几十 pF 到几千 pF。PN 结反向偏置时只有势垒电容 C_B,一般情况下由于 PN 结面积很小,其值在 pF 数量级。

§2.2　半导体二极管

2.2.1　二极管的结构与伏安特性

在 PN 结的 P 区和 N 区外侧制作两个欧姆接触电极,用管壳将它封装起来并将 PN 结的两端用引线引出,就构成一个半导体二极管,简称二极管(Diode)。从 P 区引出的电极称为正极(Anode),从 N 区引出的称为负极(Cathode)。图 2-15 就是二极管的构成情况和它的图形符号。

图 2-15　半导体二极管的构成与符号

图 2-16 显示了平面型二极管的结构。平面型二极管是在 N 型硅片上生长一层 SiO_2,然后用光刻技术刻出一个小窗口。通过这个窗口进行硼扩散,可以在窗口下方形成一个 P 型硅区,从而形成 PN 结。最后通过金属淀积工艺制造引线。

由于二极管是由 PN 结构成的,所以 PN 结的伏安特性基本上就是二极管的伏安特性。但是实际的二极管又因为种种因素的影响,使得它的伏安特性

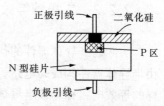

图 2-16　半导体二极管的结构

与前面讨论的 PN 结的伏安特性有所不同。例如,在实际二极管中,存在构成 PN 结的 P 区和 N 区的半导体材料的体电阻和引线电阻,使得在相同电流情况下,实际加在二极管两端的电压大于 PN 结两端的电压。又如在实际二极管中存在表面漏电流,使得它的反向电流大于 PN 结的反向电流。另外,实际二极管中存在的结电容和分布电容、噪声、PN 结的发热等现象,对工作在高频、小信号、大电流等不同场合的电路都会造成不同的影响。所以实际的二极管的伏安特性相当复杂,它与各种实际的物理因素有关。

图 2-17 是普通硅二极管的伏安特性曲线。由于实际二极管在正向导通时电流大致符合指数规律:当加在二极管两端的正向电压较小时,流过二极管的电流极

小;加在二极管两端的正向电压较大时,流过二极管电流呈指数增加,所以其伏安特性图像在正向区域存在一个比较明显的转折点,如图中 $V_{D(on)}$ 所示。当加在二极管两端的电压超过 $V_{D(on)}$ 时,二极管开始有明显的正向电流。此电压称为二极管的导通电压或开启电压。对于硅二极管来说,导通电压大约为 $0.6 \sim 0.8$ V。

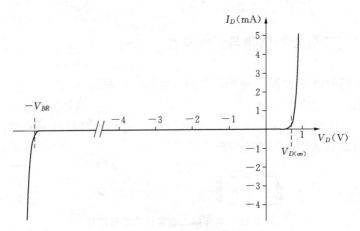

图 2-17 半导体二极管的伏安特性

2.2.2 二极管等效模型

实际的半导体器件的伏安特性是一个非线性关系,一般相当复杂。为了分析由半导体器件构成的电路,我们需要用一些与它们性能等效的电路来代替它们,这样的等效电路称为该半导体器件的等效模型。

本书采用的半导体器件的模型,是以器件的物理原理为基础建立的模型,其模型参数与物理特性密切相关。目前一些通用的电路分析软件大多采用这种方法建立器件模型。

采用模型代替实际的半导体器件进行电路分析,其结果的正确与否依赖于器件模型及其参数的正确与否。一般说来,越要求器件模型接近于实际器件,则模型就越复杂,描述模型的参数就越多,模型内部的节点也越多。这种复杂的模型一般不适用人工计算,主要用于计算机辅助电路分析。

在人工分析电路过程中,通常采用比较简单的模型。这样做不仅简化了分析过程,更重要的是可以抓住被分析对象最主要的特征,从中揭示电路的本质,而不受一些复杂的旁枝末节的干扰。下面我们从实际分析的需要出发,介绍一些二极管的简化等效模型。

一、理想二极管模型

理想二极管(Ideal Diode)是这样一个器件,它具有正向完全导通、反向完全截止的特性,其伏安特性如图 2-18 所示。

理想二极管模型突出反映了二极管的单向导通特性,忽略了二极管正向导通时的压降以及反向电流。主要用于二极管电路的定性分析。当二极管正向导通时的压降与电路中的其他电压相比可以忽略,反向电流与电路中其他电流相比可以忽略时,也可以用这个模型进行定量估算。

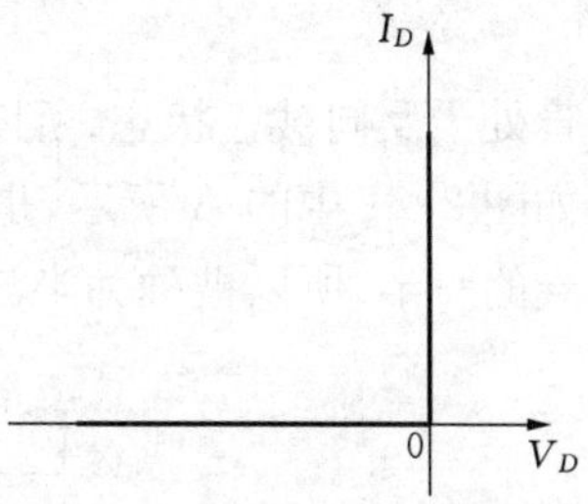

二、带导通阈值的理想二极管模型

考虑到实际二极管在正向导通时大致符合指数规律:伏安特性在正向区域存在一个比较明显的转折

图 2-18　理想二极管的伏安特性

点——$V_{D(on)}$,当 $V_D < V_{D(on)}$ 时,流过二极管的电流极小;当 $V_D > V_{D(on)}$ 时,二极管两端的电压变化较小。所以在工程应用的范围里,我们可以近似认为,当加在二极管两端的电压超过 $V_{D(on)}$ 以后,二极管导通;当加在二极管上的正向电压小于 $V_{D(on)}$ 或反向时,二极管截止。根据这一近似得到的二极管的伏安特性如图 2-19 所示。我们可以用一个理想二极管与一个电压为 $V_{D(on)}$ 的直流电压源相串联来等效上述模型。

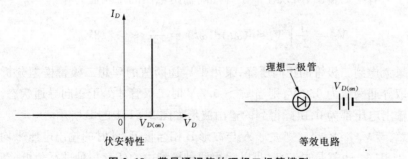

图 2-19　带导通阈值的理想二极管模型

由于这个模型考虑了二极管的正向压降,大致上符合二极管的实际情况,又突出了二极管的单向导通特性,所以在许多场合得到应用。在实际运用中,对于硅二极管一般取 $V_{D(on)} = 0.7\,\mathrm{V}$。

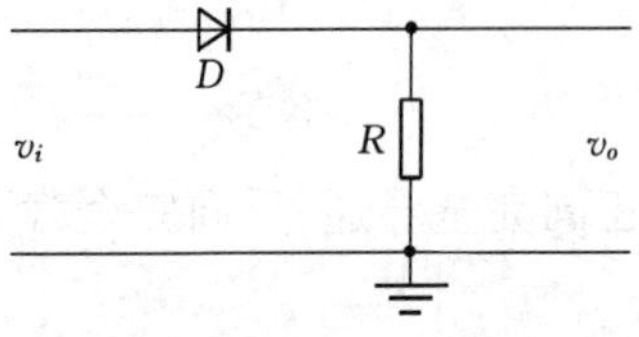

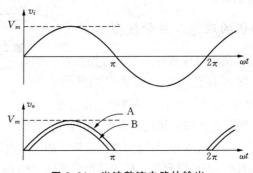

图 2-20　二极管半波整流电路

例 2-1　已知在图 2-20 电路中，$v_i = V_m \sin(\omega t)$，试求 v_o 的波形以及它的平均电压。

图 2-20 电路是一种将交流电变换为直流电的电路，称为半波整流电路。下面我们采用理想二极管模型来分析图 2-20 电路。

当 $v_i > 0$ 时，由于二极管处于正向导通状态，所以输出电压始终等于 v_i。当 $v_i < 0$ 时，由于二极管处于反向截止状态，所以输出电压始终等于零。所以半波整流电路的输出波形如图 2-21 中的 A 所示，是一种脉动直流信号。由于这个电路的输出只有交流信号的一半，所以被称为半波整流电路。

图 2-21　半波整流电路的输出

由于只有半周输出，所以在一个周期内输出电压的平均值为

$$\overline{V}_O = \frac{1}{2\pi}\int_0^\pi V_m \sin(\omega t)\,\mathrm{d}(\omega t) = \frac{V_m}{\pi} \approx 0.318 V_m$$

如果考虑到二极管的正向压降，采用带导通阈值的理想二极管模型分析上述电路。取导通阈值为 0.7 V，则当 $v_i > 0.7$ V 时二极管才处于正向导通状态，其余状态下输出电压都为 0，由此得到的输出波形如图 2-21 中的 B 所示。

显然，若 $V_m \gg V_{D(on)}$，则波形 A 与波形 B 相当接近，此时的输出电压平均值接近于 $0.318 V_m$。也就是说，这时可以采用两种模型中的任意一种进行分析。但是，若 V_m 较小，则由于导通阈值对于输出的影响很大而必须考虑它的影响，只能采用带阈值的理想二极管模型进行分析。

例 2-2　在数字逻辑电路中，可以用二极管构成逻辑门。图 2-22 就是一个用二极管构成的逻辑"与"门。

我们用带阈值的理想二极管模型分析图 2-22 的门电路。

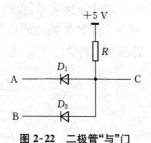

图 2-22 二极管"与"门

对于数字逻辑电路来说,电压低于某特定值为逻辑 0,高于某特定值为逻辑 1。在图 2-22 的门电路中,假定 A 点输入数字逻辑 0,B 点输入逻辑 1。此时 A 点的电压很低,例如 0.2 V,由于二极管 D_1 的正极通过电阻 R 接到+5 V,所以 D_1 导通。

当一个二极管导通时,二极管两端的电压差总是近似等于二极管阈值电压,这种情况称为**二极管的钳位作用**。所以,此时 C 点的电压等于 A 点的电压加上二极管 D_1 的阈值电压。由于实际的门电路中采用特种二极管,其导通阈值电压通常为 0.2 V 左右,所以 C 点电压为 0.4 V 左右,输出为逻辑 0。二极管 D_2 由于反偏而截止。

当 B 点输入逻辑 0、A 点输入逻辑 1 时,情况类似,输出仍然为逻辑 0。

当 A、B 两点均输入逻辑 1 时,假定逻辑 1 的电平等于 3.5 V,尽管两个二极管仍然处于导通状态,但是输出电平被钳位在 3.5+0.2 = 3.7(V),所以输出为逻辑 1。

综上所述,该电路最后完成的功能就是逻辑"与"的关系。

三、低频交流小信号近似模型

在许多应用场合下,二极管工作在所谓交流小信号条件下。这个条件是指在二极管上有两个信号叠加,其中一个是直流电压 V_{DQ},它使得流过二极管的直流电流保持为 I_{DQ},称为静态工作点电流;另一个是交流电压 ΔV_D,它以 V_{DQ} 为中心振动,但是振幅很小。

由于 ΔV_D 的振幅很小,我们可以近似认为二极管的非线性因素可以忽略,由 ΔV_D 引起的电流变化 ΔI_D 与 ΔV_D 成线性关系,即 $\Delta I_D = g_D \Delta V_D$。其中系数 g_D 是二极管伏安特性曲线在 I_{DQ} 附近的斜率。若定义二极管在工作点附近的动态内阻

$$r_D = \frac{dV_D}{dI_D}\bigg|_{I_D=I_{DQ}} \tag{2.11}$$

则 $g_D = \dfrac{1}{r_D}$。由于二极管在导通后基本满足(2.6)式所示的 PN 结的特性,所以有

$$g_D = \frac{1}{r_D} = \frac{\mathrm{d}}{\mathrm{d}V_D}(I_s \mathrm{e}^{\frac{V_D}{V_T}})\bigg|_{V_D=V_{DQ}} = \frac{1}{V_T}(I_s \mathrm{e}^{\frac{V_D}{V_T}})\bigg|_{V_D=V_{DQ}} = \frac{I_{DQ}}{V_T} \tag{2.12}$$

$$r_D = \frac{V_T}{I_{DQ}} \tag{2.13}$$

根据上述关系,我们可以用图 2-23 所示的折线来近似二极管的伏安特性。由于在这个模型中,折线的斜率是根据静态工作点来确定的,它只是在静态工作点附近的一小段伏安特性的近似,所以动态电阻 r_D 只能适用于静态工作点附近的小信号变化。

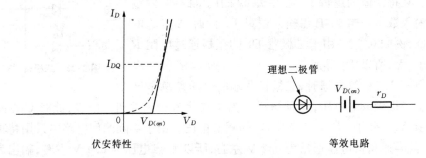

图 2-23   二极管的折线近似

在实际的电子电路中,为了分析的方便,常常将电路中的直流信号成分与交流小信号成分分开分析。当单独分析交流小信号时,图 2-23 所示的等效电路中的导通阈值电压是一个直流电压源,它的交流阻抗为零;另外,由于直流偏置的存在,模型中的理想二极管总是处于导通状态。所以对于交流信号而言,二极管的交流小信号等效电路仅仅是它的动态内阻 r_D。

例 2-3   估算图 2-24 电路中二极管两端的交流电压 v_d 和流过二极管的交流电流 i_d。其中二极管的导通电压 $V_{D(on)} = 0.7\,\text{V}$,输入信号 $v_s = V_m\cos(\omega t)$,$V_m = 100\,\text{mV}$,$\omega = 2\pi f = 2\pi \times 1\,000\,\text{s}^{-1}$。

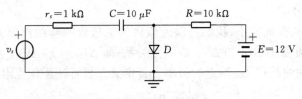

图 2-24   例 2-3 的电路

此电路是典型的交流小信号电路。其中直流电源 E 提供二极管一个直流偏置电压,使二极管有一个静态工作点电流。信号源 v_s 则向二极管提供交流激励信号。结果在二极管上既有直流信号,又有交流信号。

首先我们分析静态工作点电流。对于直流电路,电容 C 可以认为开路,所以只要分析电路中的右半部分即可。一般可以用带导通阈值的模型进行分析,此时的直流等效电路如图 2-25 所示。

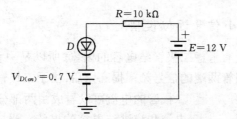

图 2-25 例 2-3 电路的直流等效电路

根据这个等效电路,我们可以写出流过二极管的静态工作点电流为

$$I_{DQ} = \frac{(E - V_{D(on)})}{R} = \frac{12 - 0.7}{10\ 000} = 1.13(\text{mA})$$

下面分析交流小信号部分。

对于交流小信号而言,二极管的等效电路仅仅是它的动态内阻 r_D。这样,本例电路的交流等效电路如图 2-26 所示,其中

$$r_D = \frac{V_T}{I_{DQ}} = \frac{26\ \text{mV}}{1.13\ \text{mA}} = 23(\Omega)$$

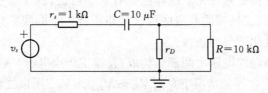

图 2-26 例 2-3 电路的交流等效电路

由图 2-26 可知,二极管两端的电压就是 r_D 上的交流电压,所以有

$$v_d = v_s \cdot \frac{r_D \ /\!/ \ R}{r_s + \frac{1}{j\omega C} + r_D \ /\!/ \ R}$$

代入全部元件的数值后算得 $v_d \approx 0.022 v_s$。由于 v_s 的峰值电压为 100 mV,所以 v_d 的峰值电压约为 2.2 mV,所以

$$v_d = 2.2\cos \omega t (\text{mV})$$

$$i_d = \frac{v_d}{r_D} \approx 0.1\cos \omega t (\text{mA})$$

四、高频交流小信号近似模型

在上述模型中没有考虑二极管结电容的因素,所以是一种低频或准直流的近似模型。当加在二极管两端的信号频率提高以后,由于二极管结电容的存在,流过二极管的电流可以看成由两部分组成:流过 PN 结的电流和流过结电容的电流。当二极管两端的电压频率升高时,流过结电容的电流成分将增强。若此电流使二极管的单向导电性能受到严重影响时,实际上二极管的作用就消失了,所以在高频情况下工作的二极管必须考虑结电容的影响。

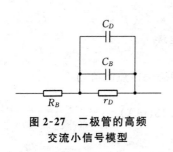

图 2-27　二极管的高频
交流小信号模型

考虑二极管的结电容后,可以用图 2-27 作为二极管的高频交流小信号等效模型。其中 C_D 是二极管的扩散电容,C_B 是二极管的势垒电容,R_B 是 PN 结的体电阻和欧姆接触电阻。

五、二极管伏安特性线性化近似条件

根据前面的讨论,用动态内阻 r_D 作为二极管的交流小信号模型,实际是将二极管的非线性伏安特性线性化。这样近似有一个前提,就是加在二极管两端的交流电压足够小,以致二极管的非线性可以忽略不计。下面我们定量计算二极管满足交流小信号线性化近似的条件。

加在二极管两端的电压由两部分构成:直流工作点电压 V_{DQ} 与交流小信号 v_d,即 $V_D = V_{DQ} + v_d$。在通常情况下总有 $V_D \approx V_{DQ} \gg V_T$,所以二极管的伏安特性近似为(2.6)式。

我们将(2.6)式中的电流与电压分为直流与交流两部分,即 $I_D = I_{DQ} + i_d$,$V_D = V_{DQ} + v_d$。这样(2.6)式可以写为

$$I_{DQ} + i_d = I_s \exp\left(\frac{V_{DQ} + v_d}{V_T}\right) = I_s \exp\left(\frac{V_{DQ}}{V_T}\right)\exp\left(\frac{v_d}{V_T}\right) = I_{DQ}\exp\left(\frac{v_d}{V_T}\right)$$

将上式右边的 e 指数展开,有

$$I_{DQ} + i_d = I_{DQ}\left(1 + \frac{v_d}{V_T} + \frac{1}{2}\left(\frac{v_d}{V_T}\right)^2 + \frac{1}{6}\left(\frac{v_d}{V_T}\right)^3 + \cdots\right)$$

所以

$$i_d = I_{DQ}\left(\frac{v_d}{V_T} + \frac{1}{2}\left(\frac{v_d}{V_T}\right)^2 + \frac{1}{6}\left(\frac{v_d}{V_T}\right)^3 + \cdots\right) \tag{2.14}$$

上式是流过二极管的交流电流的表达式。

注意到 $\dfrac{V_T}{I_{DQ}} = r_D$，所以 (2.14) 式中的第一项 $I_{DQ}\dfrac{v_d}{V_T} = \dfrac{v_d}{r_D}$，就是我们在前面讨

论过的线性近似项。其余项 $I_{DQ}\left(\dfrac{1}{2}\left(\dfrac{v_d}{V_T}\right)^2 + \dfrac{1}{6}\left(\dfrac{v_d}{V_T}\right)^3 + \cdots\right)$ 均为非线性项。若

$v_d \ll V_T$，由非线性项带来的相对误差可以表示为

$$\varepsilon = \frac{\dfrac{1}{2}\left(\dfrac{v_d}{V_T}\right)^2 + \dfrac{1}{6}\left(\dfrac{v_d}{V_T}\right)^3 + \cdots}{\dfrac{v_d}{V_T}} \approx \frac{\dfrac{1}{2}\left(\dfrac{v_d}{V_T}\right)^2}{\dfrac{v_d}{V_T}} = \frac{v_d}{2V_T} \tag{2.15}$$

(2.15) 式就是二极管线性近似的误差表达式，它反映了二极管线性近似的条件。
例如，若要求线性近似的误差不大于 5%，则加在二极管两端的交流信号 v_d 应该
小于 $0.1V_T$，即 $v_d < 2.6\,\mathrm{mV}$。将此条件代回 (2.14) 式，近似有

$$i_d < 0.1I_{DQ} \tag{2.16}$$

即要求流过二极管的交流电流比直流工作点电流小一个数量级。

2.2.3　二极管的主要特性参数

在工程应用上，除了运用前面讨论的特性曲线、等效模型等手段对半导体器件
进行分析外，更为常见的是用一系列特性参数来描述一个半导体器件。通常将半
导体器件的特性参数分为直流参数、交流参数、极限参数等几种。直流参数描述半
导体器件在直流信号下的特性，交流参数描述它在交流信号下的特性，极限参数规
定了半导体器件能够正常工作的范围。二极管的主要特性参数如下。

一、直流参数

二极管的直流参数主要是直流电阻 R_D。R_D 定义了二极管两端的直流电压与
流过二极管的直流电流之比，即

$$R_D = \frac{V_D}{I_D} \tag{2.17}$$

显然，直流电阻 R_D 的数值与二极管的静态工作点有关。静态工作点电流大
的状态下的直流电阻值小于静态工作点电流小的状态下的直流电阻值。所以二极
管的直流电阻是一个非线性电阻。

二、交流参数

二极管的交流参数主要有两个:动态内阻和极间电容。

动态内阻大致上就是(2.13)式描述的电阻,但是在实际的二极管中,由于 PN 结存在体电阻,PN 结与二极管的外引线之间存在欧姆接触电阻,这些都影响到二极管的动态内阻,所以通常二极管的实际动态内阻要比(2.13)式描述的阻值略大一些。尤其在工作点电流较大时,由(2.13)式描述的阻值变得很小,这时上述体电阻、接触电阻等影响不可忽略。

极间电容主要是 PN 结的结电容,大致可以由(2.7)式、(2.8)式以及(2.9)式来描述。在实际二极管中,有时还要考虑引线和管壳引入的寄生电容。

三、极限参数

极限参数是保证二极管正常工作的参数,在使用二极管时,应该保证在任何情况下不会使二极管的实际状态超出极限参数规定的范围。二极管的主要极限参数如下:

额定电流 I_M:此电流是二极管允许流过的正向电流平均值的上限。

反向击穿电压 V_{BR}:使二极管的 PN 结反向击穿的电压。为了保证二极管不致击穿,通常要求实际工作时的最大反向电压大致等于 V_{BR} 的一半。

最高工作频率 f_{max}:由于二极管结电容的存在,流过二极管的电流可以看成由两部分组成,流过 PN 结的电流和流过结电容的电流。当二极管两端的电压频率升高时,流过结电容的电流成分将增强。若此电流使二极管的单向导电性能受到严重影响时,实际上二极管的作用就消失了,所以实际工作的信号频率必须远低于最高工作频率。

2.2.4 二极管应用电路举例

在模拟电路中,常常应用二极管的单向导通、钳位作用等特性构成整流电路、限幅电路、钳位电路等。下面简单介绍这些二极管应用电路。

一、整流电路

整流电路通常用于将交流电变换为直流电的应用中。前面例 2-1 已经介绍了半波整流电路。但是半波整流只利用了交流电的半个周期,不仅利用率不高,而且输出电压波动太大,还会给交流电网带来一些负面影响,所以实际电路中应用不多。实际应用中常常用全波整流电路和桥式整流电路。全波整流电路请参见习题,这里介绍桥式整流电路。

图 2-28(a)是桥式整流电路。可以用理想二极管模型分析此电路的工作原理：当输入电压 V_i 的极性为上正下负时，二极管 D_1、D_3 导通，D_2、D_4 截止，输出电压为上正下负；反之，若输入电压 V_i 的极性为上负下正时，二极管 D_2、D_4 导通，D_1、D_3 截止，输出电压仍然为上正下负，所以能够实现整流输出，电压波形见图 2-28(b)。

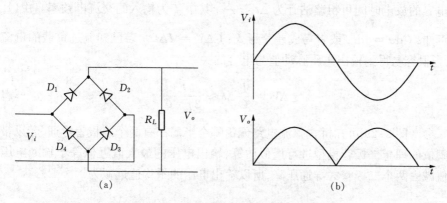

图 2-28   桥式整流电路及其电压波形

尽管桥式整流电路利用了交流电的整个周期，但是其输出电压还是一个变化的直流，一般称之为脉动直流。然而在许多实际应用中需要恒稳直流，所以通常在整流电路后面要用一个滤波网络将输出电压平滑化。

最常见的滤波网络就是一个电容，如图 2-29(a)所示。

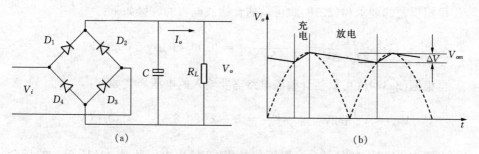

图 2-29   带电容滤波电路的桥式整流电路及其电压波形

图 2-29(b)中的虚线是不带电容滤波电路的输出电压(即整流输出电压)波形，实线是带有电容滤波电路的桥式整流电路输出电压波形。可以将整个输出分为电源对电容充电和电容对负载放电两个阶段。在充电阶段，由于整流输出电压

高于电容上的电压,所以电源对电容充电,而当整流输出低于电容上的电压后,四个二极管均截止,电容通过负载电阻放电。由于充电时电源内阻很低而放电时二极管截止,所以充电时间远小于放电时间。

根据图 2-29(b) 的电压波形,可以简单估计滤波电容和输出电压的值。

由于在电容滤波电路中电容放电时间大大多于充电时间,所以桥式整流电路中电容的放电时间可粗略估计为 $\Delta t \approx \dfrac{1}{2f}$,其中 f 为输入的交流电频率。由 (1.2) 式可知,$C dv = i dt$,或者写成差分形式:$C\Delta V = I\Delta t$。若已知流过负载的电流为 I_o,则很容易得到输出电压脉动值与电容的关系:

$$\Delta V = \frac{I_o}{C}\Delta t \approx \frac{I_o}{2f \cdot C} \tag{2.18}$$

参考图 2-29 可知桥式整流电路无论哪个半周都有两个二极管导通,若以带导通阈值的理想二极管模型进行近似估算,输出电压的最大值近似等于输入电压的峰值减去两个二极管的导通压降,所以输出电压的平均值近似为

$$\overline{V}_o \approx V_{om} - \frac{\Delta V}{2} \approx V_{im} - 2V_{D(on)} - \frac{\Delta V}{2} \tag{2.19}$$

例 2-4 已知某桥式整流滤波电路的输入为 50 Hz 工频电源,采用电容滤波。要求输出电压的平均值为 8 V,电压脉动 ΔV 不大于 2 V,负载电流为 1 A。试估计整流电路输入电压的峰值以及滤波电容的容量。假定二极管的导通压降为 0.8 V。

根据例题的要求和 (2.18) 式可以估计滤波电容的容量如下:

$$C = \frac{I_o}{2f \cdot \Delta V} = \frac{1}{2 \times 50 \times 2} = 0.005(\text{F}) = 5\,000(\mu\text{F})$$

再根据 (2.19) 式可以估计整流电路需要输入的电压峰值如下:

$$V_{im} = \overline{V}_o + 2V_{D(on)} + \frac{\Delta V}{2} = 8 + 2 \times 0.8 + \frac{1}{2} = 10.6(\text{V})$$

必须指出,以上的估计是一种近似过程,在输出电压脉动 ΔV 比较小的场合,上述估计可以得到较好的结果。若输出电压脉动较大,上述估计结果将有较大的误差,但是这种误差不会引起"坏"的结果,即按照上述估计得到的电容量只可能使得输出电压脉动比预计的小而不是相反。

对比图 2-28 和图 2-29 可知,采用电容滤波后整流电路的输出电压脉动成分

大大减小。至于如何进一步将剩余的脉动成分去除以得到恒稳电压的问题,我们
将在后面的章节中继续讨论。

二、限幅电路

限幅电路的功能可以用图 2-30 的传输特性描述:当输入电压在某个范围内
时,输出与输入的关系是线性的;但是若输入电压超
过某个阈值,则输出不再增加(或几乎不增加)。限
幅电路用在一些需要限制电压幅度的场合,例如在
放大器的输入端加入限幅电路,可以使放大器不会
受到意外的高电压输入,从而起到保护放大器输入
部分的目的。

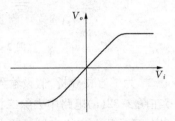

常见的限幅电路由二极管构成,图 2-31 是一个
比较典型的限幅电路例子。用带导通阈值的理想二

图 2-30　限幅电路的传输特性

极管模型取代其中的二极管,可以得到如图 2-30 的电压传输特性:两个限幅阈值
分别是 $+V_{TH}+V_{D(on)}$ 和 $-V_{TH}-V_{D(on)}$。当输入电压在两个阈值之间时,两个二极
管均不导通,在电阻 R 上没有压降,所以输出电压等于输入电压。当输入电压超
出阈值,例如高于 $+V_{TH}+V_{D(on)}$ 时,二极管 D_1 导通,由于导通后二极管两端的电
压基本不变,所以输出将被限制在 $+V_{TH}+V_{D(on)}$ 附近。图 2-31 的波形图中,虚线
表示输入波形,实线表示输出波形,输入超过阈值的部分其输出被限幅。

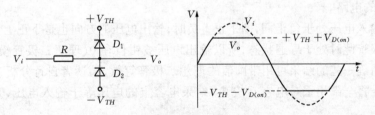

图 2-31　二极管限幅电路及其电压波形

图 2-31 电路中,两个外加的阈值电压的值相同,所以是一种对称的限幅电路。
显然若两个外加阈值电压不同,可以得到不对称的限幅效果。极端的情况是只有
一个二极管,将得到单边的限幅效果。另一个特殊的电路是两个阈值电压均为零
(接地),此时的限幅阈值就是二极管的导通阈值电压 $V_{D(on)}$。

三、钳位电路

典型的钳位电路如图 2-32(a)。我们先分析此电路的输入输出波形再来说明

它的应用。

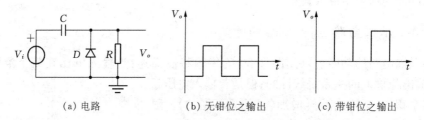

| (a) 电路 | (b) 无钳位之输出 | (c) 带钳位之输出 |

图 2-32   二极管钳位电路及其电压波形

为了方便分析,假设输入电压是一个方波。为了对比,首先分析不带钳位、即在图 2-32(a)电路中去除二极管 D 的输出。在图 2-32(a)电路中,C 是一个耦合电容,通常此电容的容量足够大,可以认为对于输入信号中的交流分量来说,其容抗足够小,以至于输入信号中的交流分量总可以通过。但是,无论此电容的容量多大,对于输入信号中的直流分量,其容抗总是无穷大,所以输入中的直流分量总是不能通过。这种现象称为电容的隔直作用。

由于电容的隔直作用,导致在没有钳位二极管的电路中,输出电压波形的直流分量为零,即平均值为零。图 2-32(b)显示的就是这样的输出,其方波电压波形在 0 V 上下的面积是相等的。

但是加入钳位二极管后情况发生很大改变,下面以理想二极管模型来分析图 2-32(a)的电路。

当输入电压处于负半周,即下正上负时,输出电压的方向也是下正上负。但是由于二极管此时处于导通状态,所以输出电压被钳位在 0(理想二极管模型,若希望得到精确一些的结果可用带阈值的理想二极管等效,请读者自行分析),实际的输入电压将全部用于对电容 C 充电,结果电容上的电压等于输入电压,方向是左负右正。

当输入处于正半周,即上正下负时,此电压将与电容上的电压叠加后输出。由于此时二极管反偏截止,所以这个叠加后的电压将全部输出到负载电阻 R 上。这样,输出电压的波形就如同图 2-32(c)所示。

比较图 2-32 的(b)、(c)两个波形,可见图 2-32(a)的电路可以使输出电压的底部钳位在 0 V。显然,若将图 2-32(a)的电路中钳位二极管的方向颠倒,则可以使输出电压的顶部钳位在 0 V。在某些应用中,信号的直流分量带有一定的信息。在这种情况下,就需要采用钳位电路将信号中的某个位置(例如底部)钳位在 0 V 以获得信号的直流分量。

2.2.5 其他类型的二极管

PN 结除了单向导通这个基本特性之外,还有许多其他特性。利用 PN 结的各种特性,可以制造各种具有其他功能的二极管,这些特种二极管在电子电路中具有特殊的作用,得到广泛的应用。我们在这里简单介绍比较常用的几种。

一、稳压二极管

在讨论 PN 结的击穿特性时,我们曾经提到:PN 结反向击穿以后反向电流将急剧增加,对应的 PN 结的反向电压却几乎不变。这表明 PN 结击穿以后具有稳定电压的功能。因此,利用二极管的反向击穿现象,可以制作稳压二极管(Zener Diode),简称稳压管。

典型的稳压管的伏安特性曲线如图 2-33 所示。在正向区域,稳压管的特性相当于一个普通二极管的正向特性。在反向区域,击穿前它是一个高阻器件。当反向电压增加到击穿电压附近时,PN 结开始击穿,反向电流开始增大。当反向电压进一步增加时,流过稳压管的反向电流将迅速增加,伏安特性几乎与电压轴垂直,其导通电阻极小。

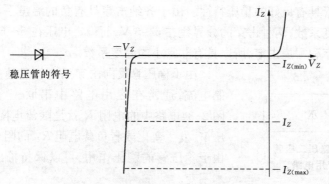

图 2-33 稳压管的符号与伏安特性曲线

利用稳压管击穿后的导通电阻极小的特点,在电路中可以将其作为一个电压源运用。所以,稳压管在实际运用中,总是工作在反向击穿状态。

稳压管的主要特性参数有:稳定电压、稳定电流、额定功耗、动态内阻等。

稳定电流 I_Z 是稳压管正常工作时的参考电流值,稳定电压 V_Z 是指流过稳压管中反向电流为稳定电流 I_Z 时稳压管两端的电压值。

稳压管的反向击穿特性是非线性的。刚开始击穿时,稳压管的稳压效果较差(动态内阻较大)。随着击穿电流的增加,稳压管的动态内阻逐渐减小,一般将动态内阻达到某个比较小的值时的电流称为稳压管的最小稳压电流 $I_{Z(\min)}$。要使稳压管正常工作,必须使其工作电流大于 $I_{Z(\min)}$。而当流过稳压管的电流进一步增加时,稳压管的稳压特性逐渐变好。当电流到达稳定电流 I_Z 时,一般可以达到一个良好的稳压状态。

若流过稳压管的电流大于 I_Z 时,一般说来稳压管仍然可以正常工作,而且电流越大,稳压效果也越好,但是稳压管上的功耗也将相应增加。由于这部分功率最后都变成发热,所以 PN 结温度也要相应升高。为了保护 PN 结不至于由于热击穿而损坏,一般都规定了稳压管的额定功耗 P_M,相应地有一个最大稳定电流 $I_{Z(\max)} = P_M/V_Z$。流过稳压管的电流要控制在 $I_{Z(\max)}$ 以内。

为了衡量一个稳压管的稳压性能,引入动态内阻参数。动态内阻 r_Z 是指稳压管工作在稳定电流 I_Z 附近时,电流变化量与电压变化量之比的倒数,即 $r_Z = \dfrac{\Delta V_Z}{\Delta I_Z}$。不同的稳压管有不同的 r_Z,从几 Ω 到几十 Ω 不等。显然,动态内阻小的稳压管具有更好的稳压性能。

另外一个衡量稳压管性能的参数是稳压管的温度系数 $\alpha = \dfrac{\Delta V_Z}{\Delta T}$。显然温度系数低的稳压管具有更好的稳压特性。由于齐纳击穿具有负的温度系数,雪崩击穿具有正的温度系数,两种击穿的分界线在 5~6 V,而稳定电压在 5~6 V 的稳压管兼有齐纳击穿和雪崩击穿,所以具有非常小的温度系数。

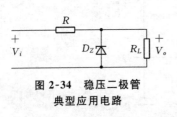

图 2-34 稳压二极管典型应用电路

由于稳压管反向击穿后电流迅速增大,为了限制电流,通常在应用电路中串联一个限流电阻。图 2-34 电路中的电阻 R 就是限流电阻。若输入电压 V_i 发生变化或者负载电阻 R_L 的阻值发生变化,由于稳压管的稳压作用,可以保持输出电压 V_o 基本不变。

例 2-5 若在图 2-34 的电路中,稳压管的主要参数为 $V_Z = 6\ \text{V}$、$I_{Z(\min)} = 5\ \text{mA}$、$I_{Z(\max)} = 30\ \text{mA}$、$r_Z = 5\ \Omega$,负载电阻 $R_L = 600\ \Omega$,限流电阻 $R = 330\ \Omega$。试估算输入电压 $V_i = 12\ \text{V}$ 时流过稳压管的电流,并估算输入电压 V_i 从 12 V 变化到 16 V 时输出电压的变化。

在近似估算中,稳压二极管的反向伏安特性可以用两段折线来近似,所以可以用一个直流电压源和一个电阻的串联模型来等效,如图 2-35(a)所示。其中电压

源的值就是稳压管的稳定电压,电阻值就是稳压管的内阻。这样,稳压管的典型应
用电路(图 2-34)可以用图 2-35(b)的电路进行等效。

(a) 稳压二极管在击穿状态下的等效模型　　(b) 稳压二极管典型应用电路的等效电路

图 2-35　稳压二极管的等效模型以及典型应用电路的等效电路

在估算时不妨先假定稳压管正常工作在击穿状态,这样,图 2-34 的等效
电路就是图 2-35(b)。根据图 2-35(b)用叠加原理可以求出流过稳压管的
电流:

$$I_Z = \frac{V_i}{R + r_z \mathbin{/\!/} R_L} \cdot \frac{R_L}{r_z + R_L} - \frac{V_z}{r_z + R \mathbin{/\!/} R_L}$$

代入例题的数据:当 $V_i = 12$ V 时,$I_Z = 7.99$ mA; $V_i = 16$ V 时,$I_Z =
19.8$ mA。由于这两个电流值均在 $I_{Z(\min)}$ 和 $I_{Z(\max)}$ 之间,所以开始解题时的假设是
合理的。

下面估算输入电压 V_i 从 12 V 变化到 16 V 时输出电压的变化。

根据图 2-35(b)可以列出输出电压的表达式

$$V_o = \frac{R \mathbin{/\!/} R_L}{r_z + R \mathbin{/\!/} R_L} V_z + \frac{r_z \mathbin{/\!/} R_L}{R + r_z \mathbin{/\!/} R_L} V_i$$

代入例题的数据,当 $V_i = 12$ V 时,$V_o = 6.040$ V; $V_i = 16$ V 时,$V_o = 6.099$ V。
输出电压的变化大约为 59 mV。也就是说,在本例题情况下,输入电压从 12 V 变
化到 16 V,相对变化量是 33%,而输出电压的相对变化量为 1%。由此可见此电
路的稳压性能是较好的。

我们将稳压电路在负载电阻和环境温度保持不变条件下的输出电压的相对变
化量相对于输入电压的相对变化量的比值称为该稳压电路的稳压系数 S,即

$$S = \left. \frac{\Delta V_o / V_o}{\Delta V_i / V_i} \right|_{R_L = 常数} = \left. \frac{V_i}{V_o} \cdot \frac{\Delta V_o}{\Delta V_i} \right|_{R_L = 常数} \tag{2.20}$$

由于稳压系数只考虑电压的变动部分,所以我们也可以直接由图 2-35(b)得

到稳压系数 S。由于在图 2-35(b)中 V_z 是一个不变的值,在计算电压变化时可以令它为 0,这样就可以写出

$$\frac{\Delta V_o}{\Delta V_i} = \frac{r_Z /\!/ R_L}{R + r_Z /\!/ R_L}$$

代入本题的数值,本电路的稳压系数为

$$S = \frac{V_i}{V_o} \cdot \frac{\Delta V_o}{\Delta V_i} = \frac{V_i}{V_o} \cdot \frac{r_Z /\!/ R_L}{R + r_Z /\!/ R_L} \approx \frac{12}{6} \times \frac{5}{330 + 5} = 0.03$$

此结果与前面得到的输出电压与输入电压的相对变化量之比(1% : 33%)吻合。

例 2-6 若在图 2-34 的电路中,稳压管的参数与上一个例题相同,输入电压 $V_i = 12$ V,限流电阻 $R = 330$ Ω。试估算负载电阻 R_L 从 600 Ω 变化到 1 200 Ω 时的负载电流和输出电压的变化。

根据上面例题的做法,我们同样可以算出 $R_L = 1\,200$ Ω 时流过稳压管的电流约为 13 mA,所以稳压管还是工作在反向击穿状态,仍然可以用图 2-35(b)进行等效。

在上个例题得到了 $R_L = 600$ Ω 时的输出电压为 $V_o = 6.040$ V。当 $R_L = 1\,200$ Ω 时,代入上个例题计算输出电压的式子,可以得到输出电压为 $V_o = 6.065$ V。

由于输出电压基本不变,$V_o \approx 6$ V,所以负载电流分别为 $6/600 = 10$ mA 和 $6/1\,200 = 5$ mA。

我们将稳压电路在输入电压和环境温度保持不变条件下的输出电压的相对变化量相对于负载电流的相对变化量的比值称为该稳压电路的动态内阻 r_o,即

$$r_o = \frac{\Delta V_o}{\Delta I_o}\bigg|_{V_i = 常数} \tag{2.21}$$

对于本电路,按照上式的定义可计算出动态内阻为 $(6.065 - 6.040)/(10 - 5) = 5$ Ω。然而我们也可以利用图 2-35(b)得到电路的动态内阻。由于图 2-35(b)中的动态内阻就是从负载电阻左侧向电源方向看过去的交流电阻(由于所有的电压不变,可以令它们均为 0),所以有

$$r_o = \frac{\Delta V_o}{\Delta I_o} = r_Z /\!/ R$$

对于本电路,动态内阻 $r_o \approx r_Z = 5\ \Omega$,与前面的结果相同。

二、发光二极管

发光二极管(Light-Emitting Diode, LED)有多种,根据发光的波长,大致可分成红外发光二极管和可见光发光二极管。与普通二极管相仿,发光二极管也具有单向导电特性。当发光二极管中流过正向电流时,它们就发出特定波长的光线。目前已经可以制造的可见光发光二极管可以发红、绿、蓝 3 种基色光以及黄、橙、白等颜色光。在一定的范围内,正向电流越大,发光强度也越大,但是功耗也随之增加,所以在实际使用中要根据需要选择合适的工作电流。

在分析和设计发光二极管电路时,常常用带阈值的理想二极管模型进行估算。发光二极管的导通阈值电压比普通二极管大,红色发光二极管的阈值大约为1.6～1.8 V,绿色的大约为 2 V,蓝色和白色的大约为 3～3.6 V。

图 2-36 给出了一种典型的发光二极管的外形以及应用电路,图中 D 是发光二极管的符号,电阻 R 的作用是限制流过发光二极管的电流。

图 2-36　发光二极管的外形、符号和典型应用电路

将多个发光二极管组合在一起,可以组成各种文字或图案。图 2-37 就是用 8个发光二极管组成的 LED 数码管,可以构成数字 0～9 以及一个小数点。

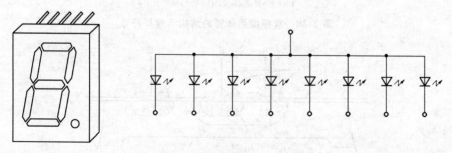

图 2-37　LED 数码管的外形与结构

§2.3 双极型晶体管

双极型晶体管(Bipolar Junction Transistor, BJT)通常称为晶体管或晶体三极管,是电子线路中运用最为广泛的电子器件之一。相对于后面将要介绍的场效应管,由于在晶体管内存在两种载流子导电,所以得名双极型晶体管。

2.3.1 晶体管的结构与工作原理

晶体管是由三层半导体材料构成的器件,中间一层为基区,引出的电极称为基极(Base),其两侧分别为发射区和集电区,引出的电极称为发射极(Emitter)和集电极(Collector)。3个区的掺杂浓度是不同的,发射区的掺杂浓度远远高于基区与集电区,集电区的掺杂浓度最低。3个电极之间形成两个背靠背的 PN 结。由于这两个 PN 结的排列方式不同,形成两种不同结构的晶体管:NPN 晶体管和PNP 晶体管。图 2-38 描述了这两种晶体管的结构示意以及它们的图形符号。图 2-39显示了在集成电路中的 NPN 晶体管的实际结构剖面。

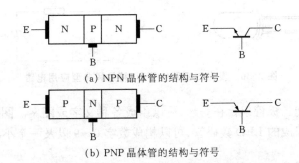

(a) NPN 晶体管的结构与符号

(b) PNP 晶体管的结构与符号

图 2-38 双极型晶体管的结构示意与符号

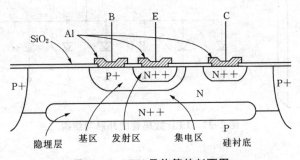

图 2-39 NPN 晶体管的剖面图

　　晶体管在正常工作时,需要在两个 PN 结上加上不同的偏置电压:发射结加正向偏置电压,集电结加反向偏置电压。我们将这样的偏置形式称为晶体管的正向偏置。在这样的偏置条件下,晶体管的 3 个电极之间将产生不同的电流。下面我们以 NPN 型晶体管为例,讨论晶体管的电流分配关系。

　　图 2-40 是在正向偏置条件下的晶体管中电流传输过程的示意图。我们将其中的电流关系讨论如下。

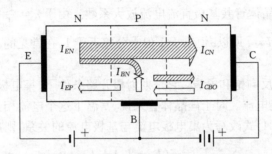

图 2-40　NPN 晶体管中的电流传输过程

　　首先讨论发射结注入电流 I_E。I_E 由两部分电流合成:一部分是发射区电子(多子)向基区扩散形成的扩散电流 I_{EN},另一部分是基区空穴(多子)向发射区扩散形成的扩散电流 I_{EP},$I_E = I_{EP} + I_{EN}$。但是由于发射区的掺杂浓度远远高于基区,所以 $I_{EP} \ll I_{EN}$。

　　当发射区的电子扩散到基区以后,在基区形成浓度梯度,向集电结扩散。在扩散过程中,大部分电子将到达集电结,但是有一小部分电子与基区空穴复合,形成从基极流向发射极的电流 I_{BN}。

　　由于集电结加的偏置电压为反向偏置,所以到达集电结的电子在外电场作用下向集电极漂移,产生集电极电流 I_{CN},显然,$I_{CN} = I_{EN} - I_{BN}$。由于晶体管的基区一般都非常薄,所以 $I_{BN} \ll I_{EN}$。

　　另外一方面,基区本身的少子(电子)也会在电场作用下向集电区漂移,集电区本身的少子(空穴)同样会向基区漂移,这两部分载流子的漂移共同形成一个电流 I_{CBO},称为集电极反向饱和电流。集电极电流就是上述电流的合成,即 $I_C = I_{CN} + I_{CBO}$。

　　综上所述,晶体管在正向偏置下的电流关系为

$$I_B = I_{BN} + I_{EP} - I_{CBO}$$
$$I_E = I_{EN} + I_{EP} \tag{2.22}$$
$$I_C = I_{CN} + I_{CBO}$$

从外部电流关系来看,有

$$I_E = I_B + I_C \tag{2.23}$$

若我们定义晶体管参数 $\bar{\alpha} = \dfrac{I_{CN}}{I_E}$,则可以得到集电极电流与发射极电流的关系

$$I_C = \bar{\alpha} I_E + I_{CBO} \tag{2.24}$$

我们将 $\bar{\alpha}$ 称为晶体管共基极直流电流放大系数。由于 $\bar{\alpha} = \dfrac{I_{CN}}{I_E} = \dfrac{I_{EN} - I_{BN}}{I_{EN} + I_{EP}}$,而 $I_{EP} \ll I_{EN}$,$I_{BN} \ll I_{EN}$,所以 $\bar{\alpha}$ 恒小于 1 但十分接近于 1,在常见的晶体管中,其值约为 $0.98 \sim 0.995$。

I_{CBO} 为晶体管反向饱和电流,它是发射极开路条件下,集电极与基极之间加反向偏压时的反向漏电流。对于硅晶体管来说,常温下这个电流相当小。

若我们将(2.24)式改写为集电极电流与基极电流的关系,则有

$$I_C = \bar{\alpha}(I_C + I_B) + I_{CBO} \tag{2.25}$$

整理后有

$$I_C = \frac{\bar{\alpha}}{1 - \bar{\alpha}} I_B + \frac{1}{1 - \bar{\alpha}} I_{CBO} = \bar{\beta} I_B + (1 + \bar{\beta}) I_{CBO} = \bar{\beta} I_B + I_{CEO} \tag{2.26}$$

其中 $\bar{\beta} = \dfrac{\bar{\alpha}}{1 - \bar{\alpha}}$ 称为晶体管共发射极直流电流放大系数,通常情况下,小功率晶体管的 $\bar{\beta}$ 值为几十到几百。$I_{CEO} = (1 + \bar{\beta}) I_{CBO}$ 称为穿透电流,它是基极开路条件下,集电极与发射极之间加电压(集电结反偏)以后的漏电流。

综上所述,晶体管的主要电流关系如下:

$$I_E = I_C + I_B$$
$$I_C = \bar{\alpha} I_E + I_{CBO} \tag{2.27}$$
$$I_C = \bar{\beta} I_B + (1 + \bar{\beta}) I_{CBO} = \bar{\beta} I_B + I_{CEO}$$

由于常见的硅晶体管的 I_{CBO} 与 I_{CEO} 都极小以致可忽略,所以晶体管电流的近似关系为

$$I_E = I_C + I_B$$
$$I_C = \bar{\alpha} I_E \tag{2.28}$$
$$I_C = \bar{\beta} I_B$$

2.3.2 晶体管的伏安特性

为了分析晶体管在电路中的作用,需要研究晶体管的伏安特性,就是将晶体管作为一个电路元件,研究它的输入、输出端的电压、电流关系。

通常我们在研究一个电路元件时将它看成一个四端网络。由于晶体管具有 3 个电极,将它接成四端网络时必然有一个电极成为公共电极,按照公共电极的不同选择,晶体管有 3 种不同的接法:共发射极接法、共集电极接法和共基极接法。由于在晶体管放大电路中,共发射极接法最为常用,所以我们主要讨论晶体管共发射极接法的伏安特性。

当晶体管接成共发射极接法时,公共电极为发射极,其输入电压为 V_{BE},输入电流为 I_B,输出电压为 V_{CE},输出电流为 I_C。共发射极伏安特性的测试电路如图 2-41 所示。

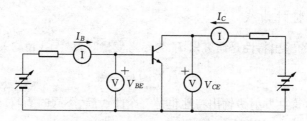

图 2-41 共发射极伏安特性的测试电路

一、输入特性曲线

共发射极输入特性是研究以 V_{CE} 为参考变量时,I_B 与 V_{BE} 的关系,即

$$I_B = f(V_{BE})\mid_{V_{CE}=常数} \tag{2.29}$$

所以晶体管的共发射极输入特性是一组曲线簇,对应不同的 V_{CE} 具有不同的特性曲线。图 2-42 是硅小功率 NPN 晶体管的典型输入特性曲线。

若 $V_{CE}=0$,当 $V_{BE}>0$ 时,发射结与集电结均正向偏置,此时的伏安特性大致相当于两个 PN 结并联的伏安特性,随着 V_{BE} 的增加,基极电流迅速增加。

若 $V_{CE} \geqslant 1V$,当发射结正向偏置时,由于 V_{BE} 大约在 0.7 V 左右,所以集电结始终反向偏置。此时发射区注入基区的电子绝大部分扩散到集电区,只有很小一部分与基区的空穴复合,所以在相同的 V_{BE} 条件下,此时的 I_B 比 $V_{CE}=0$ 时的 I_B 小得多。或者说,要达到相同的 I_B 需要更高的 V_{BE},所以特性曲线右移。

当 V_{CE} 进一步加大时,I_B 还会进一步减小。这是由于 V_{CE} 加大会引起集电结的耗尽层变宽,减小了基区的有效宽度,使基区的复合减小。但是,由于集电结耗尽层变化不是很显著,所以当 $V_{CE} > 1$ V 以后,I_B 减小得很少。从图 2-42 中可以看到,$V_{CE} = 1$ V 和 $V_{CE} = 10$ V 的曲线相差不大。

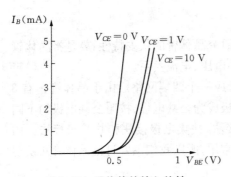

图 2-42　晶体管的输入特性

在 $V_{CE} = 0$ 到 $V_{CE} \geqslant 1$ V 的范围内,晶体管的输入特性逐渐发生过渡。

所以,晶体管的输入特性曲线与二极管的正向特性相似,随着 V_{BE} 的增加,I_B 按指数规律加大。由于在大部分使用条件下 $V_{CE} \geqslant 1$ V,所以常常将 $V_{CE} \geqslant 1$ V 以后的输入特性合并成一条曲线作为近似分析使用的输入特性曲线。

二、输出特性曲线

共发射极的输出特性是研究以 I_B 为参考变量时,I_C 与 V_{CE} 的关系,即

$$I_C = f(V_{CE})\big|_{I_B=常数} \tag{2.30}$$

同样,晶体管共发射极输出特性也是一个曲线簇,不同的 I_B 对应不同的曲线。图 2-43 是硅小功率 NPN 晶体管的典型输出特性曲线。

由图可见,晶体管的输出电流随输入电流以及输出电压的变化,呈现不同的变化规律。大致上可以将晶体管的输出特性分成 3 个不同的区域:

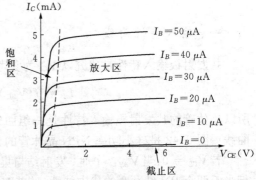

图 2-43　晶体管的输出特性

1. 放大区

在这个区域内发射结正偏,集电结反偏,在此区域内,集电极电流受基极电流的控制,$I_C = \bar{\beta}I_B + I_{CEO}$。

根据放大区的特性曲线,可以求出晶体管共发射极交流电流放大系数 β。β 的定义为

$$\beta = \frac{\Delta I_C}{\Delta I_B}\bigg|_{V_{CE}=常数} \tag{2.31}$$

β 表示在共发射极条件下晶体管对于交流输入电流的放大能力。在给定了晶体管的工作条件 V_{CEQ} 后,可以在晶体管输出特性上沿 $V_{CE} = V_{CEQ}$ 的垂线,取工作电流附近的 ΔI_C 和 ΔI_B 来得到 β。由于晶体管的输出特性一般具有良好的线性,所以在实际低频运用中大致有 $\beta \approx \overline{\beta}$,以下我们将不再对它们加以区分。实际的晶体管 β 值大致在几十到几百,特殊的可以达到上千,所以晶体管在共发射极接法时具有较大的电流放大作用。

从图中可以看到,随着 V_{CE} 的增加,I_C 也略有增加。这是由于 V_{CE} 加大引起集电结的耗尽层变宽,减小了基区的有效宽度,使基区的复合减小,这样在保持 I_C 不变的条件下 I_B 略有减小,即 $\overline{\beta}$ 略有增加。这个现象称为基区宽度调制效应。

2. 饱和区

在这个区域内,有 $V_{CE} < V_{BE}$,所以在发射结正向偏置的同时,集电结也是处于正向偏置状态。此时,晶体管的 3 个电极之间的压降都很小,尤其是 V_{CE} 很小,我们将饱和时的 V_{CE} 称为晶体管的饱和压降,记为 $V_{CE(sat)}$。对于小功率晶体管,$V_{CE(sat)}$ 大致在 0.1 V 到 0.3 V 之间。由于晶体管的饱和压降很低,所以有时将工作在此状态的晶体管的集电极与发射极视为短路。

3. 截止区

当 $I_B \leqslant 0$ 时,发射结反向偏置,集电极电流将不再受基极电流的控制,而决定于集电结的反向电流,即 $I_C = I_{CBO}$,所以 I_C 极小。在这个状态下,晶体管的两个 PN 结均处于反向偏置,呈现高阻状态,大致相当于晶体管的 3 个电极之间相互开路。

综上所述,晶体管只有在放大区才具有放大作用,若没有特别说明,本书以后讨论晶体管的工作过程均在放大区进行。如果晶体管工作于饱和区与截止区,则晶体管将呈现低阻或高阻状态,其行为类似一个开关。在数字电路中,正是使晶体管工作在开关状态,从而实现 0 和 1 两个逻辑状态。

2.3.3 晶体管模型

在分析晶体管电路时,一般要将其中的晶体管用一个数学上能够分析的模型代替,才能够利用数学方法(例如用计算机上的电路仿真软件)进行分析。但是,由于实际的晶体管是一个伏安特性复杂的非线性器件,所以它的数学模型是一个很复杂的网络,一般这些模型只能在计算机辅助分析方面运用。

为了在分析电路时能够突出它的主要特性,本书不准备介绍详细的晶体管模型,而是从实际的电路分析需要出发,介绍一些简化模型。根据这些简化模型,我们能够大致得到晶体管电路的各工作参数,并可以根据这些工作参数讨论晶体管电路的工作状态与特性。一般将这种讨论称为电路参数的估算。在本书中,若没有特别说明,对各种电路的讨论将都是估算。由于在模拟电子电路中晶体管一般总是工作在放大区,所以下面讨论的晶体管模型都是放大区的模型。

一、直流与交流大信号模型

当晶体管工作在放大区时,其发射结正向偏置,输入特性近似一个正向导通的二极管,由半导体物理的分析可以得到以下的近似关系:

$$I_E \approx I_{ES} \left[\exp\left(\frac{V_{BE}}{V_T}\right) - 1 \right] \tag{2.32}$$

其中 I_{ES} 是集电结短路时的发射极反向饱和电流。

另外,从(2.27)式我们又知道:

$$I_C \approx \alpha I_E \approx \beta I_B \tag{2.33}$$

所以,我们可以得到图 2-44 所示的晶体管工作在放大区的大信号模型。其中用一个二极管来等效晶体管的发射结,而用一个受控电流源来等效晶体管的集电结。

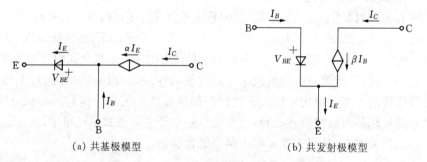

(a) 共基极模型   (b) 共发射极模型

图 2-44 晶体管工作在放大区的大信号模型

上述模型仅对工作在放大区的晶体管作了一些简化,并没有限制晶体管在放大状态下的电压和电流,所以被称为晶体管直流与交流大信号模型。此模型常常用来进行晶体管电路的直流工作点的计算。

在上述模型中存在一个非线性元件,即发射结等效的二极管。在计算晶体管的直流工作点时,常常对此作进一步近似,通常采用带导通阈值 $V_{BE(on)}$ 的理想二极管模型来取代它。

例 2-7 设在图 2-45 中,晶体管的 $V_{BE(on)} \approx 0.7\,\text{V}$, $\beta = 100$, $V_{CC} = 6\,\text{V}$, $R_B = 470\,\text{k}\Omega$, $R_C = 2\,\text{k}\Omega$。试求晶体管的直流工作电流与电压。

为了计算图 2-45 电路的直流工作电流与电压,我们首先假设晶体管工作在放大区。此时根据晶体管大信号模型,可以将发射结等效成带导通阈值 $V_{BE(on)}$ 的理想二极管,则

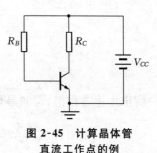

$$I_B \approx \frac{V_{CC} - V_{BE(on)}}{R_B}$$

$$I_C = \beta I_B \qquad (2.34)$$

$$V_{CE} = V_{CC} - I_C \cdot R_C$$

**图 2-45　计算晶体管
直流工作点的例**

代入题中参数,该电路的直流工作点为

$$I_C = 1.13\,\text{mA},\ V_{CE} = 3.74\,\text{V}。$$

由上述结果可知,由于 $V_{CE} > V_{BE}$,所以 $V_{BC} < 0$,即集电结反向偏置,所以晶体管工作在放大区的假设成立。若在上例中 $R_B = 47\,\text{k}\Omega$,则晶体管将工作在饱和区,上述计算也就无法成立,读者可以自行验算。

　　例 2-8　设在图 2-46 中,晶体管的 $V_{BE(on)} \approx 0.7\,\text{V}$,$\beta = 100$,$V_{CC} = 12\,\text{V}$,$R_{B1} = 22\,\text{k}\Omega$,$R_{B2} = 10\,\text{k}\Omega$,$R_E = 2\,\text{k}\Omega$,$R_C = 2\,\text{k}\Omega$。试求晶体管的直流工作电流与电压。

　　为了计算图 2-46 电路的直流工作点,可以根据等效电源定理,先将晶体管基极偏置电路等效成图 2-47 电路。其中 $R_B = R_{B1}\ /\!/\ R_{B2}$,$V_{BB} = \dfrac{R_{B2}}{R_{B1} + R_{B2}} V_{CC}$。

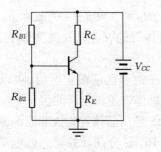

图 2-46　例 2-8 的电路图

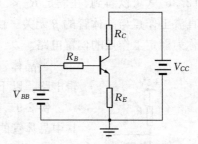

图 2-47　例 2-8 的等效偏置电路

　　在图 2-47 中,用晶体管大信号模型将发射结等效成带导通阈值 $V_{BE(on)}$ 的理想二极管,则可以列出下列方程组

$$\begin{cases} I_E = (\beta+1)I_B \\[2mm] I_B = \dfrac{V_{BB} - V_{BE(on)} - V_{R_E}}{R_B} \\[4mm] V_{R_E} = I_E \cdot R_E \end{cases}$$

解出上述方程组,得到晶体管工作点的表达式为

$$\begin{cases} I_B = \dfrac{V_{BB} - V_{BE(on)}}{R_B + (\beta+1)R_E} \\[4mm] I_C = \beta I_B = \beta \dfrac{V_{BB} - V_{BE(on)}}{R_B + (\beta+1)R_E} \\[4mm] V_{CE} = V_{CC} - I_C R_C - I_E R_E = V_{CC} - I_C R_C - \dfrac{\beta+1}{\beta} I_C R_E \end{cases} \tag{2.35}$$

代入题中参数,得到本电路的直流工作点为 $I_C = 1.46\,\text{mA}$, $V_{CE} = 6.16\,\text{V}$。

在本题形式的电路中,若满足 $R_B \ll (\beta+1)R_E$ 条件,以至在(2.35)式中可以忽略 R_B;又有晶体管的 β 较大以致 $\beta \approx \beta+1$,则(2.35)式可以近似为

$$I_C \approx \dfrac{V_{BB} - V_{BE(on)}}{R_E}$$

$$V_{CE} \approx V_{CC} - I_C(R_C + R_E) \tag{2.36}$$

在本例题中, $R_B = 22\,/\!/\,10 = 6.875\,(\text{k}\Omega)$, $(\beta+1)R_E = 101 \times 2 = 202\,(\text{k}\Omega)$,以5%误差计,满足上述近似条件。根据(2.36)式算得直流工作点为 $I_C = 1.53\,\text{mA}$, $V_{CE} = 5.9\,\text{V}$,尚在误差范围之内。

由(2.36)式可以看到,在满足 $R_B \ll (\beta+1)R_E$ 和 $\beta \approx \beta+1$ 的条件下,图2-46 电路的直流工作点与晶体管的 β 无关。由于晶体管的 β 容易受温度影响,所以此电路也称为稳定工作点的偏置电路。

当晶体管工作在饱和区或截止区时,可以构成逻辑电路。以下就是晶体管逻辑电路的例子。

例2-9 图2-48是用晶体管构成非门的原理。设其中晶体管的 $\beta \geqslant 10$,试分别计算输入低电平 ($V_i \leqslant 0.7\,\text{V}$) 和高电平 ($V_i \geqslant 2.4\,\text{V}$) 时的输出电压。

对图2-48电路,用晶体管大信号模型将发射结等效成带导通阈值 $V_{BE(on)}$ 的理想二极管,分别计算输入低电平 ($V_i \leqslant 0.7\,\text{V}$) 和高电平 ($V_i \geqslant 2.4\,\text{V}$) 时的基

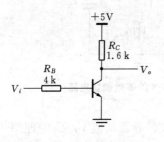

图2-48 晶体管"非"门

极电流如下：

输入低电平时，$I_B \approx \dfrac{V_i - V_{BE(on)}}{R_B} \leqslant \dfrac{0.7 - 0.7}{4} = 0$，所以此时 $I_C = 0$，即晶体管处于截止状态。由于 $I_C = 0$，在 R_C 上无压降，故输出为 $V_o = +5\,\mathrm{V}$。

输入高电平时，$I_B \approx \dfrac{V_i - V_{BE(on)}}{R_B} \geqslant \dfrac{2.4 - 0.7}{4} = 0.42\,(\mathrm{mA})$。由于晶体管的 $\beta \geqslant 10$，所以晶体管的 I_C 可能大于 $4.2\,\mathrm{mA}$。但是由于集电极电阻 $R_C = 1.6\,\mathrm{k\Omega}$，根据 $V_{CE} = V_{CC} - I_C \cdot R_C$ 可以算得，当 $I_C = 3.1\,\mathrm{mA}$ 时已经有 $V_{CE} = 0$，所以此输入下晶体管一定处于饱和状态，输出为 $V_o = V_{CE(sat)} \approx 0.2\,\mathrm{V}$。

根据上面分析结果，可以看到上述电路实现了逻辑"非"的功能。

若将此电路与图 2-22 电路结合，可以实现逻辑"与非"功能。图 2-49 所示的就是晶体管"与非"门的一种原理电路，读者可以根据上例和例2-2的讨论自行分析它的工作原理。需要说明的是，由于实际的逻辑电路还要考虑许多实际问题，所以比这个原理电路复杂许多。

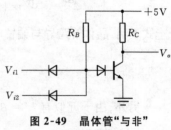

图 2-49　晶体管"与非"门原理电路

二、低频交流小信号模型

在实际的晶体管放大电路中，经常在输入信号

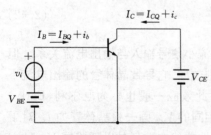

图 2-50　晶体管交流小信号电路示意

中既包含直流成分，又包含交流成分。图 2-50 是实际放大电路的一个示意图，其输入端有两个输入信号，V_{BE} 提供直流偏置电压，使得晶体管工作在放大区，而 v_i 则是一个欲放大的交流信号，该信号的幅度相当小。由于在图 2-50 电路中输入输出共用晶体管的发射极，所以称它为共发射极接法。

在上述两个输入信号的共同作用下，晶体管基极电流由两部分构成，I_{BQ} 是基极直流偏置电流，而 i_b 是由 v_i 引起的交流输入电流。同样，晶体管集电极电流也由两部分构成，I_{CQ} 是集电极直流偏置电流，而 i_c 是由 i_b 引起的交流输出电流。

由(2.32)式和(2.33)式，若定义 $I_S = \alpha I_{ES}$，可得：

$$I_C \approx I_S\left[\exp\left(\frac{V_{BE}}{V_T}\right) - 1\right] \approx I_S\exp\left(\frac{V_{BE}}{V_T}\right) \tag{2.37}$$

若考虑输入信号 v_i 幅度相当小,以致由它引起的 i_c 也相当小,近似认为晶体管的非线性可以忽略,则有

$$i_c = \Delta I_C = \frac{\mathrm{d}I_C}{\mathrm{d}V_{BE}}\Delta V_{BE} = g_m v_{be} \tag{2.38}$$

上式表明晶体管在直流工作点附近,输出电流的变化受输入电压变化的控制,其控制关系满足线性关系,可以将它等效为一个压控电流源。(2.38)式中的系数 $g_m = \mathrm{d}I_C/\mathrm{d}V_{BE}$ 称为晶体管的跨导,根据(2.37)式有

$$g_m = \left.\frac{\mathrm{d}I_C}{\mathrm{d}V_{BE}}\right|_{I_C = I_{CQ}} \approx \left.\frac{\mathrm{d}}{\mathrm{d}V_{BE}}(I_S \mathrm{e}^{\frac{v_{BE}}{V_T}})\right|_{I_C = I_{CQ}} = \frac{I_{CQ}}{V_T} \tag{2.39}$$

上式表明,晶体管跨导与偏置电流 I_{CQ} 成线性关系。在室温条件下,跨导近似为

$$g_m \approx \frac{I_{CQ}}{26\ \mathrm{mV}} \tag{2.40}$$

另外,由于近似有 $i_c = \beta i_b$,所以对于交流小信号有

$$i_b = \frac{1}{\beta}i_c = \frac{1}{\beta}g_m v_{be} \tag{2.41}$$

上式表示在交流小信号条件下,晶体管输入电流的变化与输入电压变化之间满足线性关系,所以可以用一个输入电阻进行等效,其阻值为

$$r_{be} = \frac{v_{be}}{i_b} = \frac{\beta}{g_m} \tag{2.42}$$

以上我们讨论了晶体管共发射极接法的交流小信号输入与输出电流关系。但是,在晶体管输出特性中还有一个基区宽度调制效应,它导致晶体管的输出电流不仅与 v_{be} 有关,还与晶体管的集电结电压有关。此效应一般也称为厄尔利(Early)效应。厄尔利效应有如下特征:如果按照每个相同的 V_{BE} 画一根晶体管的 I_C 对于 V_{CE} 的关系曲线,则这样得到的晶体管的输出特性曲线向左延伸以后将同 V_{CE} 轴交汇于一点,此点电压称为厄尔利电压,如图2-51所示。

可以用厄尔利电压来描述基区宽度调制效应,它等效于在晶体管的输出端(集电极与发射极之间)存在一个输出电阻 r_{ce}。此电阻等效于集电极电压变化引起的集电极电流变化,在工作点 Q 附近,输出电阻 r_{ce} 可以由下式表达:

$$r_{ce} = \left.\frac{\Delta V_{CE}}{\Delta I_C}\right|_Q = \frac{V_{CEQ} + V_A}{I_{CQ}} \tag{2.43}$$

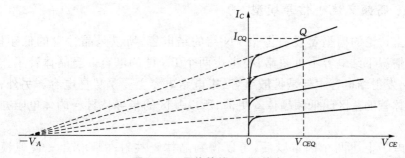

图 2-51　晶体管的 Early 效应

由于 V_A 的典型值为几十伏,所以通常有 $V_A \gg V_{CEQ}$,此时有

$$r_{ce} \approx \frac{V_A}{I_{CQ}} = \frac{V_A}{V_T} \cdot \frac{1}{g_m} = \frac{1}{\eta g_m} \tag{2.44}$$

其中 $\eta = \dfrac{V_T}{V_A}$,称为厄尔利系数。

根据上述讨论,(2.38)式、(2.42)式和(2.43)式反映了晶体管对于交流小信号的输入与输出关系。图 2-52 就是根据这 3 个等式得到的晶体管共发射极低频交流小信号模型,通常称之为低频混合 π 模型。

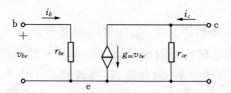

图 2-52　晶体管共发射极低频交流小信号模型

例 2-10　某晶体管的 $\beta = 100, I_{CQ} = 1 \text{ mA}, V_A = 80 \text{ V}$, 根据前面的讨论,晶体管的低频混合 π 模型参数如下:

$$g_m \approx \frac{I_{CQ}}{V_T} = \frac{1 \text{ mA}}{26 \text{ mV}} = \frac{1}{26 \text{ }\Omega} = 38.5 \text{ mS}$$

$$r_{be} = \frac{\beta}{g_m} = 2.6 \text{ k}\Omega$$

$$r_{ce} = \frac{V_A}{I_{CQ}} = \frac{80 \text{ V}}{1 \text{ mA}} = 80 \text{ k}\Omega$$

三、高频交流小信号模型

以上讨论的模型都没有考虑 PN 结的结电容,所以是晶体管的低频模型。在高频情况下结电容不可忽略,要考虑两个 PN 结的电容。当晶体管工作在放大区时,发射结电容主要是扩散电容,集电结电容主要是势垒电容。另外,由于高频晶体管的基区比低频晶体管更薄,所以基区的半导体材料的体电阻亦不可忽略。

考虑了上述两个因素以后,可以得到晶体管共射高频混合 π 近似模型如图2-53所示。其中 $r_{bb'}$ 是基区材料体电阻,$C_{b'e}$ 是发射结电容,$C_{b'c}$ 是集电结电容。对于常见的小功率晶体管,$r_{bb'}$ 约为 $50\sim200\ \Omega$;$C_{b'e}$ 大致可以用(2.9)式描述,其数值与 I_{CQ} 有关;$C_{b'c}$ 大致可以由(2.7)式描述,约为十分之几 pF 到几 pF。在一些文献中,也常常将 $C_{b'e}$ 记为 C_π,将 $C_{b'c}$ 记为 C_μ。

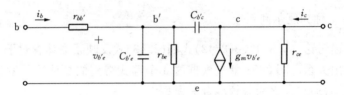

图 2-53　晶体管共发射极高频交流小信号模型

需要注意的是,在高频情况下,晶体管的短路电流放大系数 β 将发生变化。根据 β 的定义,它是集电极与发射极短路以后 i_c 与 i_b 的比值。但是,真正在基区产生复合作用的电流是流过 $r_{b'e}$ 的电流,在高频情况下由于电容的分流,使得它要比 i_b 小许多,所以晶体管的高频 β 要比低频小。而且随着频率的提高,β 值有下降的趋势。

为了写出晶体管高频 β 的表达式,我们可以将图 2-53 的 c、e 短路,然后写出下列节点方程:

$$\begin{cases} v_{b'e} \cdot j\omega C_{b'e} + \dfrac{v_{b'e}}{r_{b'e}} + v_{b'e} \cdot j\omega C_{b'c} = i_b \\ g_m v_{b'e} - v_{b'e} \cdot j\omega C_{b'c} = i_c \end{cases} \tag{2.45}$$

从上面第一式解出 $v_{b'e}$ 并代入第二式,得到

$$v_{b'e} = \frac{r_{b'e}}{1 + j\omega r_{b'e}(C_{b'e} + C_{b'c})} i_b \tag{2.46}$$

$$i_c = (g_m - \mathrm{j}\omega C_{b'c})v_{b'e} = \frac{(g_m - \mathrm{j}\omega C_{b'c})r_{b'e}}{1 + \mathrm{j}\omega r_{b'e}(C_{b'e} + C_{b'c})}i_b \qquad (2.47)$$

由于通常有 $g_m \gg |\mathrm{j}\omega C_{b'c}|$，所以(2.47)式可以近似为

$$i_c \approx \frac{g_m r_{b'e}}{1 + \mathrm{j}\omega r_{b'e}(C_{b'e} + C_{b'c})}i_b \qquad (2.48)$$

即

$$\beta(\mathrm{j}\omega) = \frac{i_c}{i_b} = \frac{g_m r_{b'e}}{1 + \mathrm{j}\omega r_{b'e}(C_{b'e} + C_{b'c})} = \frac{\beta_0}{1 + \mathrm{j}\dfrac{\omega}{\omega_\beta}} \qquad (2.49)$$

其中 $\beta_0 = g_m r_{b'e}$ 是低频时的晶体管短路电流放大系数，$\omega_\beta = \dfrac{1}{r_{b'e}(C_{b'e} + C_{b'c})}$ 是 β 下降到 β_0 的 0.707 倍时的角频率。

所以，晶体管在高频条件下的短路电流放大系数是频率的函数，在信号角频率远低于 ω_β 时，$\beta \approx \beta_0$；信号角频率远高于 ω_β 时，β 按照每十倍频程 -20 dB 下降。一般将 ω_β 对应的频率 f_β 称为晶体管的截止频率，它是 $|\beta(\mathrm{j}\omega)|$ 下降到 β_0 的 0.707 倍时的频率；称 $|\beta(\mathrm{j}\omega)|$ 下降到 1 时的频率为晶体管的特征频率 f_T。β 随频率下降的曲线如图 2-54。

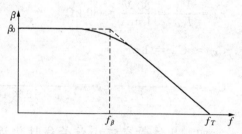

图 2-54 晶体管 β 随频率变化的规律

在(2.49)式中令 $|\beta(\mathrm{j}\omega)| = 1$，并将此时的频率写成特征角频率 ω_T，可得

$$1 + \omega_T^2 r_{b'e}^2(C_{b'e} + C_{b'c})^2 = \beta_0^2 \qquad (2.50)$$

所以

$$\omega_T = \sqrt{\frac{\beta_0^2 - 1}{r_{b'e}^2(C_{b'e} + C_{b'c})^2}} \approx \frac{\beta_0}{r_{b'e}(C_{b'e} + C_{b'c})} \qquad (2.51)$$

综上所述，晶体管的截止频率和特征频率分别为

$$f_\beta = \frac{\omega_\beta}{2\pi} = \frac{1}{2\pi \cdot r_{b'e}(C_{b'e} + C_{b'c})} \qquad (2.52)$$

$$f_T = \frac{\omega_T}{2\pi} = \frac{\beta_0}{2\pi \cdot r_{b'e}(C_{b'e} + C_{b'c})} = \beta_0 f_\beta \qquad (2.53)$$

在晶体管手册中,常常给出晶体管的截止频率或特征频率的值,另外给出发射极开路时集电结电容 C_{ob} 的值。在估算分析晶体管电路时,可以认为 $C_{b'c}$ 近似等于 C_{ob}。

例 2-11 设某晶体管在 $I_{CQ} = 1\,\text{mA}$ 条件下的参数为:$\beta_0 = 100$,$V_A = 80\,\text{V}$,$r_{bb'} = 50\,\Omega$,$C_{ob} = 1\,\text{pF}$,$f_T = 10\,\text{MHz}$。根据前面的讨论,计算晶体管的高频混合 π 模型参数。

晶体管的高频混合 π 简化模型共有 6 个参数,其中 $r_{bb'}$ 已经知道,其余 5 个参数的推算过程如下:

$$g_m \approx \frac{I_{CQ}}{V_T} = \frac{1\,\text{mA}}{26\,\text{mV}} = \frac{1}{26\,\Omega} = 38.5\,\text{mS}$$

$$r_{b'e} = \frac{\beta_0}{g_m} = 2.6\,\text{k}\Omega$$

$$r_{ce} = \frac{V_A}{I_{CQ}} = \frac{80\,\text{V}}{1\,\text{mA}} = 80\,\text{k}\Omega$$

$$C_{b'c} \approx C_{ob} = 1\,\text{pF}$$

$$C_{b'e} = \frac{\beta_0}{2\pi f_T \cdot r_{b'e}} - C_{b'c} = \frac{100}{2\pi \times 10 \times 10^6 \times 2.6 \times 10^3} - 1 \times 10^{-12} = 611\,(\text{pF})$$

四、晶体管交流小信号线性化近似条件

根据(2.37)式,我们知道晶体管的转移特性是一个指数关系,但是上面得到的晶体管小信号模型是一个线性模型,其近似条件是输入晶体管的信号幅度足够小。下面我们导出其小信号线性化近似的具体条件。

我们将(2.37)式中的集电极电流分为直流与交流两部分,即 $I_c = I_{CQ} + i_d$,同样将基极电压也分为直流与交流两部分,即 $V_{BE} = V_{BEQ} + v_{be}$。这样(2.37)式可以写为:

$$I_{CQ} + i_c = I_s \exp\left(\frac{V_{BEQ} + v_{be}}{V_T}\right) = I_s \exp\left(\frac{V_{BEQ}}{V_T}\right)\exp\left(\frac{v_{be}}{V_T}\right) = I_{CQ} \exp\left(\frac{v_{be}}{V_T}\right)$$

$$(2.54)$$

将上式右边的 e 指数展开并化简,可以得到

$$i_c = I_{CQ}\left(\frac{v_{be}}{V_T} + \frac{1}{2}\left(\frac{v_{be}}{V_T}\right)^2 + \cdots\right) = \frac{I_{CQ}}{V_T}v_{be} + \frac{1}{2}I_{CQ}\left(\frac{v_{be}}{V_T}\right)^2 + \cdots \quad (2.55)$$

注意到 $\frac{I_{CQ}}{V_T} = g_m$,所以(2.55)式中的第一项就是 $g_m v_{be}$,这就是晶体管小信号线性

化近似模型。而其余项均为非线性项。当 $v_{be} \ll V_T$ 时,忽略 3 次以上的高次项,则由非线性项带来的相对误差可以表示为

$$\varepsilon \approx \frac{\frac{1}{2}\left(\frac{v_{be}}{V_T}\right)^2}{\frac{v_{be}}{V_T}} = \frac{v_{be}}{2V_T} \tag{2.56}$$

(2.56)式表示了晶体管线性近似的条件。例如,若要求线性近似的误差不大于 5%,则加在晶体管输入端的交流信号 v_{be} 应该小于 $0.1V_T$,即 $v_{be} < 2.6 \text{ mV}$。

2.3.4 晶体管的主要特性参数

与二极管的情况类似,从使用晶体管的观点来看,我们在上面讨论的伏安特性、等效模型等可以用来分析晶体管和晶体管电路,但是更常见的还是晶体管的特性参数。我们在前面的讨论中,已经介绍了多个重要的晶体管参数,但还有另外一些重要参数没有涉及,现在将晶体管的主要特性参数一并介绍如下。

一、直流参数

I_{CBO}——集电结反向饱和电流。

I_{CEO}——穿透电流。

$\bar{\beta}$——共发射极直流电流放大系数。

二、交流参数

β——共发射极短路交流电流放大系数。

f_β——截止频率。

f_T——特征频率。

C_{ob}——发射极开路时的集电结电容。

以上这几个参数的定义与用途,已经在前面的讨论中详细作了介绍,这里不再赘述。

三、极限参数

极限参数是指晶体管在工作中不能超过它们,否则可能引起晶体管的损坏或不能正常工作的参数。主要的极限参数有如下几个。

P_{CM}——集电极最大允许功耗。由于加在集电结上的反向电压可能较高,流

过集电结的电流也可能较大,所以在集电结上可能有很大的功率耗散。由于这些功率最后都是转变为热量散发出去,所以晶体管在工作时集电结的温度会升高。当集电结温度达到一定程度就有可能使晶体管损坏,所以限制了集电极的最大允许功率耗散。

I_{CM}——集电极最大电流。此参数的实际意义是:当集电极电流上升时,晶体管的 β 明显下降。若集电极电流上升至最大电流时,β 将下降到使晶体管无法正常工作。

反向击穿电压。由于晶体管由两个 PN 结构成,所以当加在晶体管上的电压超过一定限度以后,PN 结将击穿,表现为此时相应的电流迅速增加。若不加控制,则晶体管将损坏。反向击穿电压有几种,主要的有:

BV_{CBO}——在晶体管发射极开路条件下,集电极的反向击穿电压。一般在几十伏到几百伏,有些高反压晶体管甚至可以达到上千伏。

BV_{CEO}——在晶体管基极开路条件下,集电极与发射极之间(集电结反偏)的反向击穿电压。一般在几十伏到几百伏。对于同一个晶体管,BV_{CEO} 一般小于 BV_{CBO}。

以上两个反向击穿电压限制了加在集电极的电压,也就是限制了晶体管的集电极工作电压。为了晶体管工作的安全,要求工作在共基极状态下的晶体管集电极工作电压(V_{CC})小于 BV_{CBO},工作在共发射极状态下的晶体管集电极工作电压小于 BV_{CEO},通常取上述击穿电压的 80% 作为集电极工作电压的上限。

BV_{EBO}——在晶体管集电极开路条件下,发射极的反向击穿电压。由于发射区高掺杂的原因,这个电压一般都很低,通常在 5～6 V。这个电压限制了加在发射极的反向偏压。晶体管工作在放大区一般不会出现发射极的反向偏压,但是在数字电路中使晶体管工作在截止区时可能出现发射极反向偏压,此时就必须注意这个参数。

四、温度对于参数的影响

在实际应用晶体管时,除了注意以上参数外,还要注意温度对于参数的影响。I_{CBO}、V_{BE}、β 等都是温度的函数。对于硅晶体管来说,在常温下 I_{CBO} 随温度变化的关系大致为每 8 ℃增大一倍,V_{BE}、β 对温度的关系为

$$\frac{dV_{BE}}{dT} \approx -(2 \sim 2.5)\ mV/\ ℃ \tag{2.57}$$

$$\frac{d\beta}{dT} \cdot \frac{1}{\beta} \approx (0.5 \sim 1)\%/\ ℃ \tag{2.58}$$

§2.4 场效应晶体管

场效应晶体管(Field Effect Transistor，FET)通常称为场效应管,也是电子线路中运用最为广泛的电子器件之一。由于场效应管的工作原理基于电场作用,所以得名场效应管。根据结构的不同,场效应管可以分为两大类:一类以介质绝缘为基础,称为绝缘栅型场效应管(Isolation Gate Field Effect Transistor，IGFET);另一类以 PN 结为基础,称为结型场效应管(Junction Field Effect Transistor，JFET)。

2.4.1 绝缘栅型场效应管

绝缘栅型场效应管的剖面结构示意图见图 2-55。在 P 型硅衬底上,制造两个 N 型区域作为两个电极,分别为源极(Source)和漏极(Drain),一般情况下这两个电极是对称的。在衬底表面位于源与漏之间的区域用导电材料(金属,现在一般用多晶硅)制造一个栅极(Gate),此栅极与衬底之间以二氧化硅加以绝缘,就形成了一个绝缘栅型场效应管。由于栅极与衬底之间为金属-氧化物-半导体(Metal-Oxide-Semiconductor)结构,通常将它简称为 MOS 结构,所以相应地将具有此结构的绝缘栅型场效应管称为 MOS 场效应管。

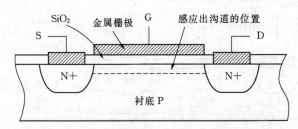

图 2-55　N 沟道增强型 MOS 场效应管的结构示意

MOS 场效应管的工作原理是:当栅极没有加电压时,无论源极与漏极之间如何加电压,总有一个 PN 结反偏,所以源极与漏极之间没有电流。

当在栅极与衬底之间加上电压,使得栅极电位为正时,由于电场的作用,在栅极下面的衬底中的空穴受到排斥,电子得到吸引,从而感应出自由电子。感应出的电子与 P 型材料中空穴复合后形成耗尽区。此时源极与漏极之间仍然没有电流。

若进一步加大栅极电压,则随着电场的增加,自由电子进一步增加。当栅极电压增加到某一个阈值电压 V_{TH} 后,自由电子的数值增加到使栅极下面的衬底中这部分材料形成反型层(N 型),从而形成导电沟道(Channel)。此时在源极与漏极之间加电压后,将有电流流过。

　　由于在这个结构中的导电沟道是 N 型的,所以称为 N 沟道场效应管。显然,将所有材料的极性反过来,可以形成 P 沟道的场效应管。

　　由于在图 2-55 的结构中,原来在栅极对应的衬底位置并无导电沟道,沟道是由栅极加上一定电压以后产生的,所以这种结构的场效应管称为增强型 MOS 场效应管(Enhancement MOSFET)。

　　当导电沟道形成以后,若改变 MOS 场效应管的栅-源电压 V_{GS} 或漏-源电压 V_{DS},则由于电场的改变,导电沟道的形状将发生变化,此变化将导致漏极电流 I_D 发生变化。下面分两种情况详细分析这种变化。

　　变化一　V_{DS} 不变,V_{GS} 改变

　　当 V_{DS} 不变,V_{GS} 从零开始改变时,主要的影响将是场效应管沟道宽度的改变。为了简化,下面我们讨论 $V_{DS} = 0$ 的情况。

　　在 $V_{GS} < V_{TH}$ 时,导电沟道尚未形成。这种情况称为场效应管被夹断。

　　当 $V_{GS} = V_{TH}$ 时,导电沟道开始形成。

　　在 $V_{GS} > V_{TH}$ 时,随着 V_{GS} 的增加,导电沟道越来越深。此时若加上 V_{DS},则必将产生漏极电流 I_D。显然,V_{GS} 越大,漏极电流 I_D 可能越大。上述过程如图 2-56 所示。

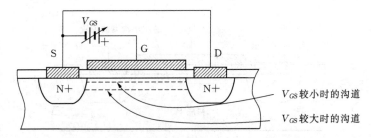

图 2-56　MOS 场效应管的沟道宽度与 V_{GS} 的关系

　　变化二　V_{GS} 固定在某值,V_{DS} 改变。

　　当 V_{GS} 固定在大于 V_{TH} 的某值时,导电沟道存在,此时加上 V_{DS} 后产生漏极电流 I_D。随着 V_{DS} 改变,漏极电流将发生两个变化:第一是漏极电流随 V_{DS} 改变的变化,第二是由于导电沟道的形状发生变化引起的漏极电流的变化。

　　在 $V_{DS} = 0$ 时,由于栅极电压在沟道两端的电势差相等,所以沟道两端的深度相等。此时的沟道类似一个电阻,随着 V_{DS} 的增加,漏极电流基本上线性增加。

　　但是,随着 V_{DS} 的增加,栅极与沟道之间的电势差在沟道两端开始不等,靠近

漏极一端的电势差等于 $(V_{GS} - V_{DS})$，即电势差变小，所以沟道的形状开始变化，在靠近漏极一端变窄。这个结果是使得沟道的等效电阻增加，所以漏极电流虽然随 V_{DS} 的增加而增加，但是增加的速率将越来越慢。

当 V_{DS} 增加到靠近漏极一端的电势差等于阈值电压 V_{TH}，即满足方程 $V_{DS} = V_{GS} - V_{TH}$ 时，沟道的形状在靠近漏极一端开始趋于夹断。但是，由于电流的连续性，沟道在靠近漏极一端无法真正夹断，而留有极窄的通道，电子在此通道内高速通过。此时漏极电流几乎达到最大值，随 V_{DS} 增加而增加的速率趋于 0。

当 V_{DS} 进一步增加时，沟道在靠近漏极一端的通道不会进一步变窄，但是夹断区开始变长，从而导致靠近源极一端保持导通的沟道长度变短。这个情况相当于保持导通部分的沟道电阻变小，所以漏极电流随着 V_{DS} 的增加略有增加。

上述过程中沟道形状的变化过程如图 2-57 所示。

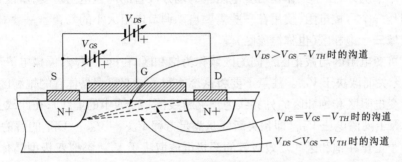

图 2-57　MOS 场效应管的沟道形状与 V_{DS} 的关系

综合上面的讨论，我们可以得到增强型 MOS 场效应管的输出特性，图 2-58 显示了一个 N 沟道增强型 MOS 场效应管的输出特性，它的阈值电压为 1.5 V。

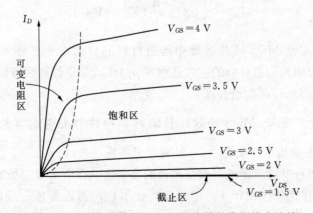

图 2-58　N 沟道增强型 MOS 场效应管的典型输出特性

类似双极型晶体管,可以将图 2-58 所示的场效应管输出特性分成几个区域。

区域一　可变电阻区

该区位于输出特性中 V_{DS} 靠近 0 的区域。在该区域,由于 $V_{DS} < V_{GS} - V_{TH}$,所以整个沟道均处于导通状态,沟道的等效电阻取决于沟道的截面积。当 V_{GS} 增加时,沟道截面积增加,相当于改变沟道等效电阻值,使得输出特性斜率改变,故名可变电阻区。

区域二　截止区

该区位于输出特性中 $V_{GS} < V_{TH}$ 的区域。在该区域,漏极电流 $I_D = 0$,晶体管截止,故名截止区。

上述两个区域类似双极型晶体管的饱和区与截止区,通常也被应用于数字逻辑电路中。另外,由于工作在可变电阻区的场效应管的沟道电阻可变,所以也常常将它当作一个可控电阻,使用在一些需要自动调节电阻大小的场合。

区域三　饱和区(也称恒流区)

在可变电阻区与截止区之间的区域称为饱和区,在这个区域,漏极电流基本上与 V_{DS} 无关而取决于 V_{GS}。注意不要将这个饱和区同双极型晶体管的饱和区混淆。

可变电阻区和饱和区的分界线为预夹断线(图 2-58 中的虚线),在此线上相当于 V_{GD} 等于阈值电压 V_{TH},即预夹断线是满足方程 $V_{DS} = V_{GS} - V_{TH}$ 的解的轨迹。

由于工作在饱和区的场效应管的漏极电流取决于 V_{GS},类似双极型晶体管,可以将它等效为一个受控电流源,所以在放大电路中总是让场效应管工作在此区域。

以半导体物理方法对 MOS 场效应管进行分析,可以得到 MOS 场效应管在饱和区的转移特性的表达:

$$I_D = \frac{1}{2}\mu_n C_{OX} \frac{W}{L}(V_{GS} - V_{TH})^2 \tag{2.59}$$

其中 μ_n 是 N 沟道 MOS 场效应管中沟道材料的自由电子迁移率(对于 P 沟道 MOS 场效应管则为沟道材料的空穴迁移率 μ_p),C_{OX} 是单位面积栅极的 MOS 电容量,W 是沟道宽度,L 是沟道长度。

由(2.59)式可知,MOS 场效应管的转移特性与沟道的宽长比 $\frac{W}{L}$(Aspect Ratio)有关。在集成电路制造中,一旦确定了集成工艺,则 μ_n、C_{OX}、V_{TH} 等均为定值,所以设计者可以简单地通过改变沟道的宽长比获得所需要的场效应管特性。

场效应管在饱和区由于 V_{DS} 增加以后会引起沟道近源极一端的长度发生变化,从而导致 I_D 随 V_{DS} 的改变而略有改变,这称为沟道长度调制效应。与双极型晶体管的类似效应相同,可以用厄尔利电压 V_A 表述此效应。令 $\lambda = \dfrac{1}{V_A}$,可以将工作在饱和区的 MOS 场效应管的转移特性(2.59)式修改表述为:

$$I_D = \frac{1}{2}\mu_n C_{OX}\frac{W}{L}(V_{GS} - V_{TH})^2(1 + \lambda V_{DS}) \tag{2.60}$$

若在制造 MOS 场效应管的时候,在栅极底下的绝缘层中注入离子,则这些离子会在衬底中感应出一个初始的导电沟道。这种结构的场效应管称为耗尽型 MOS 场效应管(Depletion MOSFET)。

耗尽型 MOS 场效应管的工作原理与增强型场效应管极为相像。例如,对于 N 沟道耗尽型 MOS 场效应管来说,也是栅极电压越正沟道越深。但是,由于存在原始导电沟道,所以其栅极电压为负时也可以存在沟道。当栅极电压相对于衬底为负时,它将抵消一部分离子的感应作用(耗尽沟道中的自由电子),从而使得沟道变窄。当栅极电位负到一定程度,则沟道将消失,场效应管被夹断,此时的栅极电压就是阈值电压 V_{TH}。所以,N 沟道耗尽型 MOS 场效应管的阈值电压是负值。

一个典型 N 沟道耗尽型 MOS 场效应管的输出特性见图 2-59,其阈值电压为 -1 V。

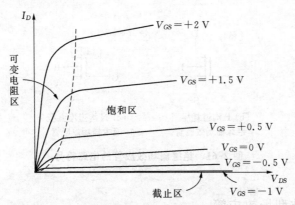

图 2-59　N 沟道耗尽型 MOS 场效应管的典型输出特性

耗尽型 MOS 场效应管的栅极电压可以负也可以正。当栅极电压为正时,使得原始沟道变宽,导致漏极电流进一步加大,工作在增强型沟道模式;当栅极电压为负时,使得原始沟道变窄,工作在耗尽型沟道方式。所以也有人将耗尽型 MOS 场效应管称为耗尽-增强型 MOS 场效应管。

耗尽型 MOS 场效应管的转移特性也可用(2.59)式和(2.60)式描述。

图 2-60 显示了 N 沟道 MOS 场效应管在饱和区的转移特性曲线。耗尽型

NMOS 场效应管的转移特性主要在第二象限(耗尽区),但是也可以工作在第一象限(增强区);而增强型 NMOS 场效应管必定工作在第一象限。

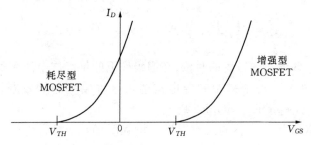

图 2-60　MOS 场效应管在饱和区的转移特性

　　由于存在两种不同的结构以及两种不同的沟道模式,共有 4 种不同类型的绝缘栅场效应管。图 2-61 是这 4 种场效应管的电路符号,其中 B 表示衬底(Body)。在实际电路中,为了保证衬底与沟道之间的 PN 结反偏,一般将 N 沟道绝缘栅场效应管的衬底接电路中的最低电位,将 P 沟道绝缘栅场效应管的衬底接电路中的最高电位。

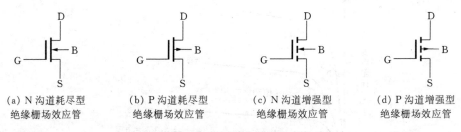

(a) N 沟道耗尽型 绝缘栅场效应管	(b) P 沟道耗尽型 绝缘栅场效应管	(c) N 沟道增强型 绝缘栅场效应管	(d) P 沟道增强型 绝缘栅场效应管

图 2-61　绝缘栅场效应管的电路符号

2.4.2　结型场效应管

　　N 沟道结型场效应管的结构如图 2-62(a)所示:在一块硅片的两面制造两个 PN 结,然后将两个 P 区连接成一个栅极,在硅片的两端引出两个电极,分别为源极和漏极。当栅极与硅片之间形成 PN 结后,在硅片中源极和漏极之间形成一个导电沟道。由于此沟道由 N 型半导体材料构成,所以称 N 沟道结型场效应管。将硅片材料以及栅极的极性全部反转,就形成 P 沟道结型场效应管。N 沟道结型场效应管和 P 沟道结型场效应管的电路符号见图 2-62(b)。

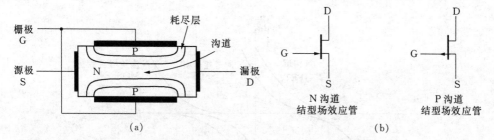

图 2-62 N 沟道结型场效应管的结构示意和 N 沟道与 P 沟道结型场效应管的电路符号

在结型场效应管上施加的偏置电压,必须使 PN 结始终处于反向偏置。以源极为参考点,N 沟道结型场效应管应该使 V_{GS} 为负电压,V_{DS} 为正电压。由于源极与漏极之间存在原始导电沟道,所以结型场效应管的伏安特性类似耗尽型 MOS-FET,唯一的区别是,结型场效应管只能工作在耗尽状态,即 N 沟道结型场效应管的 V_{GS} 必须为负电压,P 沟道结型场效应管的 V_{GS} 必须为正电压。

在饱和区,结型场效应管的转移特性一般用下式表示:

$$I_D = I_{DSS}\left(1 - \frac{V_{GS}}{V_{GS(off)}}\right)^2 \tag{2.61}$$

其中 I_{DSS} 称为饱和漏极电流,是 $V_{GS} = 0$、$V_{DS} = -V_{GS(off)}$ 时的漏极电流。$V_{GS(off)}$ 是场效应管的夹断电压。

结型场效应管的典型转移特性曲线见图 2-63。

考虑沟道长度调制效应后,可以将工作在饱和区的结型场效应管的转移特性(2.61)式修正表述为

$$I_D = I_{DSS}\left(1 - \frac{V_{GS}}{V_{GS(off)}}\right)^2 (1 + \lambda V_{DS}) \tag{2.62}$$

上面我们分别讨论了 JFET 和 MOSFET 的特性。如果将它们放在一起全盘考虑,并且考虑 N 沟道与 P 沟道两种不同沟道极性的差别,则可以得到如图 2-64 所示的转移特性。由于 P 沟道场效应管要求 $V_{DS} < 0$,所以它们的转移特性工作在第三象限和第四象限。

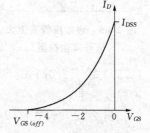

图 2-63 结型场效应管在饱和区的转移特性

2.4.3 场效应管模型

由于在放大电路中始终要求场效应管工作在饱和区,所以下面我们只讨论工

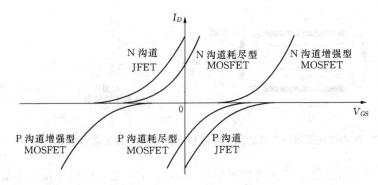

图 2-64   不同类型的场效应管在饱和区的转移特性的差别

作在饱和区的场效应管模型。

一、直流大信号近似模型

由于结型场效应管的栅极始终与沟道反偏,MOS 场效应管的栅极与衬底绝缘,所以在直流情况下,可以忽略栅极与沟道之间的漏电流,即栅极对于直流开路。另外,由于漏极电流受栅源电压的控制,所以可以用一个受控电流源来等效。根据这样的分析,可以用图 2-65 的等效模型来等效一个场效应管。

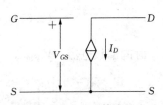

图 2-65   场效应管直流大信号简化模型

由于要计算直流响应,所以在这个模型中,I_D 应采用场效应管在饱和区的转移特性公式进行计算,即 (2.59) 式～(2.62) 式。具体应用哪个公式根据具体的场效应管类型以及要求的精确程度确定。

例 2-12   设在图 2-66 电路中,已知 MOSFET 的 $\frac{1}{2}\mu_n C_{OX}\frac{W}{L} = 0.5\,\text{mA/V}^2$,$V_{TH} = 2.5\,\text{V}$;$R_{G1} = 1\,\text{M}\Omega$,$R_{G2} = 1\,\text{M}\Omega$,$R_D = 2\,\text{k}\Omega$,$V_{DD} = 9\,\text{V}$。试求直流工作点。

由于栅极电流为 0,栅极电压由偏置电阻 R_{G1} 和 R_{G2} 确定:

$$V_{GS} = \frac{R_{G2}}{R_{G1}+R_{G2}}V_{DD}$$

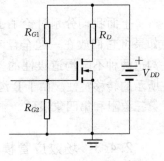

图 2-66   场效应管的偏置电路计算

假设 MOSFET 工作在饱和区，则根据(2.57)式，

$$I_D = \frac{1}{2}\mu_n C_{OX} \frac{W}{L}(V_{GS} - V_{TH})^2$$

$$V_{DS} = V_{DD} - I_D R_D$$

代入例题中的数值，得 $V_{GS} = 4.5\,\text{V}$，$I_D = 2\,\text{mA}$，$V_{DS} = 5\,\text{V}$。由 $V_{DS} > V_{GS} - V_{TH} = 2\,\text{V}$，所以满足场效应管工作在饱和区的要求，前面的估算结果成立。

例 2-13　设图 2-67 中，已知结型场效应管的 $I_{DSS} = 10\,\text{mA}$，$V_{GS(off)} = -5\,\text{V}$；$R_S = 10\,\text{k}\Omega$，$R_D = 15\,\text{k}\Omega$，$R_G = 1\,\text{M}\Omega$，$V_{DD} = 12\,\text{V}$。试求直流工作点。

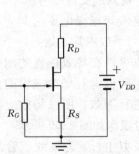 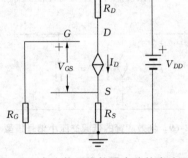

图 2-67　场效应管的自生偏压式偏置电路　　**图 2-68　自生偏压式偏置电路的直流回路**

为了计算图 2-67 电路的直流工作点，我们首先假设场效应管工作在饱和区，则可以根据场效应管大信号等效模型画出直流回路如图 2-68。根据图 2-68 可以列出下列方程

$$\begin{cases} I_D = I_{DSS}\left(1 - \dfrac{V_{GS}}{V_{GS(off)}}\right)^2 \\ V_{GS} = V_G - V_S = -I_D R_S \end{cases}$$

其中第一个方程是场效应管的转移特性。第二个方程是这样得到的：考虑到场效应管的栅极绝缘，没有栅极电流，即在栅极电阻 R_G 上没有压降，或者说栅极的直流电位 V_G 为零，所以 $V_{GS} = -V_S$。

将两个方程联立求解，可得 $I_D = 0.4\,\text{mA}$ 或 $I_D = 0.625\,\text{mA}$。由于将 $I_D = 0.625\,\text{mA}$ 代回原方程检验后，得到的 $V_{GS} = -6.25\,\text{V} < V_{GS(off)}$，所以此电流不符合电路要求，可能的工作点只有一个，即 $I_D = 0.4\,\text{mA}$。将此电流代回原电路可以算得

$$V_{GS} = -I_{DQ}R_S = -4\ \text{V}$$

$$V_{DS} = V_{DD} - I_{DQ}(R_S + R_D) = 2\ \text{V}$$

由于此结果满足 $V_{DS} > V_{GS} - V_{GS(off)} = -4 - (-5) = 1\ \text{V}$，即工作在预夹断线的右侧(饱和区)的条件，所以开始时的假设成立，上述计算亦成立。

N 沟道 JFET 工作在饱和区的偏置电压要求是栅极电位低于源极电位。在图 2-67 电路中，此条件的建立依赖于源极电流在源极电阻上的压降，所以这种偏置被称为自生偏压式偏置电路。

二、低频交流小信号模型

与双极型晶体管类似，在直流工作点附近，由于输入的交流信号很小，可以近似认为漏极电流与栅极电压之间为线性关系，所以可以将场效应管等效为一个压控电流源。同样也可以在场效应管的漏极与源极之间用厄尔利电阻对场效应管的沟道长度调制效应进行等效。所以场效应管的低频交流小信号模型如图 2-69 所示。

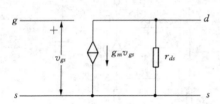

图 2-69　场效应管的低频交流小信号模型

在上述模型中，g_m 为场效应管晶体管的跨导。MOS 场效应管的跨导为

$$g_m = \frac{\mathrm{d}I_D}{\mathrm{d}V_{GS}}\bigg|_{I_D = I_{DQ}} = \frac{\mathrm{d}}{\mathrm{d}V_{GS}}\left[\frac{1}{2}\mu_n C_{OX}\frac{W}{L}(V_{GS} - V_{TH})^2\right]$$

$$= \mu_n C_{OX}\frac{W}{L}(V_{GSQ} - V_{TH}) \tag{2.63}$$

结型场效应管的跨导为

$$g_m = \frac{\mathrm{d}I_D}{\mathrm{d}V_{GS}}\bigg|_{I_D = I_{DQ}} = \frac{\mathrm{d}}{\mathrm{d}V_{GS}}\left[I_{DSS}\left(1 - \frac{V_{GS}}{V_{GS(off)}}\right)^2\right] = -2\frac{I_{DSS}}{V_{GS(off)}}\left(1 - \frac{V_{GSQ}}{V_{GS(off)}}\right) \tag{2.64}$$

也可以将上述关系表达成与工作点电流相关的等式，对于 MOS 场效应管，有

$$g_m = 2\sqrt{\frac{1}{2}\mu_n C_{OX}\frac{W}{L}}\cdot\sqrt{I_{DQ}} \tag{2.65}$$

对于结型场效应管，有

$$g_m = -\frac{2\sqrt{I_{DSS}}}{V_{GS(off)}}\sqrt{I_{DQ}} \tag{2.66}$$

厄尔利电阻为

$$r_{DS} = \frac{V_A}{I_{DQ}} \tag{2.67}$$

例 2-14　设某结型场效应管的 $I_{DSS} = 10\,\text{mA}$，$V_{GS(off)} = -5\,\text{V}$，$I_{DQ} = 0.4\,\text{mA}$，$V_A = 80\,\text{V}$。根据前面的讨论，该场效应管的低频小信号模型参数如下：

$$g_m = -\frac{2}{V_{GS(off)}}\sqrt{I_{DSS} \cdot I_{DQ}} = -\frac{2}{-5}\sqrt{10 \times 0.4} = 0.8\,\text{mS}$$

$$r_{DS} = \frac{V_A}{I_{DQ}} = \frac{80}{0.4} = 200\,\text{k}\Omega$$

可以将此结果同例 2-10 的结果相比。两者的工作点电流相差不大，但是跨导相差很大。这是场效应管的一个特点，即在同样的工作条件下，一般来说场效应管的跨导要比晶体管小很多。

三、高频交流小信号模型

对于工作在高频信号下的场效应管，同样要考虑极间电容的存在。场效应管的极间电容主要有栅极对源极的电容 C_{gs}、栅极对漏极的电容 C_{gd} 以及漏极对源极的电容 C_{ds}。忽略了场效应管的其他因素后，可以得到其高频交流小信号近似模型如图 2-70 所示。

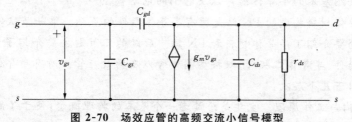

图 2-70　场效应管的高频交流小信号模型

对于常见的小功率场效应管，C_{gs} 和 C_{gd} 大致为 1~10 pF，C_{ds} 大致为 0.1~1 pF。

四、场效应管小信号线性化近似条件

仿照晶体管的做法，我们也可以讨论场效应管小信号线性化近似的条件。

以 MOS 场效应管为例，我们将 (2.59) 式中的电压和电流都分成直流与交流两部分，可以得到下式：

$$I_{DQ} + i_d = \frac{1}{2}\mu_n C_{OX} \frac{W}{L}(V_{GSQ} + v_{gs} - V_{TH})^2$$

$$= \frac{1}{2}\mu_n C_{OX} \frac{W}{L}\left[(V_{GSQ} - V_{TH})^2 + 2(V_{GSQ} - V_{TH})v_{gs} + v_{gs}^2\right] \quad (2.68)$$

$$= I_{DQ} + \mu_n C_{OX} \frac{W}{L}\left[(V_{GSQ} - V_{TH})v_{gs} + \frac{1}{2}v_{gs}^2\right]$$

所以有

$$i_d = \mu_n C_{OX} \frac{W}{L}\left[(V_{GSQ} - V_{TH})v_{gs} + \frac{1}{2}v_{gs}^2\right] \quad (2.69)$$

其中第一项就是线性近似项 $g_m v_{gs}$,第二项是非线性项。非线性误差可以表示为

$$\varepsilon = \frac{\frac{1}{2}v_{gs}^2}{(V_{GSQ} - V_{TH})v_{gs}} = \frac{v_{gs}}{2(V_{GSQ} - V_{TH})} \quad (2.70)$$

对于结型场效应管,可以得到类似的表达式。根据此表达式,可以估计场效应管线性近似的条件。例如要求非线性误差小于 5%,则应该有 $v_{gs} < 0.1(V_{GSQ} - V_{TH})$。仍然以例 2-13 的参数为例,其 $V_{GSQ} = -4\,\mathrm{V}$, $V_{TH} = V_{GS(off)} = -5\,\mathrm{V}$,所以在要求非线性误差小于 5% 的条件下, $v_{gs} < 0.1\,\mathrm{V}$。

本章概要

本章介绍基本的半导体器件以及它们的电路模型。

由半导体材料构成的 PN 结是所有半导体器件的基础。第一节从实际应用需要的角度简要介绍了半导体材料和 PN 结。后续的三节则主要介绍了最基本的 3 类半导体器件:半导体二极管、双极型晶体管以及场效应管。所有半导体器件的介绍都分成以下几个层次:

1. 结构与工作原理。主要是给读者一个基本的物理概念,便于了解半导体器件的各种电学特性的形成原因。

2. 电学特性。主要是半导体器件的伏安特性以及主要特性参数。

3. 等效模型及其应用。等效模型是解决电子电路分析的一个重要手段,用合适的模型取代电路中的半导体器件以得到所谓等效电路,就可以运用电路分析的手段列出电路方程组,解之则可以得到电路中的所有电压电流关系。本章从实际电路的分析需要出发,对每种半导体器件提出了几种不同的模型。

2.2.2 节提出了理想二极管模型、带阈值的理想二极管模型以及交流小信号模型。

第一个模型突出了二极管的单向导电特性,适用于二极管电路的定性分析。第二个模型反映了二极管的导通阈值和导通后电流迅速增加等基本特点,适用于二极管电路在大信号以及准直流信号作用下的定量估算,例如直流工作点的计算。第三个模型突出了在直流工作点附近的小信号作用下,二极管具有动态内阻的概念。

2.2.4 节通过一些具体的例子,说明了各种二极管的实际应用。

2.2.5 节主要介绍了稳压二极管、发光二极管等器件,并介绍了它们的应用电路以及应用电路的参数估算等内容。

2.3.3 节提出了双极型晶体管的直流与大信号模型、低频小信号模型、高频小信号模型等 3 个模型。

直流与大信号模型将晶体管等效成一个二极管和一个受控电流源,主要适用于直流工作点的估算。本节也通过一些例子讨论了晶体管直流工作点的计算问题以及晶体管的非线性应用。

低频小信号模型是晶体管的一个线性模型,适用于对晶体管做交流小信号分析。本节从晶体管的物理概念出发导出其模型以及模型参数的计算。

高频小信号模型则重点讨论了晶体管的极间电容影响,明确了晶体管的电流放大系数与信号频率的关系,得到了晶体管的截止频率和特征频率参数。

2.4.3 节提出了场效应管晶体管直流与大信号模型、低频小信号模型、高频小信号模型等 3 个模型。与双极型晶体管类似,通过具体例子讨论了它们的适用范围和模型参数的计算。

由于本章的内容涉及基本的半导体器件,而这些器件又是所有基于半导体的电子电路的基础,所以对于读者的要求是必须对上述半导体器件的结构、原理、电学特性、各种模型及其适用条件与应用方法等达到熟练掌握的程度。

思考题与习题

1. 有人说,因为在 PN 结中存在内建电场,所以将一个二极管的两端短路,在短路线中将由于此电场的存在而流过电流。此说是否正确? 为什么?

2. 下图是一种二极管整流电路,称为全波整流电路。其中 $v_1 = v_2$。试分析它的工作原理,画出输出电压的波形并计算输出电压的平均值。

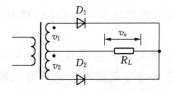

3. 假设下图中二极管均为理想二极管,试画出 $v_i \sim v_o$ 的电压传输特性曲线。

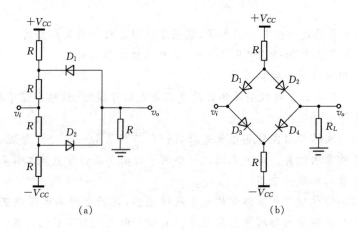

(a)   (b)

4. 下图左侧电路称为限幅电路。假设二极管为理想二极管,试说明该电路具有右侧所示的电压传输特性。若考虑二极管的阈值电压,则该电路的电压传输特性有何改变?

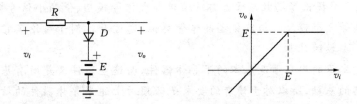

5. 下图是一种双向限幅电路。假设二极管为理想二极管,试画出 $v_i \sim v_o$ 的电压传输特性曲线。

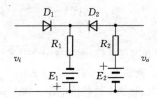

6. 下图也是一种双向限幅电路。试用带阈值的理想二极管模型分析 $v_i \sim v_o$ 的电压传输特性曲线。若考虑二极管导通后具有比较小的导通电阻,上述电压传输特性曲线有什么改变?

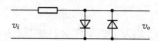

7. 设下图电路中,稳压管的主要参数为 $V_Z = 5\ \mathrm{V}$、$I_Z = 10\ \mathrm{mA}$、$I_{Z(\min)} = 2\ \mathrm{mA}$、$I_{Z(\max)} = 20\ \mathrm{mA}$、$r_Z = 5\ \Omega$。若输入电压的最大值为 12 V、最小值为 8 V,负载电阻为 1 kΩ,试计算符合要求的限流电阻 R 的阻值范围,在此范围内选择一个合适的阻值并计算此电路的稳压系数和动态内阻。

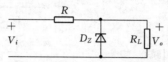

8. 有人认为:由于 PNP 晶体管的极性与 NPN 晶体管的极性相反,集电极电流的方向也相反,所以它们的交流小信号模型中相关电流源的电流应该反相,如下图所示。此说法是否正确? 为什么?

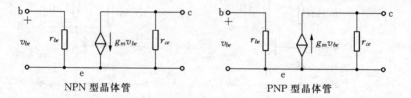

9. 在以下电路中,晶体管参数为:$\beta = 100$,$r_{bb'} = 60\ \Omega$,$C_{ob} = 0.5\ \mathrm{pF}$,$f_T = 100\ \mathrm{MHz}$,$V_A = 100\ \mathrm{V}$。估算它们的静态工作点、低频小信号模型参数 r_{be}、g_m、r_{ce} 以及高频小信号模型参数 C_π、C_μ。

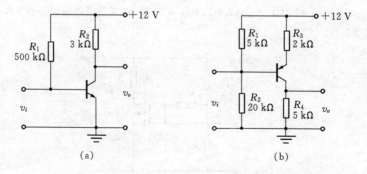

10. 晶体管的 β 和 $V_{BE(on)}$ 都会由于温度的影响而改变。若已知 β 的变化率为 $\dfrac{\mathrm{d}\beta}{\beta} \cdot \dfrac{1}{\mathrm{d}T} = 1\%/℃$,

$V_{BE(on)}$ 的变化率为 $\dfrac{\mathrm{d}V_{BE(on)}}{\mathrm{d}T} = -2\ \mathrm{mV}/℃$。当环境温度升高 25 ℃时,上一题中的两个电路的

集电极电流将各升高多少?

11. 假定以下电路中晶体管的 β 均为 100,确定它们是否工作在放大区。若不是,将电路作最小的修改以使晶体管工作正常。

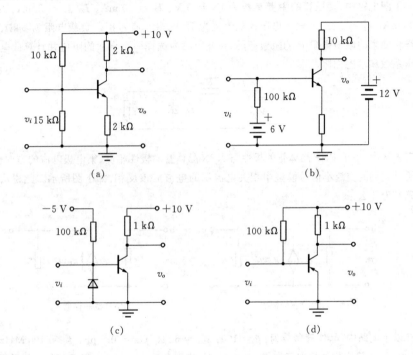

12. 已知下图场效应管的 $\frac{1}{2}\mu_n C_{OX} \frac{W}{L} = 0.5\,\mathrm{mA/V^2}$,$V_{TH} = 3\,\mathrm{V}$,$V_A = 80\,\mathrm{V}$。$R_{G1} = 30\,\mathrm{k\Omega}$,$R_{G2} = 18\,\mathrm{k\Omega}$,$R_{G3} = 1\,\mathrm{M\Omega}$,$R_D = 5\,\mathrm{k\Omega}$,$V_{DD} = 12\,\mathrm{V}$。试求该场效应管静态工作点和低频小信号模型参数。

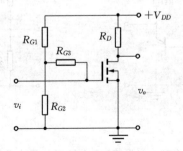

13. 已知下图场效应管的 $I_{DSS} = 6\,\mathrm{mA}$,$V_{GS(off)} = -2\,\mathrm{V}$,$V_A = 100\,\mathrm{V}$。$R_G = 1\,\mathrm{M\Omega}$,$R_S = 3\,\mathrm{k\Omega}$,$R_D = 5\,\mathrm{k\Omega}$,$V_{DD} = 12\,\mathrm{V}$。试求该场效应管的静态工作点和低频小信号模型参数。

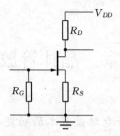

14. 试总结 6 种不同类型的场效应管工作在放大状态时对于直流偏置的要求，即 V_{DSQ}、V_{GSQ}、V_{TH}（或 $V_{GS(off)}$）三者之间的关系。

15. 分析以下场效应管电路，确定它们能否工作在饱和区并说明理由。

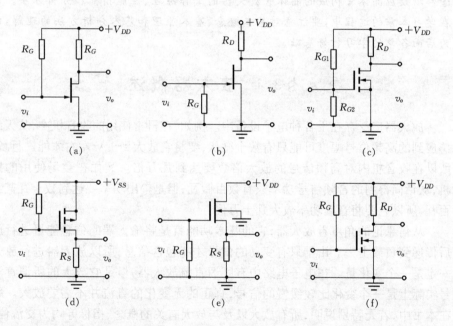

16. 试从输入特性、输出特性、转移特性、小信号放大特性等各方面对双极型晶体管和场效应晶体管作一个全方位的总结与比较。

第 3 章　晶体管放大器

　　放大(Amplify)是模拟电子电路最基本的功能之一。任何一个完整的电子电路中,都有放大器作为它的基础构成部分。只有在掌握了这些放大器的工作原理、性能指标等特性以后,才能进一步对整机电路进行分析,所以对放大器的分析和实验是学习电子电路的重要内容之一。本章将讨论以分立元件为主、由双极型晶体管和场效应晶体管构成的晶体管放大器的工作原理、性能指标和分析方法。读者在学习本章的过程中,要注意对基本概念、基本原理和基本分析方法的理解,以便为后面各章的学习打好基础。

§3.1　放大器概述

　　放大器广泛存在于各种电子设备中。例如,在日常使用的收音机中,从天线上感应到的高频信号幅度可能只有数十微伏,要将它放大到 1 V 左右才能进行解调,所以在收音机内对高频信号的放大倍数要达到几万倍。又如在会场使用的扩音机,从话筒得到的音频信号功率只有数百微瓦,但是输出功率要达到数十瓦甚至上百瓦,所以它要将音频功率放大几十万倍。

　　从信息论的角度看放大器,它的基本功能就是将输入端的信息能量进行放大后传递到负载上去。由于只有变动的信号才能包含信息,所以放大器进行放大的一定是一个变化量。在电子电路中有所谓直流放大器,但是它放大的所谓直流信号实际上是一个变化比较缓慢的信号,真正的无变化的直流并不需要放大。所以在本书中,若无特别说明,所有放大以及与放大有关的概念、指标等均为交流信号。

　　另外,从能量守恒的角度看放大器,被放大的信号能量不可能从放大器中自己产生。实际上由于放大器需要电源供电,所以被放大的信号能量是从电源中来的,放大器只是起到一个能量的控制作用而已。

3.1.1　放大器的性能指标

　　放大器一般可以用一个双口网络来描述,如图 3-1 所示。其中 A 表示基本放大器,其中一个网络端口作为输入端,与信号源 v_s 相连,R_s 是信号源内阻;另一个网络端口作为输出端,与负载电阻 R_L 相连。

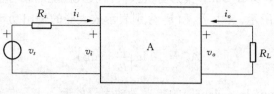

图 3-1　放大器

放大器的主要性能指标可以用以下几个参数来描述:增益、输入阻抗、输出阻抗、频率响应和失真。

根据图 3-1,放大器的输入(激励)可以是电压 v_i,也可以是电流 i_i;放大器的输出(响应)可以是电压 v_o,也可以是电流 i_o。响应和激励之间的关系就是放大器的传递函数。根据第 1 章关于四端网络传递函数的讨论,可以将放大器的传递函数分成 4 类:

(1) 电压增益(Voltage Gain),$A_v = \dfrac{v_o}{v_i}$ $\qquad\qquad\qquad\qquad\qquad$ (3.1)

(2) 电流增益(Current Gain),$A_i = \dfrac{i_o}{i_i}$ $\qquad\qquad\qquad\qquad\qquad$ (3.2)

(3) 跨导增益(Transconductance Gain),$A_g = \dfrac{i_o}{v_i}$ $\qquad\qquad\qquad$ (3.3)

(4) 跨阻增益(Transresistance Gain),$A_r = \dfrac{v_o}{i_i}$ $\qquad\qquad\qquad$ (3.4)

这 4 种传递函数的区别是它们的输入输出信号各不相同。电压增益与电流增益无量纲,跨导增益与跨阻增益分别具有电导与电阻的量纲。在已知电路中其他参量以后,4 种传递函数之间能够相互换算。由于输出信号与输入信号之间通常存在一定的相位差,所以电压增益和电流增益常常是一个复数,跨导增益与跨阻增益可能带有电抗成分。

在 4 种传递函数中,最常用的是电压增益和电流增益。在一些文献中,增益(Gain)专指它们的模的对数表示,单位为分贝(dB),如(3.5)式和(3.6)式所示,而将输出与输入之比称为放大倍数。本书对此不加严格区分。

$$A_v = 20\,\lg \left| \frac{v_o}{v_i} \right| (\mathrm{dB}) \qquad\qquad\qquad (3.5)$$

$$A_i = 20\,\lg \left| \frac{i_o}{i_i} \right| (\mathrm{dB}) \qquad\qquad\qquad (3.6)$$

另外,在某些放大器中要考虑信号源提供的功率或者放大器的输出功率,此时常常用功率增益(Power Gain)作为衡量放大器放大性能的指标。以对数表示的功率增益如式(3.7)所示,其中 p_o 和 p_i 分别表示放大器的输出功率和输入功率。

$$A_p = 10 \lg \left| \frac{p_o}{p_i} \right| (dB) \tag{3.7}$$

输入阻抗(Input Impedance)的定义是放大器的输入电压与输入电流之比,

$$z_i = \frac{v_i}{i_i} \tag{3.8}$$

由于在放大器中输入电压与输入电流之间可能存在相位差,所以一般而言,输入阻抗中既有电阻成分又有电抗成分。在信号频率比较低的情况下,电抗成分相对于电阻成分而言相当小,常常可以忽略,此时输入阻抗简化为输入电阻 r_i。

输出阻抗(Output Impedance)的定义是放大器的输出电压与输出电流之比,

$$z_o = \frac{v_o}{i_o} \tag{3.9}$$

与输入阻抗一样,输出阻抗一般也既有电阻成分又有电抗成分。在信号频率比较低的情况下,输出阻抗可以简化为输出电阻 r_o。

频率响应(Frequency Response)研究放大器对于不同频率信号是否具有相同的放大作用。

对于一个线性网络而言,只要在网络中存在电抗元件,那么对于不同频率信号的响应(振幅和相位)将是不同的。由于在放大器中不可避免地存在着电容电感等电抗成分,所以任何一个放大器不可能对所有频率的信号具有相同的放大作用。在电子学中一般规定:对于一个电压或电流信号,若在某个频率范围内其电压(或电流)增益的起伏没有超过 3 dB,则可以认为该放大器在此频率范围内的增益是均匀的。根据这个规定,我们将一个放大器的电压(或电流)增益的模下降到其最大值的 0.707 倍(-3 dB)的频率称为该放大器的截止频率(Cutoff Frequency)。一个放大器通常可能有两个截止频率:频率较高的一个称为上截止频率(Upper Cutoff Frequency),以 f_H 表示;频率较低的一个称为下截止频率(Lower Cutoff Frequency),以 f_L 表示。上下两个截止频率之间的部分称为该放大器的通频带(Bandwidth),记为 BW。图 3-2 描述了放大器的频率特性。

由于电压或电流下降到其最大值的 0.707 倍时,功率下降到最大值的 0.5 倍,所以也将上下两个截止频率称为上下半功率点频率。

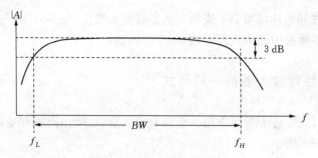

图 3-2　放大器的频率特性

失真(Distortion)研究输出信号是否忠实地再现了输入信号。

对于一个理想的放大器,信号通过该放大器以后,除了幅度得到放大以外,其波形的形状不应有任何变化。但是,在实际的放大器中,一般总有这样那样的畸变产生。一种情况是由于前面讨论的电路的频率响应的缘故,放大器对于不同频率的信号存在不同的增益,结果使得含有不同频率成分的信号经过放大器后发生畸变。这种失真称为频率失真(Frequency Distortion)。放大器中存在电容、电感等电抗元件是造成频率失真的根本原因。

另外一种失真现象是:当输入信号中具有某个频率 ω 的成分时,在输出信号中除了该频率的信号外,另外产生了该频率的谐波频率(2ω, 3ω, $\cdots$)成分,此现象称为谐波失真(Harmonic Distortion)。例如,在晶体管的基极输入单一频率的电压信号 $v_{be} = A\sin(\omega t)$,根据第 2 章的分析,晶体管的输出电流信号中包含了 v_{be}^2、v_{be}^3 等成分,而这些成分中就含有 2ω、3ω 等谐波分量。由于谐波失真的产生是放大器中存在非线性元件造成的,所以它是一种非线性失真(Nonlinear Distortion)。我们通常认为晶体管能够进行线性放大只是一种近似,只有当输入晶体管的信号幅度很小,从而其输出的谐波分量可以忽略时这个近似才能够成立。

频率失真与谐波失真之间的根本区别是:频率失真只改变输入信号中不同频率信号成分的相对幅度比例和相对相位关系,而谐波失真产生输入信号中没有的频率成分。通常我们讲失真就是指谐波失真,频率失真一般用频率响应描述。

为了评价谐波失真的大小,可以向放大器输入某个单一频率 ω 的信号,然后测量放大器输出信号中基频 ω 以及它的各次谐波 2ω, 3ω, $\cdots$ 的信号幅度。一般用总谐波失真(Total Harmonic Distortion, THD)系数来评价系统的谐波失真情况,总谐波失真系数的定义如下:

$$THD = \sqrt{\left(\frac{V_2}{V_1}\right)^2 + \left(\frac{V_3}{V_1}\right)^2 + \cdots} = \sqrt{\sum_{n=2}^{\infty}\left(\frac{V_n}{V_1}\right)^2} \qquad (3.10)$$

其中 V_1 表示基频输出幅度，V_2 表示二次谐波输出幅度，等等。由于高次谐波的分量很小，在实际测量中通常只测量到 3～5 次谐波。

3.1.2　线性放大器的一般形式

一般而言，线性放大器可以用一个具有输入阻抗、输出阻抗和受控源的网络进行描述，如图 3-3 所示。

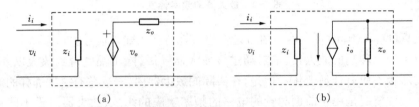

(a)　　　　　　　　　　　　(b)

图 3-3　放大器单元的一般形式

由于放大器中采用的有源器件不同，图 3-3 中的受控源可以是 VCVS、CCCS、VCCS 和 CCVS 四种形式中的任意一种。例如，图 3-3(a)中的受控电压源可以是 $a_v v_i$，也可是 $r_m i_i$。其中 a_v 和 r_m 分别是电压控制系数和跨阻。图 3-3(b)中的受控电流源可以是 $a_i i_i$，也可以是 $g_m v_i$。其中 a_i 和 g_m 分别是电流控制系数和跨导。根据等效电源定理，上述几种形式的受控源均可以互相转换。

下面我们分析这 4 种不同类型受控源的放大器单元与信号源、负载一起构成放大器后的增益计算。为了方便起见，我们以 VCCS 为例，对于其他的结构可以类推。

以 VCCS 为受控源构成的放大器如图 3-4 所示。对于整个放大器来说，存在 4 种不同的增益表达形式，当放大器的增益用电压增益表示时，有

$$A_v = \frac{v_o}{v_i} = -\frac{g_m v_i (z_o \,/\!/\, z_L)}{v_i} = -g_m (z_o \,/\!/\, z_L) = -g_m z_L' \tag{3.11}$$

其中 $z_L' = z_o \,/\!/\, z_L$，是放大器的总负载电阻。

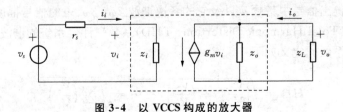

图 3-4　以 VCCS 构成的放大器

当放大器的增益用电流增益表示时,有

$$A_i = \frac{i_o}{i_i} = \frac{g_m v_i \dfrac{z_o}{z_o + z_L}}{v_i / z_i} = g_m \frac{z_o}{z_o + z_L} z_i = g_m \frac{z_L'}{z_L} z_i \tag{3.12}$$

当放大器的增益用跨导增益表示时,有

$$A_g = \frac{i_o}{v_i} = \frac{g_m v_i \dfrac{z_o}{z_o + z_L}}{v_i} = g_m \frac{z_o}{z_o + z_L} = g_m \frac{z_L'}{z_L} \tag{3.13}$$

当放大器的增益用跨阻增益表示时,有

$$A_r = \frac{v_o}{i_i} = -\frac{g_m v_i (z_o \ / / \ z_L)}{v_i / z_i} = -g_m z_L' z_i \tag{3.14}$$

3.1.3 工程估算

由于实际的电子电路需要兼顾许多方面的要求,所以电路常常比较复杂。分析一个实际放大器的最常见的两种方法是:工程估算和计算机辅助分析。

利用计算机对放大器进行分析是一个非常有效的方法,目前已经有许多电路分析程序可以使用,其中最著名的是 SPICE。

工程估算方法是一种简化的设计和分析方法,它虽然不如计算机辅助分析精确,但是可以给人一个十分清晰的概念,设计人员可以借助它粗略估计电路的特性参数,判断电路特性的变化趋势,在设计方案确定、电路实际调试等阶段有它不可替代的优点。在本书中,将主要运用工程估算的方法对电路进行分析,利用计算机辅助分析的内容在相应的实验课程中进行。

工程估算的一般过程大致如下:

步骤一 作等效电路

由于对于同一个器件可能有多种模型可以选择,所以在确定电路的等效电路时,必须明确分析需求并根据分析的需求选取合适的器件模型。例如,在分析晶体管放大器时,若输入信号的频率较低,晶体管的极间电容对此信号频率的作用不明显,则可以采用晶体管低频等效模型。反之,若信号频率很高,则必须采用高频等效模型。

步骤二 对电路进行适当的简化

我们在利用工程估算方法分析电路时,需要对复杂的电路进行合理的近似和简化。初学者往往对此感到难以掌握。实际上在一般的放大器中,由于电路中的元器件参数本身就有一定的误差,例如常用的电阻误差为5%,电容误差从5%到50%,等等,所以只要忽略某元件后引起的误差在一定范围之内,我们就可以将该元件忽略。例如,当电路中存在两个或两个以上的电阻串联时,若其中一个的阻值小于其他电阻总阻值的5%,我们一般就可以将它忽略。同样,若两个阻值相差悬殊(20倍以上)的电阻并联,则可以忽略阻值大的电阻。

步骤三　求解简化后的电路参数

对于简化后仍然比较复杂的电路,可能要根据电路定理列出电路的方程组然后求解。对于简单的电路,可能直接就能够写出结果。

步骤四　根据得到的电路参数,分析电路的性能

§3.2　晶体管单管放大器

单管放大器是仅由一个半导体管构成的放大器,是放大器中最基本的电路。由于晶体管或场效应管是一个三端器件,构成一个四端网络时必然有一个引脚是公用的,根据公共引脚的不同,可以将晶体管单管放大器分为共射(CE)、共集(CC)与共基(CB)3种电路,将场效应管单管放大器分为共源(CS)、共漏(CD)和共栅(CG)3种电路。在下面的讨论中,我们将通过一些具体的例子对单管放大器进行分析,并从中归纳一些一般的分析规律。

3.2.1　共射放大器

共发射极放大器是晶体管单管放大器中最基本的一种电路。图3-5是一个基本的共发射极放大器。其中R_B是晶体管的基极偏置电阻,R_C是集电极电阻,电源V_{CC}通过它们给晶体管提供直流偏置电流。输入信号通过电容C_1将交流信号耦合到晶体管的基极。晶体管放大以后的信号又通过C_2耦合到负载电阻R_L。

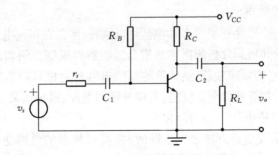

图3-5　基本单管共射放大器

在分析一个具体的放大器时,必须首先区分它的直流回路与交流回路。

图 3-5 中电容的作用是传递交流信号,直流电流无法通过,被称为耦合电容或隔直电容,所以与晶体管直流供电有关的器件只有电源 V_{CC} 以及电阻 R_B、R_C。而对于要放大的交流信号而言,当电容的容量足够大时,可以认为其电抗为零,相当于短路。另外,由于电源 V_{CC} 的电压稳定不变,其动态内阻 $r = \dfrac{\Delta V_{CC}}{\Delta I_{CC}} = 0$,所以对于交流信号而言,$V_{CC}$ 与地也相当于短路。根据以上分析,可以将图 3-5 电路的直流回路与交流回路分开,图 3-6 就是图 3-5 电路的直流回路与交流回路。

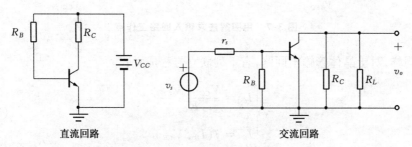

图 3-6　直流回路与交流回路

一、直流分析

直流分析是要分析晶体管的直流偏置问题。因为在放大器中,要求晶体管工作在放大区,必须给晶体管提供合适的直流偏置。被放大的交流信号实际上迭加在直流偏置上,所以直流工作点也称静态工作点。直流分析根据直流回路进行,主要有两种方法:

方法一　图解法

图解法也是一种工程估算的方法。与前面介绍的估算法不同的是,它利用晶体管的输入特性曲线和输出特性曲线,直接在图上进行分析。

对于晶体管的输入回路来说,根据图 3-6 的直流回路,基极电流由基极回路的伏安特性和晶体管的输入特性联合确定,即有

$$\begin{cases} I_B = \dfrac{V_{CC} - V_{BE}}{R_B} \\ I_B = f(V_{BE}, V_{CE}) \end{cases} \tag{3.15}$$

上面的第一个方程是由基极电阻 R_B 确定的基极回路的伏安特性,第二个方程是晶体管的输入特性。据此可以在晶体管输入特性曲线的坐标上作出上述第一个方

程的直线,如图 3-7 所示。这根直线与晶体管输入特性曲线的交点就是晶体管输入回路的直流工作点,它对应的基极偏置电流为 I_{BQ},基极偏置电压为 V_{BEQ}。

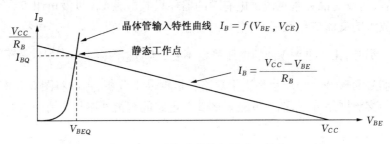

图 3-7　用图解法求输入回路工作点

同样,对于晶体管输出回路,有下列联立方程成立:

$$\begin{cases} I_C = \dfrac{V_{CC} - V_{CE}}{R_C} \\[2mm] I_C = f(I_B,\ V_{CE}) \end{cases} \tag{3.16}$$

以同样的方法在晶体管输出特性曲线图上作出由集电极电阻 R_C 确定的集电极回路的伏安特性直线,可以确定集电极偏置电流 I_{CQ} 和集电极偏置电压 V_{CEQ},如图 3-8 所示。

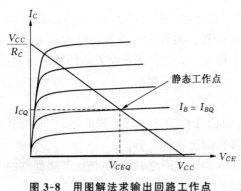

图 3-8　用图解法求输出回路工作点

在上述作图过程中要注意两根表示回路伏安特性的直线,它们分别表示晶体管电路输入端与输出端的直流负载电阻与晶体管、电源三者的关系,通常称为直流负载线。

以输出直流负载线为例,当晶体管输出电流 $I_C = 0$ 时,晶体管输出电压 $V_{CE} = V_{CC}$,当晶体管输出电压 $V_{CE} = 0$ 时,输出电流 $I_C = V_{CC}/R_C$。在晶体管输出特性坐标上以上述两点作连线就是此电路的输出直流负载线。

图解法的优点是可以在图上直观地看到晶体管工作点的位置以及它的变化情况,但是需要知道晶体管的特性曲线,在不知道特性曲线的情况下应用比较困难。所以在大部分小信号放大器的静态工作点分析中,采用下面介绍的估算法更为方便。

方法二　估算法

对晶体管的直流偏置进行估算的过程,我们已经在上一章中进行了详细的讲解,就是以晶体管直流和交流大信号近似模型为基础,对晶体管直流回路进行分析。例如,对于图 3-5 电路,直流工作点可以用下列方程组表示:

$$\begin{cases} I_{BQ} = (V_{CC} - V_{BE(on)})/R_B \\ I_{CQ} = \beta I_{BQ} \\ V_{CEQ} = V_{CC} - I_{CQ}R_C \end{cases} \tag{3.17}$$

例 3-1　设图 3-5 电路中各参数为: $R_B = 1\,\text{M}\Omega$, $R_C = 4.7\,\text{k}\Omega$, $V_{CC} = 12\,\text{V}$, 晶体管的 $\beta = 100$, $V_{BE(on)} = 0.7\,\text{V}$。求晶体管的静态工作点。

应用估算法,可以求得

$$I_{BQ} = \frac{V_{CC} - V_{BE(on)}}{R_B} = \frac{12 - 0.7}{1\,000} = 0.011\,3\,(\text{mA})$$

$$I_{CQ} = \beta I_{BQ} = 100 \times 0.011\,3 = 1.13\,(\text{mA})$$

$$V_{CEQ} = V_{CC} - I_{CQ}R_C = 12 - 1.13 \times 4.7 = 6.69\,(\text{V})$$

二、交流小信号分析

当输入晶体管放大器的变化的信号很小时,可以将晶体管近似为一个线性元件。这种情况下的电路分析称为放大器的交流小信号分析。交流小信号分析针对放大器的交流回路,用第二章给出的晶体管交流小信号模型,可以画出电路的交流小信号等效电路。图 3-5 电路的交流小信号等效电路如图 3-9 所示,其中虚线框内是晶体管的等效模型,虚线框外是晶体管的偏置电阻等外围器件。

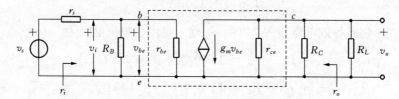

图 3-9　晶体管共射放大器低频小信号等效电路

根据图 3-9,可以得到晶体管共射放大器的电压增益为

$$A_v = \frac{v_o}{v_i} = -g_m R'_L \tag{3.18}$$

其中 $R'_L = r_o /\!/ R_L = r_{ce} /\!/ R_C /\!/ R_L$，是晶体管的总负载电阻。

从图 3-9 可以看到，共射放大器中晶体管(虚线框内)的输入电阻和输出电阻分别为 r_{be} 和 r_{ce}，但是在实际电路中，有时需要知道包含偏置电阻等影响的电路的输入电阻和输出电阻。若以图 3-9 中所标位置定义电路的输入电阻 r_i 与输出电阻 r_o，则有

$$\begin{cases} r_i = R_B /\!/ r_{be} \\ r_o = r_{ce} /\!/ R_C \end{cases} \tag{3.19}$$

有时候，我们还要考虑信号源内阻对于电路的影响。若定义晶体管放大器的源电压增益 $A_{vs} = \dfrac{v_o}{v_s}$，则有

$$A_{vs} = \frac{v_o}{v_i} \cdot \frac{v_i}{v_s} = A_v \frac{r_i}{r_s + r_i} \tag{3.20}$$

例 3-2 设在图 3-5 电路中各参数为：$R_B = 1\,\mathrm{M\Omega}$，$R_C = 4.7\,\mathrm{k\Omega}$，$V_{cc} = 12\,\mathrm{V}$，$R_L = 5\,\mathrm{k\Omega}$，$r_s = 600\,\Omega$；晶体管的 $\beta = 100$，$V_A = 80\,\mathrm{V}$。求该电路的输入电阻、输出电阻、电压增益、源电压增益。

在例 3-1 中，我们已经求得此电路的直流工作点为 $I_{CQ} = 1.13\,\mathrm{mA}$。所以晶体管的低频混合 π 模型参数如下：

$$g_m = \frac{I_{CQ}}{V_T} = \frac{1.13\,\mathrm{mA}}{26\,\mathrm{mV}} = 43\,\mathrm{mS}$$

$$r_{be} = \frac{\beta}{g_m} = \frac{100}{43\,\mathrm{mS}} = 2.3\,\mathrm{k\Omega}$$

$$r_{ce} = \frac{V_A}{I_{CQ}} = \frac{80\,\mathrm{V}}{1.13\,\mathrm{mA}} = 71\,\mathrm{k\Omega}$$

交流小信号等效电路如图 3-9 所示，输入电阻和输出电阻为

$$r_i = R_B /\!/ r_{be} = 1\,000 /\!/ 2.3 \approx 2.3\,(\mathrm{k\Omega})$$

$$r_o = r_{ce} /\!/ R_C = 71 /\!/ 4.7 = 4.4\,(\mathrm{k\Omega})$$

电压增益与源电压增益为

$$A_v = -g_m R'_L = -g_m(r_o /\!/ R_L) = -43\,\mathrm{mS} \times (4.4 /\!/ 5)\,\mathrm{k\Omega} = -100$$

$$A_{vs} = A_v \cdot \frac{r_i}{r_s + r_i} = -100 \times \frac{2.3}{0.6 + 2.3} = -79$$

从上述例子可以归纳出晶体管小信号放大器基本性能分析的大致过程如下：

步骤一　根据电路要放大的信号特征，区分直流回路与交流回路。其中直流回路决定放大器中晶体管的静态工作点，交流回路是放大器要放大的信号通路。

步骤二　运用估算法或图解法，在直流回路中求出晶体管的静态工作点。

步骤三　根据电路的交流回路，画出交流小信号等效电路，其中晶体管用其交流小信号模型代替。

步骤四　在交流小信号等效电路中，用节点电压法或其他方法，求出其输入输出的电压、电流关系，最后得到放大器的性能指标。

在上述分析过程中，有几个问题需要注意：

(1) 放大器的直流回路与交流回路的区分是根据要放大的信号的性质决定的。如果要放大的信号包含直流成分，则电路的直流回路与交流回路可能是一样的。

(2) 运用估算法计算晶体管的工作点的前提是必须保证晶体管工作在放大区，否则估算的结果可能错误。

例如，例 3-1 中 $V_{EQ} = 0\text{V}$、$V_{BQ} = 0.7\text{ V}$，由估算结果可以知道 $V_{CQ} = 6.69\text{ V}$，由于 $V_{CQ} > V_{BQ}$ 即集电结反偏，所以其估算结果是可靠的。但是，若此例的参数发生改变，如集电极电阻改变为 $R_C = 12\text{ k}\Omega$，则估算的结果为 $I_{BQ} = 0.011\ 3\text{ mA}$，$I_{CQ} = 1.13\text{ mA}$，$V_{CEQ} = -1.56\text{ V}$。由于电路中只有一个正电源，所以得到负的 V_{CEQ} 是错误的结论。事实上，在此参数条件下晶体管已经工作在饱和区，所以不能用上一章的晶体管大信号近似模型进行估算。晶体管进入饱和区后的晶体管静态工作点为

$$\begin{cases} V_{CEQ} \approx V_{CES} \approx 0.2\text{ V} \\[2mm] I_{CQ} = \dfrac{V_{CC} - V_{CEQ}}{R_C} = 0.98\text{ mA} \end{cases} \tag{3.21}$$

运用图解法可以更清楚地说明此结果。图 3-10 显示了在上述参数改变以后的输出回路工作点，其中晶体管的输出特性是按照 $\beta = 100$ 的条件得到的，输出直流负载线是根据 $V_{CC} = 12\text{ V}$，$R_C = 12\text{ k}\Omega$ 的参数得到的。作为对照，图中还画出了 $V_{CC} = 12\text{ V}$，$R_C = 4.7\text{ k}\Omega$ 时的直流负载线和工作点。

三、输出动态范围分析

输出动态范围是指在规定的工作条件(电源电压、静态工作点等)下，放大器能够输出无明显失真的信号电压或电流的范围。

为了分析电路的输出动态范围，最直观的方法是进行图解法分析。为此我们

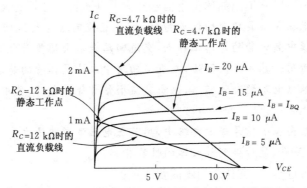

图 3-10 输出回路静态工作点随集电极电阻变化而变化

研究在晶体管输出特性曲线中输出信号是如何变化的。我们仍然以图 3-5 的电路为例进行讨论。首先,我们不考虑 R_L(认为它开路)。根据前面的讨论,我们知道晶体管的输出电压与电流必须同时满足晶体管的输出特性以及集电极回路的伏安特性,即(3.16)式规定的条件。当基极电流发生变化时,晶体管的工作点将在直流负载线上移动,如图 3-11 所示。

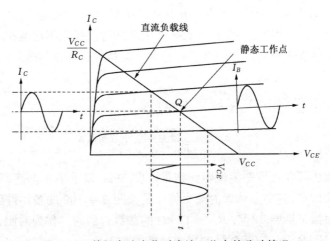

图 3-11 基极电流变化时直流工作点的移动情况

考虑 R_L 以后,图 3-5 的电路输出回路对于交流信号的伏安特性将发生改变,负载电阻将由 R_C 变为 $R'_L = R_L /\!/ R_C$。对于交流信号而言,如果 C_2 足够大,则 C_2 两端电压近似不变,由于 R_L 上没有直流电流,所以 C_2 两端电压为 V_{CEQ}。这样可以列出下列方程:

$$\begin{cases} I_R = \dfrac{V_{CC} - V_{CE}}{R_C} \\[3mm] I_o = \dfrac{V_o}{R_L} = \dfrac{V_{CE} - V_C}{R_L} = \dfrac{V_{CE} - V_{CEQ}}{R_L} \\[3mm] I_C = I_R - I_o \end{cases} \tag{3.22}$$

其中 I_R 是流过 R_C 的瞬时电流,即静态电流与动态电流之和。I_o 是流过 R_L 的瞬时电流,V_o 是 R_L 上的瞬时电压,V_C 是 C_2 两端电压。I_C 是流过晶体管集电极的瞬时电流。这样可以解出晶体管集电极电流与集电极电压的关系:

$$I_C = I_R - I_o = \frac{V_{CC} - V_{CE}}{R_C} - \frac{V_{CE} - V_{CEQ}}{R_L} = \frac{V_{CC}}{R_C} + \frac{V_{CEQ}}{R_L} - \frac{V_{CE}}{R_C /\!/ R_L} \tag{3.23}$$

$$= \frac{V'_{CC} - V_{CE}}{R'_L}$$

其中

$$\begin{cases} V'_{CC} = \left(\dfrac{V_{CC}}{R_C} + \dfrac{V_{CEQ}}{R_L} \right) R'_L \\[3mm] R'_L = R_C /\!/ R_L \end{cases} \tag{3.24}$$

将(3.23)式与(3.16)式比较,可以看到它们具有完全相同的形式,即由(3.23)式确定的晶体管动态伏安特性是一条以 R'_L 为负载的直线。此直线称为交流负载线。由于晶体管在输入信号为零的条件下仍然满足 $I_C = (V_{CC} - V_{CE})/R_C$ 关系,所以交流负载线一定经过 Q 点。这样我们得到交流负载线的简便作图方法:先计算 V'_{CC},然后作连接 Q 点与 V'_{CC} 的直线并延长,便得到交流负载线,如图 3-12 所示。

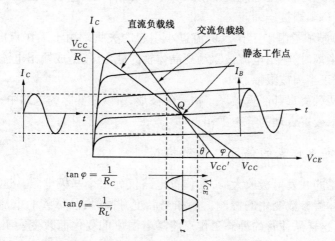

图 3-12　用图解法分析输出动态范围

根据前面对直流工作点变动的讨论,我们知道考虑了交流负载电阻后,输出信号的变动一定在交流负载线上,所以我们可以在交流负载线上观察输出动态范围。

在分析输出动态范围的时候,我们也能够观察到由于电路静态工作点设置不当造成的输出失真。在图 3-13 中,我们画出了两种常见的由于工作点问题造成的失真情况。

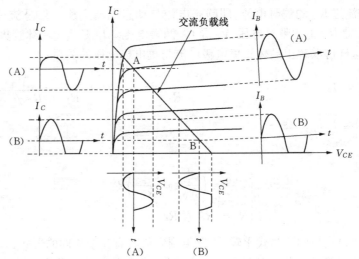

图 3-13　由于工作点位置不当造成的输出信号失真

波形(A)显示了由于工作点电流过大引起的失真。由于工作点电流过大,当输入信号正半周时,输出电流被驱动到晶体管的饱和区,造成输出电流正半周被压缩,输出电压负半周被压缩。

波形(B)显示了由于工作点电流过小引起的失真。由于工作点电流过小,当输入信号负半周时,输出电流被驱动到晶体管的截止区,造成输出电流负半周被限幅,输出电压正半周被限幅。

由于这两种失真都严重破坏了信号的波形,所以在实际的电路中,必须按照输出幅度的要求设置合理的静态工作点。

四、稳定工作点的偏置电路结构

前面讨论的共发射极放大器,其偏置电路仅为一个基极电阻。这种偏置电路容易受到晶体管参数变化的影响。例如当温度升高时,晶体管的电流放大系数 β 会随之升高,这样晶体管的静态工作点将随着温度的变化而改变。工作点的改变会引起一系列的问题,例如使放大器的增益发生改变,严重时还会使输出信号超出电路的输出动态范围,造成输出信号的严重失真,等等。为此,在晶体管放大器中通常会采取一些稳定工作点的措施,形成了一些稳定工作点的偏置电路结构。

1. 电压负反馈式偏置电路

电压负反馈式偏置电路结构如图 3-14 所示,其基极偏置电阻不是接在电源上,而是通过集电极提供偏置电压。它的稳定工作点的原理是:当由于某种原因引起工作点变化,例如 I_{CQ} 变大,则由于集电极电阻 R_C 上的压降增加,使得集电极电压下降,这样流过基极电阻的电流 I_{BQ} 将随之下降,最后使得 I_{CQ} 有回到原来大小的趋势,使晶体管的静态工作点趋于稳定。

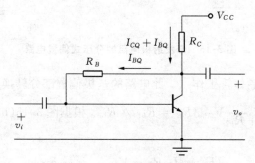

图 3-14　电压负反馈式偏置电路

下面计算该电路的静态工作点。根据图 3-14 可以列出下列方程:

$$\begin{cases} V_{CC} = (I_{CQ} + I_{BQ})R_C + I_{BQ}R_B + V_{BE(on)} \\ I_{CQ} = \beta I_{BQ} \end{cases} \tag{3.25}$$

在上述方程组中消去 I_{BQ},有

$$I_{CQ} = \frac{V_{CC} - V_{BE(on)}}{\dfrac{1+\beta}{\beta}R_C + \dfrac{R_B}{\beta}} \approx \frac{V_{CC} - V_{BE(on)}}{R_C + \dfrac{R_B}{\beta}} \tag{3.26}$$

2. 电流负反馈式偏置电路

电流负反馈式偏置电路如图 3-15(a)所示,它使用两个电阻构成分压结构为晶体管提供基极偏置,并且在发射极串联了一个电阻 R_E。为了不让发射极电阻影响交流信号的放大,又用一个电容 C_E 与它并联。图 3-15(b)是将基极偏置用戴文宁定理等效后的电路。

该电路的稳定工作点原理是:当由于某种原因使得工作点电流 I_{CQ} 改变,例如增大时,I_{EQ} 随之增加,使得发射极电位升高。但是由于 E_B 不变,所以发射极电位升高使得基极电流减小,最终使得集电极电流产生回复的趋势,达到稳定工作点的作用。

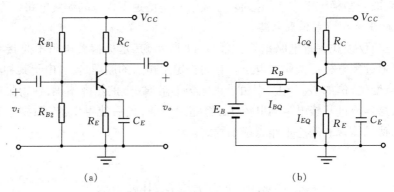

(a)   (b)

图 3-15 带发射极电阻的分压式偏置电路

下面具体计算晶体管工作点。此电路的基极偏置部分转换为图 3-15(b)所示结构后,$E_B = \dfrac{R_{B2}}{R_{B1}+R_{B2}}V_{CC}$,$R_B = R_{B1} /\!/ R_{B2}$。根据图 3-15(b),我们可以列出回路方程如下:

$$\begin{cases} E_B = I_{BQ}R_B + V_{BE(on)} + I_{EQ}R_E \\ I_{BQ} = \dfrac{I_{EQ}}{(1+\beta)} \end{cases} \tag{3.27}$$

将上述方程中的发射极电流 I_{EQ} 解出,并考虑到当晶体管 β 比较大时集电极电流与发射极电流近似相等,有

$$I_{CQ} = \frac{\beta}{1+\beta}I_{EQ} \approx I_{EQ} = \frac{E_B - V_{BE(on)}}{\dfrac{R_B}{1+\beta}+R_E} \tag{3.28}$$

由于(3.28)式中 R_B 要除以 $1+\beta$,所以它对晶体管静态电流的影响被大大削弱,晶体管静态电流主要将由 R_E 确定。尤其满足 $\dfrac{R_B}{1+\beta} \ll R_E$ 即 $R_{B1} /\!/ R_{B2} \ll (1+\beta)R_E$ 条件时,(3.28)式可以近似为下式:

$$I_{CQ} \approx I_{EQ} \approx \frac{E_B - V_{BE(on)}}{R_E} = \frac{V_{CC}\dfrac{R_{B2}}{R_{B1}+R_{B2}} - V_{BE(on)}}{R_E} \tag{3.29}$$

可以看到在(3.29)式中,晶体管参数 β 不再出现,这意味着由于温度变化等因素造成晶体管参数 β 变化将不再影响晶体管的静态工作点。所以这种偏置电路可

以达到比较好的温度稳定性。

3.2.2　共源放大器

共源放大器是场效应管单管放大器的基本电路。图 3-16 是以增强型场效应管构成的共源放大器,其中电阻 R_{G1}、R_{G2}、R_{G3} 构成分压式栅偏压电路,R_D 是漏极电阻。

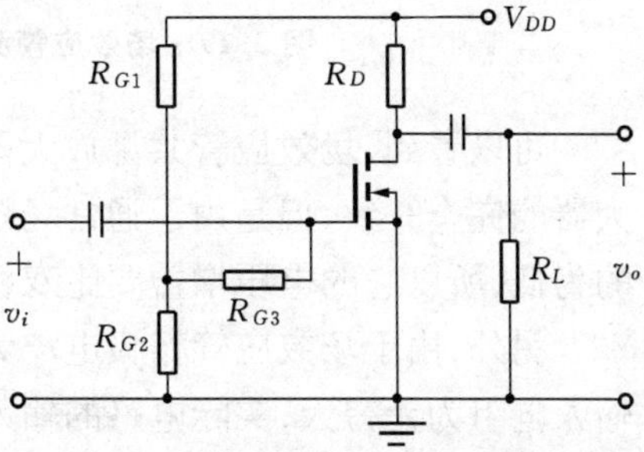

由于共源放大器与共射放大器极其类似,所以对于共射放大器的分析过程基本上可以全部套用到对于共源放大器的分析中。下面的分析将重点讨论它们之间不同的部分。

一、直流分析

由于场效应管的栅极直流电流为零,

图 3-16　增强型场效应管共源放大器

所以在 R_{G3} 上没有直流电流,这样 R_{G3} 可以很大而不影响栅极电位,对于提高电路的输入电阻有利。栅极电位等于 R_{G1} 与 R_{G2} 的分压,由于源极接地,所以

$$V_{GSQ} = \frac{R_{G2}}{R_{G1} + R_{G2}} V_{DD} \tag{3.30}$$

根据场效应管的输出伏安特性可以计算场效应管电路的静态工作点,即

$$I_{DQ} = \frac{1}{2} \mu_n C_{OX} \frac{W}{L} (V_{GSQ} - V_{TH})^2 \tag{3.31}$$

二、交流小信号分析

计算交流小信号电路性能参数的过程与共射放大器的过程相同:画出图 3-16 的交流回路,并将其中场效应管以其交流小信号模型取代,则得到此电路的交流小信号等效电路如图 3-17。

由图 3-17 得到该电路的小信号特性如下:

$$A_v = \frac{v_o}{v_i} = -g_m(r_{ds} /\!/ R_D /\!/ R_L) = -g_m R_L' \tag{3.32}$$

$$r_i = (R_{G1} /\!/ R_{G2}) + R_{G3} \tag{3.33}$$

$$r_o = r_{ds} /\!/ R_D \tag{3.34}$$

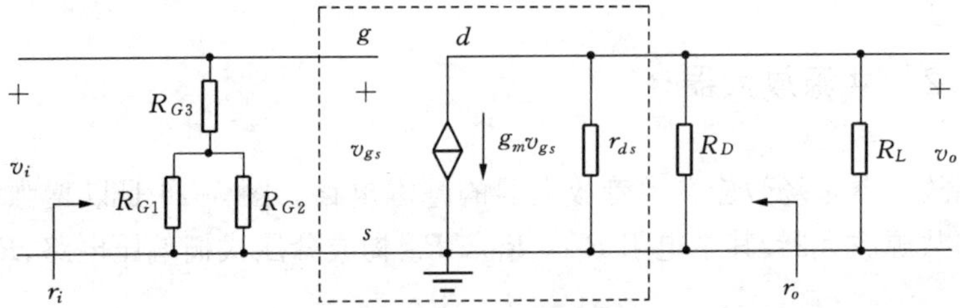

图 3-17 场效应管共源放大器的交流小信号等效电路

可以看到,场效应管共源放大器的电压增益计算公式与双极型晶体管共射放大器的完全一致,但是由于通常场效应管的跨导在相同条件下要比双极型晶体管的为低,所以它的电压增益要比双极型晶体管共射放大器的小许多。

另外,由于场效应管栅极电流为零,所以不考虑偏置电阻时的低频小信号等效输入电阻为无穷大,实际电路的输入电阻由栅极偏置电阻决定。同样,晶体管的输出电阻为 r_{ds},而电路的输出电阻要考虑漏极电阻的影响。

对于共源放大器的输出动态范围以及由此带来的输出信号失真等问题的分析方法,与共射电路的分析过程完全一致。即在输出特性曲线上作出交流负载线,然后进行图解分析,这里不再赘述。

例 3-3 设在图 3-16 电路中,$R_D = 3.9 \text{ k}\Omega$, $R_{G1} = 200 \text{ k}\Omega$, $R_{G2} = 200 \text{ k}\Omega$, $R_{G3} = 1 \text{ M}\Omega$, $R_L = 10 \text{ k}\Omega$, $V_{DD} = 9 \text{ V}$;场效应管参数 $\mu_n C_{OX} W/(2L) = 0.3 \text{ mA/V}^2$, $V_{TH} = 2.5 \text{ V}$, r_{ds} 很大以至可以忽略不计。求该电路的电压增益。

首先计算静态工作点:

$$V_{GSQ} = \frac{R_{G2}}{R_{G1} + R_{G2}} V_{DD} = \frac{200}{200 + 200} \times 9 = 4.5(\text{V})$$

$$I_{DQ} = \frac{1}{2} \mu_n C_{OX} \frac{W}{L} (V_{GSQ} - V_{TH})^2 = 0.3 \times (4.5 - 2.5)^2 = 1.2(\text{mA})$$

下面要验证电路是否工作在饱和区。计算 $V_{DSQ} = V_{DD} - I_{DQ} R_D = 4.32 \text{ V}$。由于此值满足 $V_{DS} > V_{GSQ} - V_{TH} = 2 \text{ V}$,所以证明电路确实工作在饱和区,上述工作点计算无误。这样可以计算跨导以及电压增益:

$$g_m = \mu_n C_{OX} \frac{W}{L} (V_{GSQ} - V_{TH}) = 0.6 \times (4.5 - 2.5) = 1.2(\text{mS})$$

$$A_v = -g_m (R_D /\!/ R_L) = -1.2 \times (3.9 /\!/ 10) = -3.37$$

注意到上述例子中,场效应管的静态工作点为 1.2 mA。若以双极型晶体管作为对照,在相同的工作点下,双极型晶体管的 $g_m = (1.2/26) \approx 46$ mS。可见场效应管的跨导比双极型晶体管小许多。

三、自生偏压式偏置电路

需要注意的是,在耗尽型场效应管构成的电路中,常常采用自生偏压式偏置电路如图 3-18 所示。对于这类偏置电路的计算,需要根据场效应管的输出特性列方程求解。第 2 章的例 2-13 讨论了求解这类电路的静态工作点的过程。

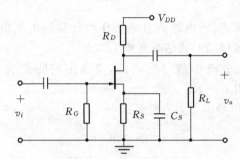

图 3-18 自生偏压式场效应管共源放大器

3.2.3 共集与共漏放大器

一、共集放大器

图 3-19 是阻容耦合的单管共集放大器,其直流与交流回路见图 3-20。

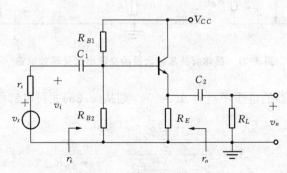

图 3-19 晶体管共集放大器

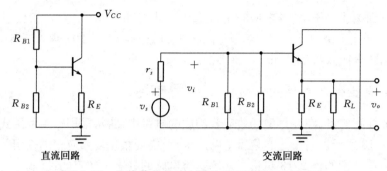

图 3-20 晶体管共集放大器的直流回路与交流回路

由图 3-20 可以知道,该电路的直流工作点计算同电流负反馈式偏置电路一样,即可由(3.28)式或(3.29)式估算直流工作点。

为了求解电路的交流小信号性能,需要画出它的交流小信号等效电路如图 3-21,其中 $R_B = R_{B1} \mathbin{/\mkern-5mu/} R_{B2}$。

根据图 3-21,可以写出下列方程组:

$$\begin{cases} v_i = v_{be} + v_o \\ v_o = (i_b + g_m v_{be})R'_L \\ v_{be} = i_b r_{be} \end{cases} \tag{3.35}$$

其中 $R'_L = (R_E \mathbin{/\mkern-5mu/} r_{ce} \mathbin{/\mkern-5mu/} R_L)$ 为放大器的总负载电阻。

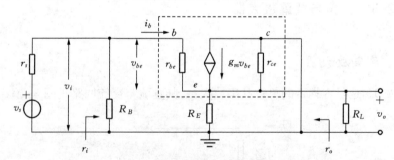

图 3-21 晶体管共集放大器的交流小信号等效电路

若定义放大器的电压增益为 $A_v = \dfrac{v_o}{v_i}$,则从(3.35)式可以解得

$$A_v = \frac{g_m \dfrac{1+\beta}{\beta}R'_L}{1 + g_m \dfrac{1+\beta}{\beta}R'_L} \approx \frac{g_m R'_L}{1 + g_m R'_L} \tag{3.36}$$

当 $g_m R'_L \gg 1$ 时，$A_v \approx 1$。

电压增益近似等于 1 是共集电极电路的一个重要特点。有时为了强调这个特性，将共集电极放大器称为射极跟随器（Emitter-follower）。

由(3.35)式，考虑到低频情况下 $g_m v_{be} = i_c = \beta i_b$ 后，可以得到

$$r_i = R_B \mathbin{/\!/} \left(\frac{v_i}{i_b}\right) = R_B \mathbin{/\!/} [r_{be} + (1+\beta)R'_L] \qquad (3.37)$$

上式就是晶体管共集电极放大器的输入电阻。显然，其中 $r_{be} + (1+\beta)R'_L$ 是晶体管的输入电阻。当晶体管的电流放大系数 β 较大的时候，$(1+\beta)R'_L$ 将会很大，所以共集电极放大器的晶体管输入电阻一般都很大。当实际电路中接入的基极偏置电阻 R_B 远小于 $r_{be} + (1+\beta)R'_L$ 时，电路的输入电阻将主要由 R_B 确定。

计算此电路输出电阻的等效电路如图 3-22 所示。在计算输出电阻时要将输入电压源短路，但保留信号源的内阻。为了方便计算，我们将输出电流 i_o 分为两部分，如图所示，一部分为流向晶体管输入端的电流 i'_o，而其余部分流过电阻 r_{ce} 和 R_E。令 $r'_s = r_s \mathbin{/\!/} R_B$，由图 3-22 可以写出

$$\begin{cases} g_m v_{be} + i'_o = \dfrac{v_o}{r_{be} + r'_s} \\[2mm] v_{be} = -\dfrac{r_{be}}{r_{be} + r'_s} \cdot v_o \end{cases} \qquad (3.38)$$

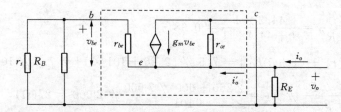

图 3-22　计算晶体管共集放大器输出电阻

从上述方程组可以解出

$$r'_o = \frac{v_o}{i'_o} = r_{ce} \mathbin{/\!/} \frac{r_{be} + r'_s}{1 + g_m r_{be}} = r_{ce} \mathbin{/\!/} \frac{r_{be} + r'_s}{1 + \beta} \qquad (3.39)$$

由于电阻 r_{ce} 很大，通常总可以被忽略，所以有

$$r'_o \approx \frac{r_{be} + r'_s}{1 + \beta} \qquad (3.40)$$

显然,总的输出电阻等于 r_o' 与电阻 R_E 的并联,即

$$r_o = \frac{v_o}{i_o} = \frac{r_{be} + r_s'}{1 + \beta} \mathbin{/\mkern-5mu/} R_E \qquad (3.41)$$

其中 $\dfrac{r_{be} + r_s'}{1 + \beta}$ 就是射极跟随器的晶体管输出电阻,由于其中有 $\dfrac{1}{1 + \beta}$ 的因子,所以通常是很低的。

例 3-4 设在图 3-19 电路中,$R_E = 2\ \mathrm{k\Omega}$,$R_L = 2\ \mathrm{k\Omega}$,$R_{B1} = 30\ \mathrm{k\Omega}$,$R_{B2} = 10\ \mathrm{k\Omega}$,$V_{CC} = 12\ \mathrm{V}$;$r_s = 600\ \Omega$;晶体管的 $\beta = 100$。求该电路的电压增益、输入电阻与输出电阻。

由于 $R_B = R_{B1} \mathbin{/\mkern-5mu/} R_{B2} = 7.5\ \mathrm{k\Omega} \ll (1 + \beta)R_E = 200\ \mathrm{k\Omega}$,所以

$$I_{CQ} \approx \frac{V_{CC} \dfrac{R_{B2}}{R_{B1} + R_{B2}} - V_{BE(on)}}{R_E} = \frac{12 \times \dfrac{10}{30 + 10} - 0.7}{2} = 1.15(\mathrm{mA})$$

$$g_m = \frac{I_{CQ}}{V_T} = \frac{1.15}{26} = 44.2(\mathrm{mS})$$

$$r_{be} = \frac{\beta}{g_m} = \frac{100}{44.2} = 2.26(\mathrm{k\Omega})$$

$$R_L' \approx R_E \mathbin{/\mkern-5mu/} R_L = 1\ \mathrm{k\Omega}$$

将上述参数代入前面(3.36)、(3.37)与(3.41)诸式,得到

$$A_v = \frac{g_m R_L'}{1 + g_m R_L'} = \frac{44.2 \times 1}{1 + 44.2 \times 1} = 0.98$$

$$r_i = R_B \mathbin{/\mkern-5mu/} [r_{be} + (1 + \beta)R_L'] = 7.5 \mathbin{/\mkern-5mu/} [2.26 + 101 \times 1] = 7.5 \mathbin{/\mkern-5mu/} 103 \approx 7(\mathrm{k\Omega})$$

$$r_o = \frac{r_{be} + r_s \mathbin{/\mkern-5mu/} R_B}{1 + \beta} \mathbin{/\mkern-5mu/} R_E = \frac{2\,260 + 600 \mathbin{/\mkern-5mu/} 7\,500}{101} \mathbin{/\mkern-5mu/} 2\,000 = 27(\Omega)$$

在本例子中可以看到共集电极电路的基本特性:电压增益近似为 1(0 dB)、高的输入电阻(不考虑基极偏置电阻)以及低的输出电阻。

值得注意的是:由于 R_B 的并联,使得整个电路的输入电阻大幅度下降。在考虑信号的源内阻后,它将引起源电压增益大幅度下降。例如上述放大器对具有 600 Ω 源内阻的信号进行放大时的源电压增益

$$A_{vs} = A_v \frac{r_i}{r_s + r_i} = 0.98 \times \frac{7}{0.6 + 7} = 0.9$$

比 1 小了许多。

二、共漏放大器

图 3-23 是以增强型场效应管构成的共漏放大器,其中偏置电路与前面的共源电路一样,栅极电位等于 R_{G1} 与 R_{G2} 的分压。

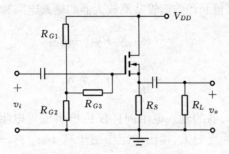

图 3-23 场效应管共漏放大器

由于源极接有电阻 R_S,所以计算直流工作点时要根据下面联立方程进行:

$$\begin{cases} V_{GSQ} = \dfrac{R_{G2}}{R_{G1} + R_{G2}} V_{DD} - I_{DQ} R_S \\[3mm] I_{DQ} = \dfrac{1}{2} \mu_n C_{OX} \dfrac{W}{L} (V_{GSQ} - V_{TH})^2 \end{cases} \tag{3.42}$$

图 3-23 电路的低频交流小信号等效电路如图 3-24 所示,据此可写出下面的电路方程:

$$\begin{cases} v_i = v_{gs} + v_o \\ v_o = g_m v_{gs} R'_L \end{cases} \tag{3.43}$$

其中 $R'_L = r_{ds} /\!/ R_S /\!/ R_L$。

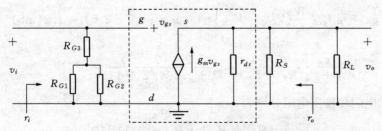

图 3-24 场效应管共漏放大器的交流小信号等效电路

由此可解出该电路的电压增益表达式:

$$A_v = \frac{v_o}{v_i} = \frac{g_m R_L'}{1 + g_m R_L'} \tag{3.44}$$

将此式与(3.36)式比较,可以看到共漏放大器与共集放大器的电压增益表达式在形式上完全一样。

根据图 3-24,可以得到场效应管共漏放大器的输入电阻和输出电阻的表达式:

$$r_i = (R_{G1} \mathbin{/\mkern-5mu/} R_{G2}) + R_{G3} \tag{3.45}$$

$$r_o = \frac{1}{g_m} \mathbin{/\mkern-5mu/} r_{ds} \mathbin{/\mkern-5mu/} R_S \tag{3.46}$$

场效应管共漏放大器的输入电阻同样仅由栅极偏置电阻确定,不考虑偏置电阻时的低频输入电阻为无穷大;输出电阻中由于有 $1/g_m$ 这一项,所以一般情况下比较小。

例 3-5 设在图 3-23 电路中, $R_S = 2\ \text{k}\Omega$, $R_{G1} = 200\ \text{k}\Omega$, $R_{G2} = 270\ \text{k}\Omega$, $R_{G3} = 1\ \text{M}\Omega$, $R_L = 1\ \text{k}\Omega$, $V_{DD} = 9\ \text{V}$;场效应管参数 $\mu_n C_{OX} W/(2L) = 0.3\ \text{mA/V}^2$, $V_{TH} = 2.5\ \text{V}$, r_{ds} 很大以至可以忽略不计。求该电路的电压增益、输入电阻和输出电阻。

根据(3.42)式,可以得到关于 V_{GSQ} 的方程如下:

$$R_S K_n V_{GSQ}^2 + (1 - 2R_S K_n V_{TH}) V_{GSQ} + R_S K_n V_{TH}^2 - \frac{R_{G2}}{R_{G1} + R_{G2}} V_{DD} = 0$$

其中 $K_n = \dfrac{1}{2} \mu_n C_{OX} \dfrac{W}{L}$ 。

将已知的电路参数代入上式,解得静态工作点 V_{GSQ} 为 $4.5\ \text{V}$ 和 $-1.13\ \text{V}$,显然后者不合理,故舍去。这样可以得到场效应管的跨导和此电路的电压增益:

$$g_m = \mu_n C_{OX} \frac{W}{L} (V_{GSQ} - V_{TH}) = 0.6 \times (4.5 - 2.5) = 1.2(\text{mS})$$

$$A_v = \frac{g_m (R_S \mathbin{/\mkern-5mu/} R_L)}{1 + g_m (R_S \mathbin{/\mkern-5mu/} R_L)} = \frac{1.2 \times (2 \mathbin{/\mkern-5mu/} 1)}{1 + 1.2 \times (2 \mathbin{/\mkern-5mu/} 1)} = 0.44$$

输入电阻和输出电阻分别为

$$r_i = (R_{G1} \mathbin{/\mkern-5mu/} R_{G2}) + R_{G3} = 1.11\ \text{M}\Omega$$

$$r_o = \frac{1}{g_m} \mathbin{/\mkern-5mu/} R_D = \frac{1}{1.2} \mathbin{/\mkern-5mu/} 2 = 588(\Omega)$$

由本例可以看到,一般情况下场效应管的跨导较小,所以共漏放大器的电压增益比 1 小许多;输出电阻比晶体管共集放大器的大一些,但是比共源放大器的小许多。

3.2.4　共基与共栅放大器

一、共基放大器

图 3-25 是双电源供电的晶体管单管共基极放大器。

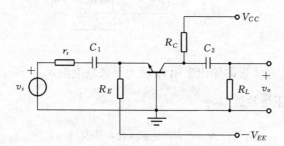

图 3-25　晶体管共基极放大器

该电路的直流分析比较简单,直接在图 3-25 中可以看到,晶体管基极电位为零,所以静态工作点由下列方程确定:

$$\begin{cases} I_{EQ} = \dfrac{V_{EE} - V_{BE(on)}}{R_E} \approx I_{CQ} \\ V_{CBQ} = V_{CC} - I_{CQ}R_C \approx V_{CC} - I_{EQ}R_C \end{cases} \tag{3.47}$$

该电路的交流小信号分析过程如下:画出电路的交流回路后,将晶体管用交流小信号混合 π 模型代替,得到的交流小信号等效电路如图 3-26 所示,其中忽略了输入信号源。

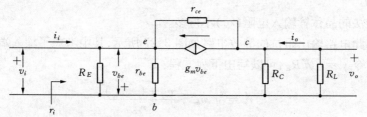

图 3-26　晶体管共基极放大器交流小信号等效电路

根据此电路可以写出下列节点电压方程:

$$\begin{cases} \left(\dfrac{1}{R_E} + \dfrac{1}{r_{be}} + \dfrac{1}{r_{ce}}\right)v_i - \dfrac{v_o}{r_{ce}} = i_i + g_m v_{be} \\[3mm] -\dfrac{v_i}{r_{ce}} + \left(\dfrac{1}{r_{ce}} + \dfrac{1}{R_C} + \dfrac{1}{R_L}\right)v_o = -g_m v_{be} \\[3mm] v_{be} = -v_i \end{cases} \tag{3.48}$$

由此可以得到此电路的电压增益为

$$A_v = \frac{v_o}{v_i} = \frac{\left(g_m + \dfrac{1}{r_{ce}}\right)(R_C /\!\!/ R_L)}{1 + \dfrac{R_C /\!\!/ R_L}{r_{ce}}} \tag{3.49}$$

一般情况下,晶体管的输出电阻 r_{ce} 远大于负载电阻 $R_C /\!\!/ R_L$, $\dfrac{1}{r_{ce}}$ 远小于晶体管跨导 g_m,所以电压增益近似为

$$A_v = \frac{v_o}{v_i} \approx g_m(R_C /\!\!/ R_L) \tag{3.50}$$

由上式可知,晶体管共基极放大器的电压增益与共发射极放大器的大小基本相同,但相差一个负号。

将上述结果代入(3.48)式的第一式可以得到此电路的输入电导为

$$g_i = \frac{i_i}{v_i} = \frac{1}{R_E} + \frac{1}{r_{be}} + g_m + \frac{1}{r_{ce}}[1 - g_m(R_C /\!\!/ R_L)] \tag{3.51}$$

若忽略晶体管输出电阻 r_{ce} 的影响,则其输入电阻近似为

$$r_i = \frac{1}{g_i} \approx R_E /\!\!/ r_{be} /\!\!/ \frac{1}{g_m} = R_E /\!\!/ \frac{r_{be}}{1+\beta} \tag{3.52}$$

其中 $\dfrac{r_{be}}{1+\beta}$ 就是共基接法的晶体管输入电阻。在晶体管的 β 较大的情况下,它比共发射极接法的晶体管输入电阻(r_{be})小得多。

计算此电路输出阻抗的等效电路如图 3-27 所示,其中考虑了输入端信号源的内阻。若令 $r'_s = r_s /\!\!/ R_E$,可以写出下列方程:

$$\begin{cases} i'_o = g_m v_{be} + \dfrac{v_o - (-v_{be})}{r_{ce}} \\[3mm] v_{be} = -i'_o(r'_s /\!\!/ r_{be}) \end{cases} \tag{3.53}$$

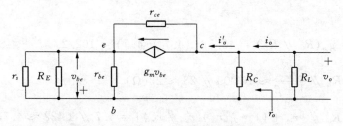

图 3-27　计算晶体管共基放大器输出电阻

解此方程,有

$$r_o' = r_{ce} + (1 + g_m r_{ce})(r_s' \,/\!/\, r_{be})$$

所以此电路的输出电阻为

$$r_o = R_C \,/\!/\, r_o' = R_C \,/\!/\, [r_{ce} + (1 + g_m r_{ce})(r_s' \,/\!/\, r_{be})] \tag{3.54}$$

上式中的 r_o' 就是共基接法的晶体管输出电阻。可以看到,由于共基接法晶体管的输出电阻中包含 $(1 + g_m r_{ce})(r_s' \,/\!/\, r_{be})$ 这一项,所以它大于共射放大器的输出电阻。尤其当 $r_s' \gg r_{be}$ 时, $(1 + g_m r_{ce})(r_s' \,/\!/\, r_{be}) \approx r_{be} + g_m r_{be} r_{ce} \approx \beta r_{ce}$,晶体管输出电阻将会变得相当巨大,若集电极电阻 R_C 不是相当大的话,电路的输出电阻将基本由 R_C 确定。

　　例 3-6　设在图 3-25 电路中, $V_{CC} = 12 \text{ V}$, $-V_{EE} = -12 \text{ V}$, $R_C = 4.7 \text{ k}\Omega$, $R_L = 4.7 \text{ k}\Omega$, $R_E = 10 \text{ k}\Omega$; $r_s = 600 \text{ }\Omega$;晶体管参数 $\beta = 100$, $V_A = 80 \text{ V}$ 。求该电路的电压增益、输入电阻与输出电阻。

　　首先确定直流工作点:

$$I_{CQ} \approx I_{EQ} = \frac{V_{EE} - V_{BE(on)}}{R_E} = \frac{12 - 0.7}{10} = 1.13 (\text{mA})$$

$$V_{CEQ} = V_{CC} - I_{CQ} R_C = 12 - 1.13 \times 4.7 = 6.69 (\text{V})$$

然后计算晶体管小信号参数:

$$r_{be} = \beta \frac{V_T}{I_{CQ}} = 100 \times \frac{26}{1.13} = 2.3 (\text{k}\Omega)$$

$$g_m = \frac{\beta}{r_{be}} = \frac{100}{2.3} = 43.5 (\text{mS})$$

$$r_{ce} = \frac{V_A}{I_{CQ}} = \frac{80}{1.13} = 70 (\text{k}\Omega)$$

所以

$$A_v = g_m(R_C \mathbin{/\mkern-5mu/} R_L) = 43.5 \times (4.7 \mathbin{/\mkern-5mu/} 4.7) = 102.2$$

$$r_i = R_E \mathbin{/\mkern-5mu/} \frac{r_{be}}{1+\beta} \approx 10\,000 \mathbin{/\mkern-5mu/} 23 \approx 23(\Omega)$$

$$r_o = R_C \mathbin{/\mkern-5mu/} [r_{ce} + (1 + g_m r_{ce})(r_s' \mathbin{/\mkern-5mu/} r_{be})] = 4.7 \mathbin{/\mkern-5mu/} 1\,422 \approx 4.7(\mathrm{k}\Omega)$$

由此结果可以看到,共基放大器的输入电阻极低,而输出电阻在不考虑集电极负载电阻时则很高(本例中高达 $1.4\,\mathrm{M\Omega}$)。

二、共栅放大器

共栅放大器通常在集成电路内部运用较多。图 3-28 是共栅放大器的交流电路,忽略了确定工作点的电源电路和偏置电路。

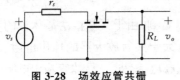

图 3-28 场效应管共栅放大器的交流电路

若已知图 3-28 中场效应管的参数(跨导 g_m 和输出电阻 r_{ds}),可以画出此电路的交流小信号等效电路如下:

根据图 3-29,可以列出下面的电路方程:

$$\frac{v_o - v_i}{r_{ds}} + \frac{v_o}{R_L} + g_m v_{gs} = 0 \tag{3.55}$$

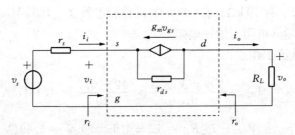

图 3-29 场效应管共栅放大器的交流小信号等效电路

考虑到在图 3-29 中 $v_{gs} = -v_i$,可解出该电路的电压增益表达式:

$$A_v = \frac{v_o}{v_i} = \left(\frac{1}{r_{ds}} + g_m\right) \bigg/ \left(\frac{1}{r_{ds}} + \frac{1}{R_L}\right) \tag{3.56}$$

当 r_{ds} 比 $\frac{1}{g_m}$ 大得多的时候,上述结果将变成 $A_v \approx g_m \bigg/ \left(\dfrac{1}{r_{ds}} + \dfrac{1}{R_L}\right) = g_m R_L'$。

另外,根据图 3-29 可以得到共栅接法场效应管的输入电阻和输出电阻的表达式：

$$r_i = \frac{r_{ds} + R_L}{1 + g_m r_{ds}} \tag{3.57}$$

$$r_o = r_{ds} + (1 + g_m r_{ds}) r_s \tag{3.58}$$

由上述结果，可以看到场效应管共栅放大器的特点：电压增益几乎与共源放大器一致，但是输入输出极性相同。输入电阻与 r_{ds} 和 R_L 有关，当 r_{ds} 很大时趋于 $1/g_m$。这与共源和共漏放大器在不考虑偏置电路时的输入电阻趋于无穷大形成鲜明的对比。输出电阻中由于增加了 $(1 + g_m r_{ds}) r_s$ 这一项，所以比共源放大器大许多。

3.2.5　单管放大器的高频特性

一、密勒定理

在分析晶体管放大器的高频特性时，常常有类似图 3-30(a) 的等效电路，即存在一个跨接在输入回路与输出回路之间的阻抗 $Z(s)$，使得晶体管的输出对输入产生影响。在这种情况下可以用节点电压法等电路分析方法求解，但是稍稍有些繁琐。为了分析方便，我们可以对此电路作一些改动，将阻抗 $Z(s)$ 分别等效到晶体管的输入与输出两端，使得晶体管的输入不再受输出的影响，称为晶体管电路的单向化近似。为此，我们需要运用一个被称为密勒定理(Miller's Theorem)的电路定理，下面先介绍这个定理。

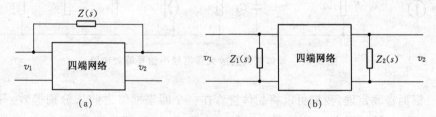

图 3-30　密勒定理

密勒定理：若在一个四端网络的输入与输出之间跨接有阻抗 $Z(s)$，而包括阻抗 $Z(s)$ 在内的整个网络的电压传递函数为 $A_v(s)$，如图 3-30(a) 所示。则此网络可以用图 3-30(b) 所示的电路等效，其中

$$\begin{cases} Z_1(s) = \dfrac{Z(s)}{1 - A_v(s)} \\[4mm] Z_2(s) = \dfrac{Z(s)}{1 - \dfrac{1}{A_v(s)}} \end{cases} \qquad (3.59)$$

密勒定理可以证明如下：在图 3-30(a)的输入端，流入 $Z(s)$ 电流为

$$i_1(s) = \frac{v_1(s) - v_2(s)}{Z(s)} = \frac{v_1(s)(1 - A_v(s))}{Z(s)}$$

在图 3-30(b)的输入端，流入 $Z_1(s)$ 电流为

$$i_1(s) = \frac{v_1(s)}{Z(s)/(1 - A_v(s))} = \frac{v_1(s)(1 - A_v(s))}{Z(s)}$$

可见在两个电路中输入端的电流一致。同理可以证明两个电路中输出端的电流一致，从而证明两个电路等效。

二、共射放大器的高频特性分析

对晶体管电路进行高频特性分析，需要用到晶体管的高频等效模型。将图3-9中的晶体管模型换成晶体管高频模型，得到晶体管共射放大器的高频小信号等效电路如图 3-31 所示。

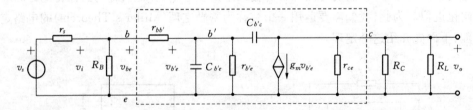

图 3-31　晶体管共射放大器高频小信号等效电路

根据密勒定理，我们可以将晶体管看作一个四端网络，将 $C_{b'c}$ 分别等效到晶体管的输入与输出两端分别为 $C'_{b'c}$ 与 $C''_{b'c}$。由于 $C_{b'c}$ 一般都非常小，在电路中对于晶体管的电压传递函数的影响一般可以忽略，所以可以认为计算密勒等效时晶体管的电压传递函数（包含 $C_{b'c}$ 在内）近似等于不包含 $C_{b'c}$ 的晶体管的电压传递函数。这样，可以得到密勒等效以后的晶体管共发射极单管放大器的高频等效电路如图 3-32，其中 $R'_L = r_{ce} /\!/ R_C /\!/ R_L$。

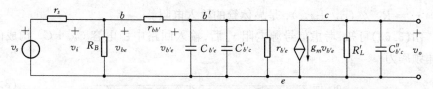

图 3-32　密勒等效后的晶体管共射放大器高频小信号等效电路

可以看到,由于密勒等效,整个电路被简单地分成输入回路和输出回路两部分。其中晶体管四端网络的电压增益为

$$A_v(s) = \frac{v_o}{v_{b'e}} = - g_m R_L' \tag{3.60}$$

它实际上就是晶体管共射电路在低频时的电压增益。将它代入(3.59)式,得

$$\begin{cases} Z_1(s) = \dfrac{1}{sC_{b'c}'} = \dfrac{Z(s)}{1 - A_v(s)} = \dfrac{1}{sC_{b'c}} \cdot \dfrac{1}{1 + g_m R_L'} \\[4mm] Z_2(s) = \dfrac{1}{sC_{b'c}''} = \dfrac{Z(s)}{1 - \dfrac{1}{A_v(s)}} = \dfrac{1}{sC_{b'c}} \cdot \dfrac{1}{1 + \dfrac{1}{g_m R_L'}} \end{cases} \tag{3.61}$$

所以有

$$\begin{cases} C_{b'c}' = (1 + g_m R_L') \cdot C_{b'c} \approx g_m R_L' C_{b'c} \\[3mm] C_{b'c}'' = \left(1 + \dfrac{1}{g_m R_L'}\right) \cdot C_{b'c} \approx C_{b'c} \end{cases} \tag{3.62}$$

由(3.62)式可以看到,电容 $C_{b'c}$ 经过密勒等效后,分别在输入回路和输出回路等效成 $C_{b'c}'$ 与 $C_{b'c}''$。其中 $C_{b'c}'$ 将远远大于原来的电容 $C_{b'c}$。

我们再回到图 3-32 所示的高频等效电路。可以看到,在输入回路中,电容 $C_{b'e} + C_{b'c}'$ 与相关的电阻构成电路的一个极点;在输出回路中,电容 $C_{b'c}''$ 与电阻 R_L' 构成电路的另一个极点。输入回路的电压传递函数为

$$\begin{aligned} \frac{v_{b'e}}{v_s} &= \frac{r_{b'e} \mathbin{/\!/} \dfrac{1}{\mathrm{j}\omega(C_{b'e} + C_{b'c}')}}{r_s \mathbin{/\!/} R_B + r_{bb'} + r_{b'e} \mathbin{/\!/} \dfrac{1}{\mathrm{j}\omega(C_{b'e} + C_{b'c}')}} \cdot \frac{R_B}{r_s + R_B} \\[3mm] &= \frac{r_i}{r_s + r_i} \cdot \frac{r_{b'e}}{r_{bb'} + r_{b'e}} \cdot \frac{1}{1 + \mathrm{j}\omega[(r_s \mathbin{/\!/} R_B + r_{bb'}) \mathbin{/\!/} r_{b'e}](C_{b'e} + C_{b'c}')} \\[3mm] &= \frac{r_i}{r_s + r_i} \cdot \frac{r_{b'e}}{r_{bb'} + r_{b'e}} \cdot \frac{1}{1 + \mathrm{j}\dfrac{\omega}{\omega_1}} \end{aligned} \tag{3.63}$$

其中 $r_i = R_B \mathbin{/\mkern-5mu/} (r_{bb'} + r_{b'e})$，是晶体管的输入电阻。

由(3.63)可知，考虑信号源内阻 r_s 后，输入回路中由电容 $C_{b'e} + C'_{b'c}$ 构成的极点角频率为

$$\omega_1 = \frac{1}{[(r_s \mathbin{/\mkern-5mu/} R_B + r_{bb'}) \mathbin{/\mkern-5mu/} r_{b'e}](C_{b'e} + C'_{b'c})} \tag{3.64}$$

其中 $(r_s \mathbin{/\mkern-5mu/} R_B + r_{bb'}) \mathbin{/\mkern-5mu/} r_{b'e}$ 就是从 b' 点看进去并联在电容 $(C_{b'e} + C'_{b'c})$ 两端的总电阻。

同理可以得到输出回路的电压传递函数为

$$\frac{v_o}{v_{b'e}} = -g_m \left(R'_L \mathbin{/\mkern-5mu/} \frac{1}{j\omega C''_{b'c}} \right) = -g_m R'_L \cdot \frac{1}{1 + j\omega R'_L C''_{b'c}} \tag{3.65}$$

其中由电容 $C''_{b'c}$ 与电阻 R'_L 构成的另一个极点的角频率为

$$\omega_2 = \frac{1}{R'_L C''_{b'c}} \approx \frac{1}{R'_L C_{b'c}} \tag{3.66}$$

源电压增益为

$$A_{vs}(j\omega) = \frac{v_o(j\omega)}{v_s(j\omega)} = \frac{v_o(j\omega)}{v_{b'e}(j\omega)} \cdot \frac{v_{b'e}(j\omega)}{v_s(j\omega)}$$

$$= -g_m R'_L \cdot \frac{r_i}{r_s + r_i} \cdot \frac{r_{b'e}}{r_{bb'} + r_{b'e}} \cdot \frac{1}{\left(1 + j\dfrac{\omega}{\omega_1}\right)\left(1 + j\dfrac{\omega}{\omega_2}\right)} \tag{3.67}$$

$$= \frac{A_{vs0}}{\left(1 + j\dfrac{\omega}{\omega_1}\right)\left(1 + j\dfrac{\omega}{\omega_2}\right)}$$

上式中 $A_{vs0} = -g_m R'_L \cdot \dfrac{r_i}{r_s + r_i} \cdot \dfrac{r_{b'e}}{r_{bb'} + r_{b'e}}$ 就是不考虑两个电容作用、但是考虑基区

电阻 $r_{bb'}$ 影响的晶体管低频源电压增益，而 $\dfrac{1}{\left(1 + j\dfrac{\omega}{\omega_1}\right)\left(1 + j\dfrac{\omega}{\omega_2}\right)}$ 则反映了两个电

容形成的两个极点。

(3.67)式描述的源电压增益在高频段的波特图如图 3-33 所示。

在一般情况下，ω_1 的频率要比 ω_2 的频率低许多，所以实际的晶体管共发射极放大器的上截止频率由 ω_1 确定。

由图 3-32 还可以得到在高频情况

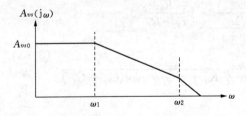

图 3-33　晶体管共射放大器高频频率特性

下共射放大器的输入阻抗(不包含偏置电阻 R_B):

$$z_i = r_{bb'} + r_{b'e} \text{ // } \frac{1}{j\omega(C_{b'e} + C'_{b'c})} = r_{bb'} + \frac{r_{b'e}}{1 + j\omega r_{b'e}(C_{b'e} + C'_{b'c})} \qquad (3.68)$$

可以看到,在高频情况下,晶体管的输入阻抗包含电抗成分,且随频率的变化而变化。

例 3-7　设在图 3-5 电路中各参数分别为: $R_B = 1 \text{ M}\Omega$, $R_C = 4.7 \text{ k}\Omega$, $V_{CC} = 12 \text{ V}$, $R_L = 5 \text{ k}\Omega$, $r_s = 600 \text{ }\Omega$;晶体管的 $\beta = 100$, $V_A = 80 \text{ V}$, $C_{b'e} = 30 \text{ pF}$, $C_{b'c} = 0.5 \text{ pF}$, $r_{bb'} = 100 \text{ }\Omega$。求该电路的源电压增益的频率特性。

本例的电路直流参数与例 3-1、例 3-2 完全一致,所以有

$$g_m = 43 \text{ mS}, \ r_{b'e} = 2.3 \text{ k}\Omega, \ r_{ce} = 71 \text{ k}\Omega, \ R'_L = 2.34 \text{ k}\Omega。$$

下面计算高频特性参数。由于 $R_B \gg r_s$,所以在计算中忽略 R_B。

$$C'_{b'c} = g_m R'_L C_{b'c} = 43 \times 2.34 \times 0.5 = 50 (\text{pF})$$

$$\omega_1 \approx \frac{1}{[(r_s + r_{bb'}) \text{ // } r_{b'e}](C_{b'e} + C'_{b'c})} = \frac{1}{[(600 + 100) \text{ // } 2\,300](30 + 50) \times 10^{-12}}$$
$$= 2.33 \times 10^7$$

$$f_1 = \frac{\omega_1}{2\pi} = 3.7 \text{ MHz}$$

$$\omega_2 \approx \frac{1}{R'_L C_{b'c}} = \frac{1}{2\,340 \times 0.5 \times 10^{-12}} = 8.55 \times 10^8$$

$$f_2 = \frac{\omega_2}{2\pi} = 136 \text{ MHz}$$

$$A_{vs0} = -g_m R'_L \frac{r_{b'e}}{r_s + r_{bb'} + r_{b'e}} = -43 \times 2.34 \times \frac{2\,300}{600 + 100 + 2\,300} = -77$$

本电路源电压增益 A_{vs} 与频率 f 的关系为

$$A_{vs}(jf) = \frac{-77}{\left(1 + j\dfrac{f}{3.7 \text{ MHz}}\right)\left(1 + j\dfrac{f}{136 \text{ MHz}}\right)}$$

由上例可以看到,由于 $f_1 \ll f_2$,所以电路的上截止频率基本由 f_1 确定。

类似这样在电路中存在几个极点,但是相互之间的频率间隔比较大的情况,其中频率最低的那个极点将确定电路的上截止频率。我们将这个极点称为电路的主

导极点,电路的高频特性主要由主导极点确定。

三、共源放大器的高频特性分析

场效应管共源放大器的高频特性分析与晶体管共射放大器类似,将图 3-16 中场效应管用其高频模型代入,得到高频小信号等效电路如图 3-34 所示。

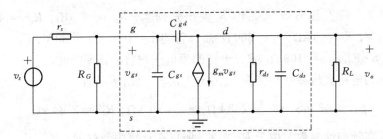

图 3-34　场效应管共源放大器的高频小信号等效电路

同样,由于在共源放大器中存在密勒效应,场效应管的栅-漏电容 C_{gd} 等效到输入回路后将被扩大为 $C'_{gd} = (1 - A_v) \cdot C_{gd}$,等效到输出回路后将被扩大为 $C''_{gd} = \left(1 - \dfrac{1}{A_v}\right) \cdot C_{gd}$,其中 A_v 是场效应管放大器的电压增益, $A_v = - g_m R'_L = - g_m (R_L \mathbin{/\!/} r_{ds})$。

将场效应管的栅-漏电容用密勒效应等效后,图 3-34 电路可以用图 3-35 电路等效。根据图 3-35,电路存在两个极点:

$$\begin{cases} \tau_1 = r'_s (C_{gs} + C'_{gd}) \\ \tau_2 = R'_L (C_{ds} + C''_{gd}) \end{cases} \tag{3.69}$$

其中 $r'_s = r_s \mathbin{/\!/} R_G$, $R'_L = R_L \mathbin{/\!/} r_{ds}$。

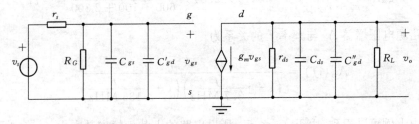

图 3-35　密勒等效后的共源高频小信号等效电路

场效应管共源放大器的上截止频率由这两个极点确定。其高频源电压增益为

$$A_{vs} = A_{vs0} \frac{1}{1 + j\omega\tau_1} \cdot \frac{1}{1 + j\omega\tau_2} \tag{3.70}$$

不包含 R_G 的输入导纳为

$$Y_i = j\omega C_{gs} + j\omega C'_{gd} = j\omega[C_{gs} + (1 + g_m R'_L)C_{gd}] \tag{3.71}$$

例 3-8　设在图 3-16 电路中，$R_D = 6.2 \text{ k}\Omega$，$R_{G1} = 200 \text{ k}\Omega$，$R_{G2} = 200 \text{ k}\Omega$，$R_{G3} = 1 \text{ M}\Omega$，$R_L = 10 \text{ k}\Omega$，$V_{DD} = 12 \text{ V}$；场效应管参数 $\mu_n C_{OX} W/(2L) = 0.3 \text{ mA/V}^2$，$V_{TH} = 2.5 \text{ V}$，$C_{gs} = C_{gd} = 3 \text{ pF}$，$C_{ds} = 0.5 \text{ pF}$。若信号源内阻 $r_s = 1 \text{ k}\Omega$，求该电路的高频响应特性。

注意到此例子的所有低频参数与例 3-3 一致，所以有 $A_v = -4.6$。近似认为电路的电压增益就是 A_v，这样就有

$$C'_{gd} = (1 - A_v) \cdot C_{gd} = (1 + 4.6) \times 3 = 16.8(\text{pF})$$

$$C''_{gd} = \left(1 - \frac{1}{A_v}\right) \cdot C_{gd} = \left(1 + \frac{1}{4.6}\right) \times 3 = 3.65(\text{pF})$$

在不考虑 r_{ds} 的情况下，此电路的两个极点以及对应的极点频率为

$$\tau_1 = (r_s \mathbin{/\mkern-5mu/} R_G) \cdot (C_{gs} + C'_{gd}) = (1 \mathbin{/\mkern-5mu/} 1100) \times (3 + 16.8) = 19.8(\text{ns})$$

$$f_1 = \frac{1}{2\pi\tau_1} = 8 \text{ MHz}$$

$$\tau_2 = R'_L(C_{ds} + C''_{gd}) = (6.2 \mathbin{/\mkern-5mu/} 10) \times (0.5 + 3.65) = 15.9(\text{ns})$$

$$f_2 = \frac{1}{2\pi\tau_2} = 10 \text{ MHz}$$

低频的源电压增益为

$$A_{vs0} = A_v \frac{R_G}{r_s + R_G} = -4.6 \times \frac{1100}{10 + 1100} \approx -4.6$$

所以

$$A_{vs}(jf) = -4.6 \cdot \frac{1}{1 + j\dfrac{f}{8 \text{ MHz}}} \cdot \frac{1}{1 + j\dfrac{f}{10 \text{ MHz}}}$$

由本例可以看到，由于场效应管的电压增益比晶体管的小，所以密勒等效以后的 C'_{gd} 并不如共射电路那样增加许多。实际上采用密勒等效原理分析场效应管共源电路的误差比较大，其结果只能起到一种指导性的作用。

四、其他接法单管放大器的高频特性

下面我们对晶体管共集放大器、共基放大器以及场效应管共漏放大器、共栅放大器的高频特性进行讨论。由于这些接法放大器的高频等效电路比较复杂,并且在频率很高的时候,晶体管和场效应管的等效模型要进行必要的修正,所以比较准确的分析通常要借助于 CAD 软件进行。下面的分析将给出一些近似的结果。

1. 共集放大器

图 3-19 晶体管共集放大器的高频等效电路如图 3-36 所示,其中忽略了基极电阻 R_B,射极电阻 R_E 则合并到 R_L 中。由于两个电容相互独立,所以存在两个极点。其定性分析结果如下:

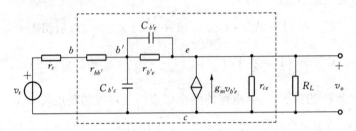

图 3-36   晶体管共集放大高频等效电路

由于 $C_{b'c}$ 的容量一般都很小,所以由它形成的极点频率很高。

电容 $C_{b'e}$ 的影响可以这样考虑:输出 v_o 由两部分组成,一部分是由压控电流源 $g_m v_{b'e}$ 的输出在 R'_L 上的压降,另一部分则是直接来自源信号 v_s 的电流(流经 $r_{b'e}$ 和 $C_{b'e}$)在 R'_L 上的压降。当频率升高时,电容 $C_{b'e}$ 的容抗下降,使得 $v_{b'e}$ 下降,从而使压控电流源 $g_m v_{b'e}$ 的输出下降。但是另一方面,由于电容 $C_{b'e}$ 的存在,当信号频率变高时,来自源信号 v_s 的电流增加,使得输出电压升高。

综合上述情况,可以预料图 3-36 电路中存在 2 个极点和 1 个零点。极点使得高频输出电压 v_o 下降,零点使得高频时的输出电压 v_o 升高。因为由 $C_{b'c}$ 形成的极点频率很高,所以此电路的主导极点将由电容 $C_{b'e}$ 确定。

在图 3-36 中忽略电容 $C_{b'c}$,同时令 $R'_L = r_{ce} \mathbin{/\mkern-5mu/} R_L$,可以得到由电容 $C_{b'e}$ 确定的极点和零点分别为

$$\omega_p = \frac{r_s + r_{bb'} + r_{b'e} + (1+\beta)R'_L}{(r_s + r_{bb'} + R'_L)} \cdot \frac{1}{r_{b'e}C_{b'e}} \tag{3.72}$$

$$\omega_z = \frac{1+\beta}{r_{b'e}C_{b'e}} \tag{3.73}$$

当满足 $(r_s + r_{bb'} + r_{b'e}) < (1+\beta)R_L'$、$(r_s + r_{bb'}) < R_L'$ 条件时

$$\omega_p \approx \frac{(1+\beta)R_L'}{R_L' r_{b'e} C_{b'e}} = \frac{1+\beta}{r_{b'e} C_{b'e}} \tag{3.74}$$

我们在上一章知道晶体管特征频率 $\omega_T \approx \dfrac{\beta}{r_{b'e}(C_{b'e} + C_{b'c})}$。一般情况下 $C_{b'c}$ 远小于 $C_{b'e}$,所以晶体管共集放大器的极点频率 ω_p 接近于 ω_T,比共射放大器的上截止频率高许多。而且我们还可以发现,上述零点频率 ω_z 也接近于 ω_T。零点与极点相近意味着零点与极点的作用将相互抵消,使得上截止频率进一步提高。所以,晶体管共集放大器具有很高的上截止频率。

例 3-9　设共集电极放大器的参数为: $R_L = 1\,\text{k}\Omega$, $r_s = 600\,\Omega$;晶体管的 $I_{CQ} = 1.13\,\text{mA}$, $\beta = 100$, $C_{b'e} = 30\,\text{pF}$, $C_{b'c} = 0.5\,\text{pF}$, $r_{bb'} = 100\,\Omega$, r_{ce} 可忽略。求该电路的高频特性。

注意到本例的晶体管参数以及静态工作点与例 3-7 共发射极电路的完全一致,所以有

$$g_m = 43\,\text{mS}$$

$$r_{b'e} = 2.3\,\text{k}\Omega$$

零点与极点的频率分别如下:

$$\omega_z = \frac{1+\beta}{r_{b'e} C_{b'e}} = \frac{1+100}{2\,300 \times 30 \times 10^{-12}} = 1.46 \times 10^9$$

$$f_z = \frac{\omega_z}{2\pi} = 233\,\text{MHz}$$

$$\omega_p = \frac{r_s + r_{bb'} + r_{b'e} + (1+\beta)R_L}{(r_s + r_{bb'} + R_L)r_{b'e} C_{b'e}} = \frac{600 + 100 + 2\,300 + 101 \times 1\,000}{(600 + 100 + 1\,000) \times 2\,300 \times 30 \times 10^{-12}}$$
$$= 8.87 \times 10^8$$

$$f_p = \frac{\omega_p}{2\pi} = 141\,\text{MHz}$$

在本例中晶体管的特征频率 $f_T \approx \dfrac{\beta}{2\pi r_{b'e}(C_{b'e} + C_{b'c})} = 227\,\text{MHz}$,可以看到极点与零点频率都十分接近特征频率。对比例 3-7 共发射极电路的主极点频率 3.7 MHz,可以看到本电路的极点频率大大提高。需要注意的是,由于上述讨论仅是近似估算,忽略了许多实际的因素,所以电路的真正的上截止频率没有上述计算

值这么高。尽管如此,晶体管共集电极放大器的上截止频率还是比共发射极电路的上截止频率高得多。

2. 共漏放大器

考虑场效应管的极间电容以后,场效应管共漏放大器(图 3-23)的高频小信号等效电路如图 3-37 所示,其中 $R_G = R_{G1} \ /\!/ \ R_{G2} + R_{G3}$。

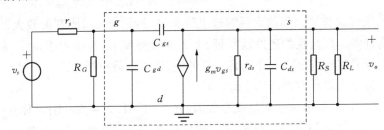

图 3-37   场效应管共漏放大器的交流小信号等效电路

由图可知,共漏放大器具有 3 个电容,但是不完全独立,所以它具有一个零点和两个极点。根据图 3-37,可以写出场效应管共漏放大器的高频电压增益为

$$A_v = \frac{v_o}{v_i} = \frac{(g_m + j\omega C_{gs})R_L'}{1 + [g_m + j\omega(C_{gs} + C_{ds})]R_L'} \tag{3.75}$$

其中 $R_L' = R_L \ /\!/ \ R_S \ /\!/ \ r_{ds}$,是场效应管的总的负载电阻。

另外,若将密勒定理运用于此电路,并考虑到共漏放大器的低频电压增益近似为 1,可以得到电路的输入导纳(不包含 R_G)的近似值为

$$Y_i = j\omega C_{gd} + (1 - A_v) \cdot j\omega C_{gs} \approx j\omega C_{gd} \tag{3.76}$$

所以,可以得到此电路在高频情况下的源电压增益为

$$
\begin{aligned}
A_{vs} &= \frac{R_G}{r_s + R_G} \cdot \frac{1}{1 + j\omega(r_s \ /\!/ \ R_G)C_{gd}} \cdot \frac{(g_m + j\omega C_{gs})R_L'}{1 + [g_m + j\omega(C_{gs} + C_{ds})]R_L'} \\
&= \frac{R_G}{r_s + R_G} \cdot \frac{g_m R_L'}{1 + g_m R_L'} \cdot \frac{1 + j\omega\tau_z}{(1 + j\omega\tau_{p1})(1 + j\omega\tau_{p2})}
\end{aligned} \tag{3.77}
$$

这样,得到共漏放大器的极点与零点的时间常数分别为

$$
\begin{cases}
\tau_z \approx \dfrac{C_{gs}}{g_m} \\[2mm]
\tau_{p1} \approx (r_s \ /\!/ \ R_G)C_{gd} \\[2mm]
\tau_{p2} \approx \dfrac{C_{gs} + C_{ds}}{g_m}
\end{cases} \tag{3.78}
$$

将上述极点同共源放大器的极点 $\tau_1 = r'_s(C_{gs} + C'_{gd})$，$\tau_2 = R'_L(C_{ds} + C''_{gd})$ 相比，可以看到，共漏放大器中的 τ_{p1} 远小于共源放大器的极点 τ_1，另外，(3.78)式中的零点 τ_z 对于系统的极点 τ_{p2} 具有一定的补偿作用。以上所有结果的综合使得共漏放大器的高频响应特性优于共源放大器。

另外，若忽略 C_{gs} 的影响，共漏放大器的输入导纳近似为

$$Y_i \approx j\omega C_{gd} \tag{3.79}$$

由此得到共漏放大器的一个重要优点是它的输入电容远小于共源电路。将(3.79)式与(3.71)式相比可以明显看到这一点。

3. 共基放大器

图 3-25 晶体管共基放大器的高频小信号等效电路如图 3-38，为了简化分析过程，图 3-25 中的 R_C 已经合并到 R_L 中。由于 $r_{bb'}$ 比较小，在近似分析时一般可以忽略。忽略 $r_{bb'}$ 后，两个电容都一端接地，形成 2 个极点。

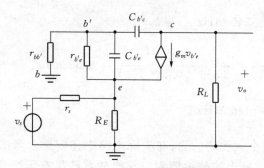

图 3-38　晶体管共基放大器高频等效电路

输入端的极点的时间常数是发射极对地的电阻(输入电阻)与电容 $C_{b'e}$ 的乘积，即

$$\omega_1 = \cfrac{1}{\left(r_s \,/\!/\, R_E \,/\!/\, \cfrac{r_{b'e}}{1+\beta}\right)C_{b'e}} \tag{3.80}$$

输出端的极点的时间常数是集电极对地的电阻(输出电阻)与电容 $C_{b'c}$ 的乘积，即

$$\omega_2 = \frac{1}{R_L C_{b'c}} \tag{3.81}$$

由于共基极电路的输入电阻很小，输入端的极点频率将很高；而 $C_{b'c}$ 是一个很

小的电容,所以输出端极点频率也很高。注意到晶体管共发射极放大器的主极点频率近似等于 $1/(r_{b'e}C_{b'e})$,而(3.80)式得到的极点频率 $\omega_1 > (1+\beta)\dfrac{1}{r_{b'e}C_{b'e}}$,因此 ω_1 远高于共发射极放大器的主极点频率。同样,ω_2 亦远高于共发射极放大器的主极点频率。所以共基极电路的上截止频率要比共发射极电路的高得多。

例 3-10   设共基极放大器的参数为: $R_L = 2.35 \text{ k}\Omega$, $r_s = 600 \text{ }\Omega$;晶体管的 $I_{CQ} = 1.13 \text{ mA}$, $\beta = 100$, $C_{b'e} = 30 \text{ pF}$, $C_{b'c} = 0.5 \text{ pF}$。求该电路的高频特性。

由于本例的晶体管参数以及静态工作点与例 3-6 的一致,所以有

$$r_{b'e} = 2\,300\ \Omega$$

这样,本电路的两个极点的频率分别为

$$\omega_1 = \frac{1}{\left(r_s \mathbin{/\mkern-5mu/} \dfrac{r_{b'e}}{1+\beta}\right)C_{b'e}} = \frac{1}{(600 \mathbin{/\mkern-5mu/} 23) \times 30 \times 10^{-12}} = 1.5 \times 10^9$$

$$f_1 = \frac{\omega_1}{2\pi} = 240 \text{ MHz}$$

$$\omega_2 = \frac{1}{R_L C_{b'c}} = \frac{1}{2\,350 \times 0.5 \times 10^{-12}} = 8.55 \times 10^8$$

$$f_2 = \frac{\omega_2}{2\pi} = 136 \text{ MHz}$$

上述结果是一个大致的估算,在实际电路中还要综合考虑两个极点的相互影响等,所以本例实际上的截止频率应该比估算结果有所降低。但是若注意到本例的晶体管参数以及静态工作点等与例 3-7 共发射极电路的基本一致,而例 3-7 共发射极电路的主极点频率仅为 3.7 MHz,可以看到共基极电路的极点频率大大提高。

4. 共栅放大器

场效应管共栅放大器(图 3-28)的高频小信号等效电路如图 3-39 所示。由图可知,共栅放大器具有不完全独立的 3 个电容。在近似分析中考虑到 r_{ds} 很大而 C_{ds} 比较小,所以可以忽略 r_{ds} 和 C_{ds} 的影响。这样忽略后,放大器输入与输出分离,由此可以得到此电路的两个极点分别为

$$\begin{cases} \tau_{p1} = \left(r_s \mathbin{/\mkern-5mu/} \dfrac{1}{g_m}\right)C_{gs} \\[2mm] \tau_{p2} = C_{gd}R_L \end{cases} \tag{3.82}$$

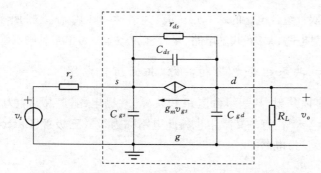

图 3-39   场效应管共栅放大器的交流小信号等效电路

同样,将上述极点同共源放大器的极点(3.69 式)相比,可以看到场效应管共栅放大器中的 τ_{p1} 远小于共源放大器的极点 τ_1,而 τ_{p2} 与共源放大器的极点 τ_2 接近。由于共源放大器中极点 τ_1 是主导极点,所以共漏放大器的高频响应特性一般优于共源放大器。

3.2.6   单管放大器的比较与组合

以上我们讨论了晶体管和场效应管单管放大器电路。这些电路各有优缺点,例如共射放大器的电压增益、电流增益均很大,但是高频特性较差,等等。将上一节关于晶体管和场效应管放大器的性能作一个综合比较,我们可以得到表 3-1。其中关于输入电阻的描述是不考虑输入端偏置电阻的结果,关于输出电阻的描述是不考虑输出端负载电阻的结果,即它们都是指相应接法的晶体管的输入和输出电阻。

表 3-1   晶体管放大器的性能比较

	共射电路	共集电路	共基电路	共源电路	共漏电路	共栅电路
电压放大系数	高	≈ 1	高	较高	< 1	较高
电流放大系数	高	高	≈ 1	—	—	—
输入电阻	中等	高	低	极高	极高	低
输出电阻	高	低	很高	高	中	极高
高频特性	差	好	好	差	好	好

注意在这个表格中,大部分性能是定性的描述,并没有给出确切的数值,这是因为实际的放大器性能还跟它们的工作条件有关。

如何在一个放大器中发挥上述基本放大器的优点,避免其缺点,由此产生了双管组合放大器。双管组合电路的基本形式有:共射-共基(共源-共栅)电路、共集-共集电路、共集-共射电路、共集-共基电路、复合管等。下面讨论常见的双管组合电路。

一、共射-共基组合电路和共源-共栅组合电路

图 3-40 是以共射-共基组合电路和共源-共栅电路,其中 T_1 为共射放大器,T_2 为共基放大器。在有些文献中也将此电路称为级联三极管(Cascode,系 Cascaded triodes 的缩写)电路。

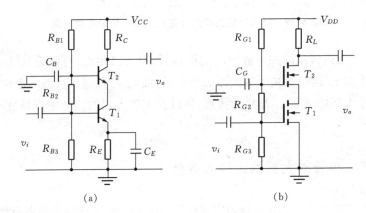

图 3-40　共射-共基和共源-共栅组合电路

下面以共射-共基组合电路为例进行分析,所有结论对于共源-共栅电路同样适用。

图 3-40 的交流小信号等效电路如图 3-41 所示,为简单起见,图中忽略了晶体管输出电阻。根据图 3-41 可以得到

$$\begin{cases} v_{be2} = (g_{m1}v_i - g_{m2}v_{be2})r_{be2} \\ v_o = -g_{m2}v_{be2}R_L \end{cases} \tag{3.83}$$

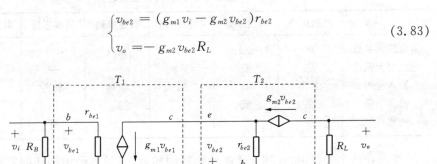

图 3-41　共射-共基组合电路的交流小信号等效电路

考虑到 $g_m r_{be} = \beta \gg 1$，由(3.83)式可解得

$$A_v = \frac{v_o}{v_i} = -g_{m1} R_L \frac{g_{m2} r_{be2}}{1 + g_{m2} r_{be2}} \approx -g_{m1} R_L \qquad (3.84)$$

根据图 3-41 还可以知道,共射-共基组合电路构成的放大器的输入电阻与共射电路的输入电阻相同,而输出电阻与共基电路的相同。由于共基电路的输出电阻比共射电路大得多,所以,若放大器的负载电阻 R_L 趋向一个极大值时,此电路的电压增益将比共射电路大许多。这个特点在模拟集成电路设计中非常有用。

从(3.83)式还可以得到:T_1 的电压增益 $A_{v1} = \frac{v_{be2}}{v_i} = \frac{g_{m1} r_{be2}}{1 + g_{m2} r_{be2}}$。由于在图 3-40 中 $I_{CQ1} = I_{CQ2}$,所以 $g_{m1} = g_{m2}$。在此情况下,$A_{v1} \approx 1$, T_1 的密勒电容 C'_μ 仅为 $2C_\mu$,使得 T_1 的输入回路的时间常数减小。另外,T_2 为共基极电路,具有很好的高频特性。所以共射-共基组合电路构成的放大器的高频特性比共射电路好得多。

综上所述,共射-共基组合电路组合了共射、共基电路的优点,克服了共射电路的密勒效应以及共基电路输入电阻小的缺点,所以得到了比较普遍的应用。

二、共集-共集组合电路和共集-共射组合电路

图 3-42 是共集-共集组合电路和共集-共射组合电路。它们的共同特点是利用共集电路作为输入电路,所以具有较高的输入电阻。

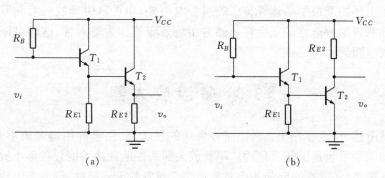

(a)　　　　　　　　　　　(b)

图 3-42　共集-共集组合电路和共集-共射组合电路

共集-共集组合电路构成的放大器的电压增益近似为 1。在相同的源电阻和负载电阻情况下,输入电阻与输出电阻均与单级共集电路有所不同,可以通过小信号等效电路求得这些变化。

共集-共射组合电路的电压增益近似为共射电路的增益。由于 T_1 的隔离与阻抗变换作用,使得 T_2 的输入回路时间常数有所减小,从而部分改善了共射电路的高频特性。

三、复合晶体管

直接将两个晶体管按照一定的接法合成一个晶体管,称为复合晶体管,也称达林顿(Darlington)管。复合晶体管的基本形式有 4 种,如图 3-43 所示。图中上方是复合管,下方是与其对应的等效晶体管。

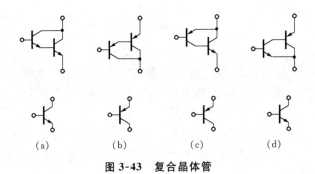

(a)   (b)   (c)   (d)

图 3-43   复合晶体管

复合管的主要特点是其等效晶体管的 β 值很大。由于第二个晶体管的 I_B 是第一个晶体管的 I_C 或 I_E,所以复合管的 β 值近似等于组成复合管的两个晶体管的 β 值之积。

除了上述由双极型晶体管构成的组合电路外,也可以由场效应管和双极型晶体管构成双管组合电路或复合管。通常用场效应管作为输入管,这样可以得到很高的输入电阻。

§3.3   多级放大器

如前所述,广泛存在于各种电子设备中的放大器,由于应用场合的不同,对于性能指标的要求也是千变万化的。单管放大器的性能往往不能兼顾整个放大器的性能指标要求,所以在实际使用中常常将多个单管放大器级联,形成多级放大器。

3.3.1   多级放大器的结构

多级放大器的结构通常可以用图 3-44 表示,分为 3 个组成部分:前置放大级、主放大级和输出级。

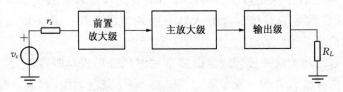

图 3-44　多级放大器的结构

前置放大级的主要功能是要解决输入信号与放大器的耦合问题。

通常情况下,前置放大级的输入阻抗要根据信号源的阻抗以及信号的性质确定。若要放大的信号是电压,一般要求放大器的输入阻抗尽可能大一些,使信号电压绝大部分能够进入放大器;若要放大的信号是电流,则要求放大器的输入阻抗尽可能小一些,使信号电流绝大部分能够进入放大器。

另外,在任何一个放大器中不可避免地存在噪声。由于前置放大级的噪声要经过后面各级的放大,所以一般总要求前置放大级是一个低噪声放大器(Low Noise Amplifier,简称 LNA)。有时候从降低噪声的目的考虑,也常常要求放大器的输入阻抗与信号源的阻抗满足某种匹配关系。

主放大级的功能主要是满足放大器的电压增益或电流增益以及放大器的频率响应特性。它可能是一级放大器,也可能由多级放大器组成。

输出级的主要特点是向负载提供足够大的信号幅度(电压或电流)。大部分放大器要求输出电压信号,此时要求输出级有尽可能低的输出阻抗和尽可能大的输出动态范围。

由于多级放大器由多个单管放大器级联构成,所以需要解决前级与后级的信号耦合(Coupling)问题。

最简单的耦合方式是直接耦合,即将前级的输出直接与后级的输入相连。

直接耦合的最大好处是电路简单,并且能够放大直流信号,故也将直接耦合放大器称为直流放大器。

但是,级与级之间的直接连接存在一个比较严重的问题。由于直接耦合,使得前级工作点的任何变化(例如由于温度变化造成的工作点变化)都会传递到后级。这些变化经过多级放大以后,有可能使得后级的放大器的静态工作点偏离正常放大区,甚至进入饱和区或截止区,从而使得整个放大器失去放大作用。另一方面,由工作点变化引起的输出变化和由于输入信号引起的输出变化无法区别,使得测量信号的最小值受到限制。这些由于工作点变化引起的输出变化统称放大器的漂移。解决直流放大器的漂移一直是一个难题,这个难题直到模拟集成电路发展以后才得到解决。所以目前所有的直接耦合放大器都是集成放大器,用分立元件构成的直接耦合放大器已经基本不采用。有关集成放大器我们将在下一章介绍。

采用分立元件构成的多级放大器最常用的耦合形式是阻容耦合。图 3-45 所示就是阻容耦合放大器的一般形式。其中 $C_1 \sim C_4$ 是前后级(包含信号源与负载)的耦合电容,C_5 和 C_6 是发射极电阻的旁路电容。

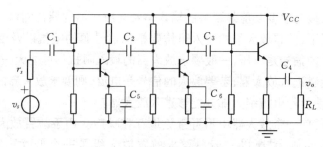

图 3-45 阻容耦合多级放大器

阻容耦合放大器的最大优点是各级放大器的静态工作点相互独立,所以不存在放大器的漂移问题。但是由于耦合电容的容抗作用,对于很低频率的信号将无法进行放大。

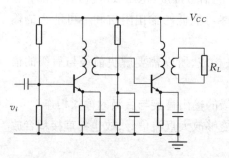

图 3-46 变压器耦合多级放大器

除了阻容耦合方式以外,用分立元件构成的多级放大器还有一些其他的耦合方式。图 3-46 所示的是变压器耦合多级放大器的典型电路。

变压器耦合放大器的最大优点是可以利用变压器的阻抗变换作用,简单地完成阻抗匹配,从而获得最大的功率传递。另一个突出的优点是可以完成电气上的隔离,即变压器两侧的电路可以没有电气上的接触。这是前面两种耦合方式无法达到的。但是由于变压器体积大、重量重、成本高,还有就是变压器的频响范围较窄,所以在一般的低频小信号放大器中较少运用变压器耦合方式,只在某些具有特殊需求的场合得以应用。

3.3.2　多级放大器的小信号放大特性

设多级放大器由 k 级构成,则在其通频带范围内,总电压增益为

$$A_v = \frac{v_o}{v_i} = \frac{v_{o1}}{v_i} \cdot \frac{v_{o2}}{v_{o1}} \cdot \cdots \cdot \frac{v_o}{v_{o(k-1)}} = A_{v1}A_{v2}\cdots A_{vk} \qquad (3.85)$$

式中 A_{vn} 为考虑了后级负载作用以后第 n 级放大器的电压增益。

总的输入电阻为第一级的输入电阻

$$R_i = R_{i1} \qquad (3.86)$$

总的输出电阻为最后一级的输出电阻

$$R_o = R_{ok} \qquad (3.87)$$

对于电流增益也有类似的关系。所以,分析多级放大器电路,首先要将多级放大器拆分为多个单级放大器,求出每级放大器的增益,然后才能得到放大器的总增益。

与晶体管单管放大器的分析一样,在拆分多级放大器时,也要首先区分交流回路和直流回路。直接耦合放大器的直流回路与交流回路交叠在一起,我们将在集成放大器一章中进行分析。本节主要以阻容耦合放大器为例进行分析。

对于图 3-45 这样的阻容耦合方式电路,其直流回路是每级分开的。所以可以根据各自的直流回路计算每级的直流工作点,然后得到每级晶体管的模型参数。

然后将所有耦合电容和旁路电容短路,可以得到放大器的交流回路。图 3-47 就是图 3-45 电路的交流回路。其中各级基极偏置电阻 R_B 是两个偏置电阻的并联值。

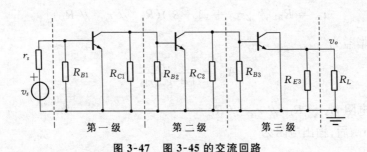

图 3-47　图 3-45 的交流回路

将交流回路中每个晶体管用其交流小信号模型代替,就得到了放大器的交流小信号等效电路,如图 3-48 所示。

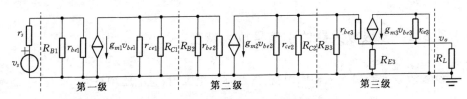

图 3-48　图 3-45 的交流小信号等效电路

根据交流小信号等效电路,可以逐级估算放大器的小信号放大特性:增益、输入电阻、输出电阻等。

例 3-11　分析图 3-48 的多级放大器的小信号放大特性。

第一级放大器的输入电阻和输出电阻为

$$r_{i1} = R_{B1} \mathbin{/\mkern-5mu/} r_{be1}, \ r_{o1} = r_{ce1} \mathbin{/\mkern-5mu/} R_{C1}$$

电压增益为

$$A_{v1} = - g_{m1} r_{L1}$$

其中负载电阻 r_{L1} 是包含第 2 级的输入电阻在内的总负载,即 $r_{L1} = r_{o1} \mathbin{/\mkern-5mu/} r_{i2}$。

同样,第二级放大器的输入电阻和输出电阻为

$$r_{i2} = R_{B2} \mathbin{/\mkern-5mu/} r_{be2}, \ r_{o2} = r_{ce2} \mathbin{/\mkern-5mu/} R_{C2}$$

电压增益为

$$A_{v2} = - g_{m2} r_{L2}$$

其中负载电阻 R_{L1} 包含第三级的输入电阻在内, $r_{L2} = r_{o2} \mathbin{/\mkern-5mu/} r_{i3}$。

第三级是射极跟随器,其输入电阻为

$$r_{i3} = R_{B3} \mathbin{/\mkern-5mu/} \left[r_{be3} + (1 + \beta_3)(R_{E3} \mathbin{/\mkern-5mu/} r_{ce3} \mathbin{/\mkern-5mu/} R_L) \right]$$

电压增益为

$$A_{v3} = \frac{g_{m3} r_{L3}}{1 + g_{m3} r_{L3}}$$

其中负载电阻 $r_{L3} = R_{E3} \mathbin{/\mkern-5mu/} r_{ce3} \mathbin{/\mkern-5mu/} R_L$。

忽略 r_{ce3} 后,输出电阻为

$$r_{o3} = R_{E3} \mathbin{/\mkern-5mu/} \frac{r_{be3} + (R_{B3} \mathbin{/\mkern-5mu/} r_{ce2} \mathbin{/\mkern-5mu/} R_{C2})}{1 + \beta_3}$$

综合上述各式,图 3-48 所示的多级放大器的总电压增益为

$$A_v = A_{v1} A_{v2} A_{v3} = g_{m1} (r_{o1} \mathbin{/\!/} r_{i2}) \cdot g_{m2} (r_{o2} \mathbin{/\!/} r_{i3}) \cdot \frac{g_{m3} r_{L3}}{1 + g_{m3} r_{L3}}$$

源电压增益为

$$A_{vs} = \frac{r_{i1}}{r_s + r_{i1}} A_v = \frac{r_{i1}}{r_s + r_{i1}} \cdot g_{m1} (r_{o1} \mathbin{/\!/} r_{i2}) \cdot g_{m2} (r_{o2} \mathbin{/\!/} r_{i3}) \cdot \frac{g_{m3} r_{L3}}{1 + g_{m3} r_{L3}}$$

多级放大器的总输入电阻就是第一级的输入电阻

$$r_i = R_{B1} \mathbin{/\!/} r_{be1}$$

总输出电阻就是第三级的输出电阻

$$r_o = R_{E3} \mathbin{/\!/} \frac{r_{be3} + (R_{B3} \mathbin{/\!/} r_{ce2} \mathbin{/\!/} R_{C2})}{1 + \beta_3}$$

上面根据图 3-48 所示的多级放大器,写出了增益、输入电阻、输出电阻的表达式。其中必须注意的是:**由于后级的输入电阻就是前级的负载,所以在计算每级的增益时,必须将后级的输入电阻计入该级的负载**,即

$$R_{Lm} = R_{om} \mathbin{/\!/} R_{i(m+1)} \tag{3.88}$$

在实际的估算中,有时还可以根据实际情况对其中某些结果作适当的近似。例如当后级是共射或共基电路时,由于 r_{be} 或 r_e 比较小,所以前级的 r_{ce} 一般总可以忽略。当 R_C 和 R_B 的数值比 r_{be} 或 r_e 大许多时,甚至连它们也可以忽略。又如当射极跟随器的晶体管 β 值比较大,负载电阻又不是特别小时,一般有 $A_v \approx 1$,在估算时就可以直接令 $A_v = 1$,等等。当然,上述所有的近似必须建立在对电路中相应的参数有充分的认识和把握,并对近似后结果的误差心中有数的基础上才能进行。

3.3.3　多级放大器的频率响应

n 级多级放大器的频率响应可以由(3.85)式得到:

$$\dot{A}_v = \dot{A}_{v1} \cdot \dot{A}_{v2} \cdot \cdots \cdot \dot{A}_{vn} = \prod_{i=1}^{n} \dot{A}_{vi} \tag{3.89}$$

其幅频特性和相频特性分别为

$$\mid \dot{A}_v \mid = \prod_{i=1}^{n} \mid \dot{A}_{vi} \mid \tag{3.90}$$

$$\varphi = \sum_{i=1}^{n} \varphi_i \qquad (3.91)$$

假定多级放大器中每级放大器的高频响应具有低通特性,幅频特性可表示为

$$|\dot{A}_{vHi}| = \frac{|\dot{A}_{vi}|}{\sqrt{1 + (f/f_{Hi})^2}} \qquad (3.92)$$

其中 f_{Hi} 是该级放大器的上截止频率。而 n 级多级放大器的高频响应为

$$|\dot{A}_{vH}| = \frac{|\dot{A}_v|}{\sqrt{1 + (f/f_H)^2}} \qquad (3.93)$$

其中 f_H 是多级放大器的上截止频率,则有

$$f_H \approx \frac{1}{\sqrt{\dfrac{1}{f_{H1}^2} + \dfrac{1}{f_{H2}^2} + \cdots + \dfrac{1}{f_{Hn}^2}}} \qquad (3.94)$$

同样,若假定多级放大器中每级放大器的低频响应具有高通特性,幅频特性可表示为

$$|\dot{A}_{vLi}| = \frac{|\dot{A}_{vi}|}{\sqrt{1 + (f_{Li}/f)^2}} \qquad (3.95)$$

其中 f_{Li} 是该级放大器的下截止频率。而 n 级多级放大器的低频响应为

$$|\dot{A}_{vL}| = \frac{|\dot{A}_v|}{\sqrt{1 + (f_L/f)^2}} \qquad (3.96)$$

其中 f_L 是多级放大器的下截止频率,则有

$$f_L \approx \sqrt{f_{L1}^2 + f_{L2}^2 + \cdots + f_{Ln}^2} \qquad (3.97)$$

由(3.94)式和(3.97)式可以看到,多级放大器的上截止频率总是低于各级的上截止频率,下截止频率总是高于各级的下截止频率,所以多级放大器的总带宽总是小于各级的带宽。放大器的总体频率响应将与图 3-2 类似,只有在通频带范围内的增益基本上是平坦的,在低频与高频段,增益都将下降(对于直接耦合放大器电路,低频端的频响可以一直到 0)。

一般情况下,多级放大器中总有一级的下截止频率远远高于其他级的下截止频率,也总有一级的上截止频率远远低于其他级的上截止频率。在这种情况下,由(3.94)式和(3.97)式可以看到,多级放大器的频率响应主要就由这两个频率确定,

它们近似等于多级放大器的下截止频率和上截止频率。由于截止频率对应于传递函数中的极点,所以称此频率对应的极点为多级放大器的主导极点。对于多级放大器的频率响应的估算,主要是寻找上述两个主导极点,然后根据这两个主导极点确定放大器的通频带。

下面对具体电路进行频率响应分析。

一般情况下,晶体管电路的下截止频率 f_L 与上截止频率 f_H 相差较大,为了分析的方便,我们可以将电路的低频响应与高频响应分开进行分析。

一、阻容耦合电路

在阻容耦合电路中,由于信号频率降低时,耦合电容的容抗将阻碍信号通过,所以它的低频响应将主要由耦合电路确定。可以将阻容耦合放大器的耦合电路用图 3-49 进行等效,其中 r_{o1} 是前级的输出电阻,r_{i2} 是后级的输入电阻。

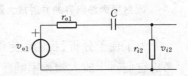

根据图 3-49,可以得到阻容耦合电路的频率特性为

图 3-49　阻容耦合的等效电路

$$A_v(\mathrm{j}\omega) = \frac{v_{i2}(\mathrm{j}\omega)}{v_{o1}(\mathrm{j}\omega)} = \frac{r_{i2}}{r_{o1}+r_{i2}} \cdot \frac{1}{1+\dfrac{1}{\mathrm{j}\omega(r_{o1}+r_{i2})C}} = A_{v0} \cdot \frac{1}{1+\dfrac{1}{\mathrm{j}\omega(r_{o1}+r_{i2})C}} \tag{3.98}$$

可以看到这是一个一阶高通网络,其波特图如图 3-50 所示,下截止频率为

$$f_L = \frac{1}{2\pi(r_{o1}+r_{i2})C} \tag{3.99}$$

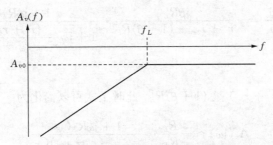

图 3-50　阻容耦合电路的频率特性

在阻容耦合的放大器电路中,还有一个对低频响应具有严重影响的电路,就是

采用电流负反馈式偏置电路的共发射极放大器。

采用电流负反馈式偏置电路的共发射极放大器见图 3-51,其中发射极旁路电容 C_E 会对放大器的下截止频率造成重大影响。

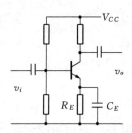

图 3-51 采用电流负反馈偏置附带
发射极旁路电容的共射放大器

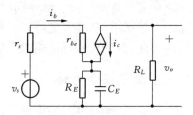

图 3-52 带发射极电阻及其旁路电容的
共射放大器的等效电路

为了便于分析,我们假定图 3-51 电路中两个耦合电容的容量足够大,可以不考虑它们对于放大器频率响应的影响。这样,我们只要考虑旁路电容 C_E 的作用,据此可以画出图 3-51 电路的交流小信号等效电路如图 3-52。同样为了分析方便,图中忽略了偏置电阻 R_B,也可以认为偏置电阻已经等效到源电阻 r_s 中。

根据图 3-52 可以写出下列方程组:

$$\begin{cases} v_s = i_b(r_s + r_{be}) + (i_b + i_c)\Big(R_E \mathbin{/\mkern-5mu/} \dfrac{1}{\mathrm{j}\omega C_E}\Big) = i_b\Big[r_s + r_{be} + \dfrac{(1+\beta)R_E}{1+\mathrm{j}\omega R_E C_E}\Big] \\ v_o = -i_c R_L = -\beta i_b R_L \end{cases}$$

$$(3.100)$$

据此解出它的源电压增益表达式:

$$A_{vs}(\mathrm{j}\omega) = \frac{v_o}{v_s} = -\frac{\beta R_L}{r_s + r_{be} + (1+\beta)R_E} \cdot \frac{1 + \mathrm{j}\omega R_E C_E}{1 + \mathrm{j}\omega \dfrac{(r_s + r_{be})R_E C_E}{r_s + r_{be} + (1+\beta)R_E}}$$

$$(3.101)$$

一般情况下,有 $(r_s + r_{be}) \ll (1+\beta)R_E$,此时上式可以简化为

$$A_v(\mathrm{j}\omega) \approx -\frac{R_L}{R_E} \cdot \frac{1 + \mathrm{j}\omega R_E C_E}{1 + \mathrm{j}\omega \dfrac{(r_s + r_{be})C_E}{1+\beta}}$$

$$(3.102)$$

可以看到,该电路存在一个零点和一个极点,它们的频率分别为

$$f_z = \frac{1}{2\pi R_E C_E} \tag{3.103}$$

$$f_p = \frac{1+\beta}{2\pi(r_s + r_{be})C_E} \tag{3.104}$$

由于 $(r_s + r_{be}) \ll (1+\beta)R_E$，所以 $f_p \gg f_z$，f_p 是该电路的下截止频率。将 (3.104) 式和 (3.99) 式比较，可以看到 (3.104) 式中的 r_{be} 相当于 (3.99) 式中的 r_{i2}，(3.104) 式中的 r_s 相当于 (3.99) 式中的 r_{o1}，但是 (3.104) 式中存在 $(1+\beta)$ 的因子，所以若在这类电路中发射极旁路电容与输入耦合电容的数值相当的话，由发射极旁路电容确定的下截止频率将比由输入耦合电容确定的频率高 β 倍，所以电路的下截止频率完全由发射极旁路电容确定。换句话说，若要求两个极点频率相当，就要求发射极旁路电容比输入耦合电容大 β 倍。

二、变压器耦合电路

对于变压器耦合放大器电路，由于变压器的频响较差，所以对整个电路的低频响应和高频响应都会产生影响。

变压器耦合电路见图 3-46，影响电路频响的主要是变压器的频率特性。在低频应用范围内，变压器的小信号等效模型可以用图 3-53 近似描述。

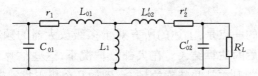

图 3-53　变压器的小信号近似模型

在图 3-53 中各参数的意义如下：

L_1——初级电感；

L_{01}——初级线圈漏感；

L'_{02}——次级线圈漏感折合到初级的值，若次级漏感为 L_{02}，则 $L'_{02} = L_{02}/n^2$，n 为变压器的初次级匝数比；

r_1——初级线圈铜损电阻；

r'_2——次级线圈铜损电阻折合到初级的值，$r'_2 = r_2/n^2$；

C_{01}——初级线圈匝间分布电容；

C'_{02}——次级线圈匝间分布电容折合到初级的值，$C'_{02} = n^2 C_{02}$；

R'_L——负载折合到初级的值，$R'_L = R_L/n^2$。

对用图 3-53 描述的变压器的分析,一般可以分频段进行。通常总存在一个中间频段,此时 L_1、C_{01}、C'_{02} 等元件的电抗值均远大于 R'_L,而 L_{01}、L'_{02}、r_1、r'_2 等元件的电抗或电阻值均远小于 R'_L,所以在此频段可视为一个理想变压器。

当频率变低时,L_1 的电抗值变小。当 L_1 的电抗值小到能够和 R'_L 相比拟时,电压增益降低,所以变压器的下截止频率为

$$f_L = \frac{R'_L}{2\pi L_1} \tag{3.105}$$

当频率变高时,C_{01}、C'_{02} 等元件的电抗值变小,L_{01}、L'_{02} 等元件的电抗值变大,所以当频率升高到一定程度后,电压增益开始降低。详细分析变压器的高频特性是困难的,因为涉及的元件较多。定性地看,为了提高变压器的上截止频率,应该尽量降低 C_{01}、C'_{02}、L_{01}、L'_{02} 等元件的值。但是这一个要求和低频特性要求 L_1 增大是矛盾的。因为 L_1 大的变压器一般 C_{01}、L_{01} 也大,所以变压器耦合的多级放大器的通频带是有限的。

三、高频响应

多级放大器的高频响应主要由晶体管的高频特性确定,可以根据 3.2.4 节的讨论,分别得到每级放大器的上截止频率,然后从中确定最低的一个就是多级放大器的上截止频率。

最后需要说明的一点是:上述的所有对于多级放大器的频率响应的讨论都是在作出某些近似以后的估算结果。在大部分情况下,这些估算结果已经足以指导电路的设计或调试。但在某些特殊的场合,例如几个极点靠得较近,无法确定主导极点;或要对电路的频率响应进行详细分析等情况,则需要用计算机辅助手段进行分析,或者对实际的放大器进行测试。

本章概要

本章讨论了由晶体管构成的分立元件放大器。第一节从一般意义角度概述了放大器的各种参数指标、一般形式以及在工程上进行估算的原则,后面两节则主要进行了小信号放大器的工程分析。

双极型晶体管单管放大器可以有共射、共集和共基 3 种接法,场效应管单管放大器可以有共源、共漏和共栅 3 种接法。对任何一种接法,分析过程大致相同,都是:

(1) 根据电路要放大的信号特征,在电路中分出直流回路与交流回路。

　　(2) 在直流回路中求出晶体管的静态工作点,并据此得到晶体管的模型参数。

　　(3) 根据交流回路得到交流小信号等效电路,其中晶体管用其交流小信号模型代替。若要分析低频小信号特性,则以低频模型代入;若要分析高频小信号特性,则以高频模型代入。

　　(4) 在交流小信号等效电路中求出输入输出的电压、电流关系,最后得到放大器的小信号放大性能指标。在求解过程中,可以运用各种等效以及简化手段,使得分析过程简单明了。

　　(5) 在分析高频小信号特性时,可以运用密勒定理使电路单向化。

　　(6) 在分析放大器的偏置电路、输出动态范围以及失真等情况时,由于涉及大信号问题,不能用小信号等效电路进行分析,而必须采用图解法等大信号分析方法进行。

　　不同接法的单管放大器的性能是不同的。3.2 节就每种单管放大器给出了分析过程以及分析结果,并通过一些具体实例说明它们的性能以及各种电路的差别,表 3-1 则对不同接法的单管放大器性能作了定性总结。由于这些例子中的参数均具有一定的普遍性,所以得到的结论对于晶体管小信号放大器分析和设计具有一般的指导意义。

　　为了发挥各种不同接法放大器的特点,可以采用双管组合放大器的方式。

　　将多个单管放大器级联就成为多级放大器。根据级间耦合方式的不同,可以将多级放大器分为直接耦合、阻容耦合、变压器耦合等方式。本章从原则上说明了多级放大器的结构和放大特性,详细讨论了阻容耦合放大器的低频特性,对于变压器耦合方式下的多级放大器的频率特性作了介绍。这些讨论与介绍可以作为多级放大器设计的参考。

　　通过本章的学习,读者应该掌握各种基本放大器的分析过程以及它们的性能特点,包括低频小信号放大的特点和频响特征,应该能够在上述基础上进行简单的放大器电路设计。

思考题与习题

1. 放大器有哪些基本指标? 分别叙述它们的含义。

2. 放大器可以根据输入输出信号的不同(电压、电流)分成哪几种类型? 试总结不同类型放大器之间的相互转换关系。

3. 简要说明频率失真和非线性失真的区别。

4. 单管放大器的输出动态范围是由哪些参数决定的? 试以共射电路说明之。

5. 试证明:当负载电阻趋于无穷大时,共射电路的极限电压增益绝对值趋于 V_A/V_T。

6. 试证明：以电阻作为集电极负载的共射电路的极限电压增益绝对值小于 V_{CC}/V_T。

7. 简要说明密勒定理及其在电路分析中的作用。

8. 下图电路均为工作点温度稳定的晶体管单管放大器，试定性分析其工作点稳定原理。

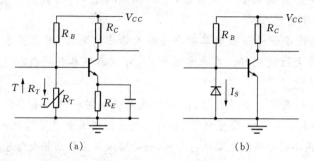

(a)　　　　　　　　　　　　(b)

9. 若要求以本章介绍的 5 种单管放大器为基础构成两级放大器，电源电压为 12 V。试写出满足下面要求的放大器组合方式，并说明理由。

1) 输入电阻大于 200 kΩ，电压增益大于 500 倍。

2) 输出电阻小于 300 Ω，电压增益大于 150 倍。

3) 上截止频率大于 50 MHz，电压增益大于 150 倍。

4) 当负载电阻为 100 Ω 时，电流增益大于 20 dB。

10. 试分析下图各电路的输入电阻、输出电阻以及电压增益，其中所有晶体管的 $\beta = 100$，$V_{BEQ} = 0.7\,\text{V}$，并假设图中未画出的信号源内阻均为 600 Ω。其余参数均可忽略。电路中所有电容都足够大。

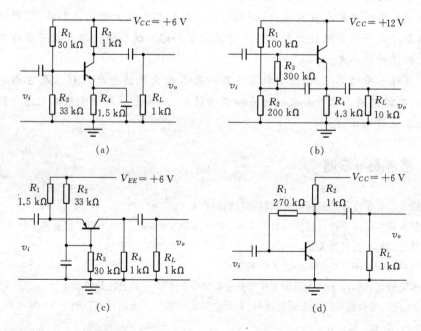

(a)　　　　　　　　　(b)

(c)　　　　　　　　　(d)

11. 试分析下图所示电路的输入电阻、输出电阻以及电压增益。其中 MOSFET 参数为 $\frac{1}{2}\mu_n C_{OX} \frac{W}{L} = 0.5\,\text{mA}/\text{V}^2$，$V_{GS(th)} = 2.5\,\text{V}$；JFET 参数为 $I_{DSS} = 5\,\text{mA}$，$V_{GS(off)} = -2.5\,\text{V}$。电路中所有电容都足够大，并假设图中未画出的信号源内阻均为 $1\,\text{k}\Omega$。

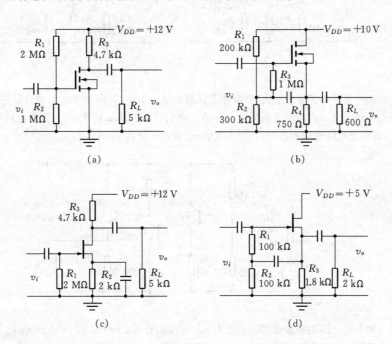

(a)   (b)

(c)   (d)

12. 下图电路为带发射极电阻的共发射极放大器(忽略了基极偏置电阻)，试画出交流小信号等效电路并计算其输入电阻 r_i、输出电阻 r_o、电压增益 v_o/v_i。

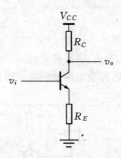

13. 估算下图双管电路的交流输入电阻 r_i、输出电阻 r_o、电压增益 v_o/v_i。已知其中晶体管参数为 $\beta = 100$，$V_{BEQ} = 0.7\,\text{V}$，其余参数的影响可以忽略；JFET 参数为 $I_{DSS} = 4\,\text{mA}$，$V_{GS(off)} = -2\,\text{V}$。假定图中未画出的信号源内阻均为 $1\,\text{k}\Omega$。

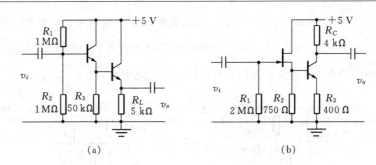

(a)   (b)

14. 下图是一个晶体管多级放大器,其中晶体管的 $\beta = 100$,其余参数的影响可以忽略,并已知静态工作点为 $I_{CQ1} = 0.3\,\text{mA}$, $I_{CQ2} = 0.7\,\text{mA}$, $I_{CQ3} = 2\,\text{mA}$。若 C_1、C_2 的容抗可以忽略不计,估算此电路的输入电阻 r_i、输出电阻 r_o、源电压增益 v_o/v_s。

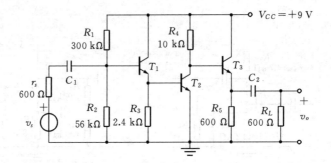

15. 若已知上题电路的晶体管高频参数为 $r_{bb'} = 100\,\Omega$, $C_{b'e} = 100\,\text{pF}$, $C_{b'c} = 4\,\text{pF}$。$C_1 = C_2 = 100\,\mu\text{F}$。试估算该电路的上截止频率与下截止频率。

16. 下图是一个多级放大器。其中场效应管参数为 $V_{GS(off)} = -3.33\,\text{V}$, $I_{DSS} = 5\,\text{mA}$;晶体管参数为 $\beta = 200$, $V_{BEQ} = 0.7\,\text{V}$。其余参数的影响均可忽略。设各级静态工作点为:$I_{DQ1} = 0.8\,\text{mA}$, $I_{CQ2} = 1\,\text{mA}$, $I_{CQ3} = 2\,\text{mA}$, $V_{CEQ3} = 6\,\text{V}$。已知信号源内阻 $r_s = 600\,\Omega$,负载电阻 $R_L = 1\,\text{k}\Omega$,电源电压 $V_{CC} = 12\,\text{V}$。

1) 估算除 R_{G1} 外的电阻的阻值。

2) 设 C_1、C_2、C_3 的电容值均很大,估算此电路的源电压增益 $A_{vs} = v_o/v_s$。

3) 若 C_1、C_2、C_3 的容量相同,影响电路低频特性的主要是哪个电容? 为什么?

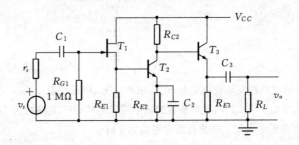

17. 下图是一个晶体管小信号放大器,其中晶体管参数为: $\beta = 100$, $V_{BEQ} = 0.7\,\mathrm{V}$, $V_A = 50\,\mathrm{V}$, 其余参数的影响可以忽略。信号源内阻 $r_s = 600\,\Omega$。试求:

1) 忽略 C_1、C_2、C_3 的容抗,估算此电路的交流输入电阻 r_i、输出电阻 r_o、电压增益 v_o/v_i。

2) 若将 C_3 开路,会引起上述交流参数中哪些参数的变化? 如何变化(定性说明)?

3) 若将 C_3 开路会引起电路的频率特性有什么变化(定性说明)?

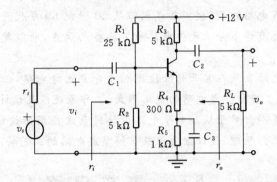

18. 下图是一个具有两个输出的晶体管小信号放大器,其中晶体管的参数为: $\beta = 100$, $V_{BEQ} = 0.7\,\mathrm{V}$, 其余参数的影响可以忽略。试求:

1) 若 C_1、C_2、C_3 的容抗可以忽略不计,负载电阻 R_{L1}、R_{L2} 全部开路,估算此电路的交流输入电阻 r_i、电压增益 v_{o1}/v_i 和 v_{o2}/v_i。

2) 若接入负载电阻 R_{L1}、R_{L2}(假定均为 $2\,\mathrm{k}\Omega$),上述电压增益有何变化?

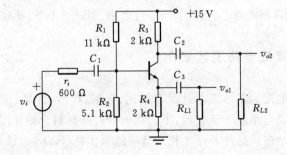

第4章 集成放大器

继数字集成电路以后,模拟集成电路从 20 世纪 60 年代开始得到发展。由于模拟集成电路具有许多分立元件电路所不具备的优点,所以越来越受到设计人员的重视。

模拟集成电路虽然在其开始阶段脱胎于分立元件电路,但是由于集成电路的工艺特点,决定了模拟集成电路的电路形式、工作原理以及设计方法等与分立元件电路有很大的差别。对于从事电子电路设计或系统应用的设计人员来说,掌握模拟集成电路的工作原理、设计方法以及了解集成电路的工艺特点,显得十分重要。

§4.1 集 成 电 路

集成电路(Integrated Circuit)是将晶体管、场效应管、二极管以及电阻、电容等元件通过一定的制造工艺制作在同一块半导体基片上的器件。

制造集成电路的基片的基本材料是单晶硅,可以是 P 型或 N 型。通常在一块硅晶片上同时制造几百个到几千个集成电路芯片(管芯),每个管芯经过初测后用划片机划开,将初测合格的管芯封装后,再经过老化、测试等工序,就成为集成电路产品。

4.1.1 集成电路工艺简介

制造集成电路的基本工艺过程有氧化、光刻、扩散、外延、淀积、蒸发等。由于目前大部分集成电路基于硅材料,下面我们针对硅材料介绍集成电路工艺。

氧化工艺是在硅晶片表面生长一薄层硅氧化物(SiO_2)。该氧化层的主要作用有以下几点:(1)扩散时对杂质起到掩蔽作用;(2)对集成电路元件的表面起到保护作用;(3)绝缘层;(4)作为电容器的介质层。

光刻工艺用来有选择地在半导体晶片表面形成某种图形。

例如,针对氧化工艺生成的 SiO_2 层进行光刻的过程是:先在硅晶片的 SiO_2 层表面涂布一层光致抗蚀剂,然后通过类似照相的方法将一个需要的图形(掩模)投影到硅晶片表面,使光致抗蚀剂曝光。受到光照的地方的光致抗蚀剂将发生化学变化,对于某种光致抗蚀剂来说,这些地方将变得可以溶解于某种化学试剂。所以,将经过曝光的晶片放入该化学试剂后,晶片表面的光致抗蚀剂将显示为需要的图形(显影)。然后将显影后的晶片浸入含有氢氟酸的腐蚀液中,则晶片表面的SiO_2层将被腐蚀成需要的图案。

扩散工艺用来使杂质元素进入硅材料。通常在1 100 ℃左右的高温下将杂质元素气体引入扩散炉,经过一段时间后,杂质元素就扩散进入预先放在扩散炉内的硅片表面。

扩散过程的结果通常是在硅片表面一个薄层内形成一个反型层。例如对 N 型硅材料扩散Ⅲ族元素硼,若扩散进入的 P 型杂质浓度高于原来材料中的 N 型杂质浓度,则在硅材料表面将形成一个 P 型材料薄层,从而形成 PN 结。如果在硅表面存在形成某种图案的 SiO_2 层,则在露出硅"窗口"的地方将受到扩散的作用,也就是说,可以有选择地形成 PN 结。

外延工艺是在硅表面再生长一层单晶硅层。由于在外延过程中可以控制杂质浓度,得到的单晶硅在晶格结构上比较完整,所以通常总是在外延层的基础上开始制造半导体器件。

淀积和蒸发工艺主要用来在硅晶片表面形成一层其他材料的薄层,例如多晶硅、铝等。这些材料被淀积或蒸发到硅晶片表面后,通过光刻工艺,可以形成半导体器件之间的连线。

下面以在 P 型硅材料上制造 NPN 型晶体管为例介绍集成电路的基本工艺过程。

一个完整的双极型集成电路的制造过程包含一系列(5 次到 8 次)掩模光刻和扩散的过程。第一次掩模光刻和扩散过程是在原始的硅片(衬底)上进行的,如图 4-1所示,它形成一个低电阻的 N^+ 型层,并在最后成为通过晶体管集电极电流的低电阻通道。这一道工序称为隐埋层扩散。

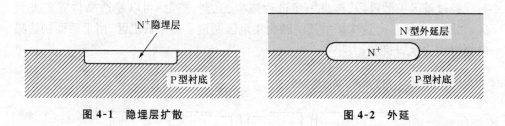

图 4-1 隐埋层扩散   图 4-2 外延

在隐埋层扩散以后,除去晶片表面的全部氧化层并进行外延生长,最后形成 N 型外延层,如图 4-2 所示。

在外延生长以后,进行第二次掩模光刻和扩散过程。这次扩散的目的是要在外延层上制造一个隔离岛,所以称为隔离扩散。如图 4-3 所示,该隔离岛周围(包括衬底)都是 P 型材料,岛内是 N 型材料。由于在一个岛内只制造一个晶体管,两个岛之间总有一个 PN 结反偏,所以可以保证在这个岛内制造的器件与其他岛制造的器件在电气上的隔离。

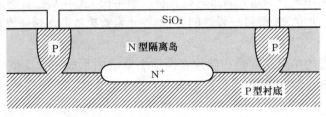

图 4-3　隔离岛

由于这次扩散要求穿透外延层到达衬底,所以要在约 1 200 ℃的高温扩散炉中扩散几个小时。

再下一道工序就是基区扩散。如图 4-4 所示,通过掩模、光刻、扩散,在隔离岛上形成基区。顺便指出,集成电路中的许多电阻也是在这道工序中完成的。

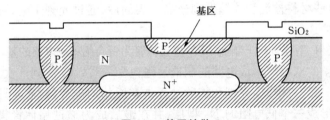

图 4-4　基区扩散

经过基区扩散以后,再进一步进行掩模、光刻、扩散,可以制造晶体管的发射区,如图 4-5 所示。这次扩散还同时为集电区制造了一个低阻区,用于后面制造集电极引线的欧姆接触。

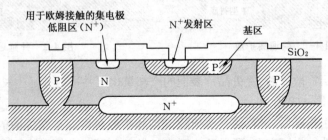

图 4-5　发射区扩散

最后的一道工序是为最后的引出线进行掩模和光刻。在最后生成的氧化层上位于发射区、基区和集电区的位置开孔,然后经过蒸铝、光刻,最终形成晶体管的 3 个电极以及它们与其他器件的连接线,如图 4-6 所示。

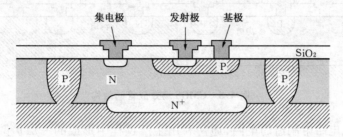

图 4-6   NPN 晶体管的结构

通过上述工艺形成的晶体管中,3 个电极的关系是纵向的。但是在制造 PNP 型晶体管时,由于制造工艺上要考虑与 NPN 型晶体管的兼容,通常它们的 3 个电极是横向排列的,称为横向 PNP 管。横向 PNP 管的结构见图 4-7。

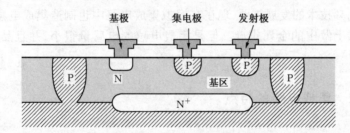

图 4-7   横向 PNP 晶体管的结构

一般情况下,横向晶体管的电流放大系数比较小。影响横向晶体管的 β 的主要因素有:

(1) 从发射区注入的少数载流子在作横向流动时,受到衬底的吸收;

(2) 横向晶体管的基区由于受到光刻精度的影响,不可能做得很窄;

(3) 横向晶体管发射区的掺杂浓度低于 NPN 管。

在集成电路中制造场效应管的过程与制造晶体管大致相同。目前在模拟电路中广泛采用的场效应管结构是 CMOS 结构,图 4-8 就是在同一个硅片上制造两种不同沟道的 MOSFET,形成 CMOS 结构的示意图。在 P 型硅片上可以直接制造 N 沟道 MOSFET,而要同时制造 P 沟道 MOSFET 需要在 N 型隔离岛上进行。所以,在上述结构中,所有的 N 沟道 MOSFET 具有同一个衬底(Body)电极,而每一个 P 沟道 MOSFET 可以有各自的衬底电极。

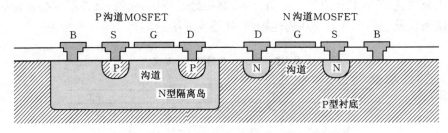

图 4-8　CMOS 场效应管的结构

在集成电路中制造的电阻,通常利用生产过程中形成的一层扩散层来构成。可以利用基区扩散层、发射区扩散层以及外延层等构成电阻,也可以利用两层扩散层来构成沟道电阻。不同层的电阻具有不同的电阻率、温度系数和阻值误差,所以要根据具体情况进行选择。

在集成电路中制造的电容大致有两类:一类是利用反偏的 PN 结构成的势垒电容,另一类是利用硅氧化物构成的 MOS 电容。所有电容的容量都比较小。

随着高频技术的发展需要,现在在模拟集成电路中也制造集成电感。电感是在绝缘介质上做出的金属螺旋。但是集成电感的电感量很小,并且品质因数(Q 值)不高。

4.1.2　集成电路的特点

集成电路与分立元件电路相比,具有一些显著的特点与差别,其中最重要的特点有以下两点:

一、集成元件具有良好的对称性和较大的绝对误差

由于在集成电路中所有的器件在一个硅基片上以相同的工艺形成,所以元件之间的性能比较一致。又因为元件之间的距离很短,它们的环境温度差别也很小,所以同类器件的温度一致性也很好,对称元件还可以实现在分立元件电路中较难实现的温度补偿。但是在集成电路中元件的绝对误差要比分立元件电路大许多。由于分立元件电路可以对元件进行筛选,所以元件数值可以达到很高的精度,例如分立元件电阻的阻值误差通常低于±5%。但是在集成电路中电阻的绝对误差通常为±20%以上,而相对误差可以控制在1%以内。所以在集成电路设计中,尽量利用元件的对称性进行设计,例如使用电流源、差分放大器等。

二、集成电路大量采用有源器件,无源器件的使用有一定的限制

由于在集成电路中制造电阻、电容和电感需要占据一定的面积,且在一般情况下数值越大占用的面积越大,同时误差较大,质量不高。相反地,在集成电路中制造晶体管等有源器件比制造电阻电容合理得多。所以在集成电路设计中,都尽可能减少无源器件的数量,而用有源器件进行代替,例如用恒流源代替电阻。也因为这个原因,集成电路的放大器全部采用直接耦合方式,而不采用分立元件电路常用的阻容耦合、变压器耦合等方式。在实在需要这种耦合方式的时候,常见的做法是将放大器的输出输入引导到芯片外部,在芯片外面进行耦合。

§4.2　电流源与有源负载

在集成放大电路中,由于上一节所说的原因,大量采用晶体管构成的电流源(Current Source)作为各级放大器的偏置电路以及负载电路。本节讨论在集成电路中各种电流源的结构与工作原理。需要指出的是:本节介绍的电流源的工作原理都基于上一节所说的集成电路的特点,所以一般不能将它们运用在分立元件电路中。

由于现代模拟集成电路有向 CMOS 电路发展的趋势,所以,在本节以及本章后面各节的讨论中,我们将以 FET 电路和 BJT 电路并重的方式进行讨论。由于 FET 和 BJT 的小信号等效模型基本相同,所以除了特别说明的外,所讨论的结论一般均适用于两种晶体管构成的集成电路。

在 CMOS 结构的电路中,为了使得源区、漏区与衬底之间的 PN 结反偏,一般将 N 沟道 FET 的衬底电极接电路的最低电位,P 沟道 FET 的衬底电极接电路的最高电位。在本节以及本章后面各节的讨论以及插图中,除了特别注明的外,我们不再说明或画出这个连接关系。

4.2.1　基本电流源电路

最简单的电流源电路由一个电阻 R 和两个晶体管 T_1 与 T_2 组成,如图 4-9 所示。其中 I_{ref} 是参考电流,I_o 是输出电流。

图 4-9(a)电路中,由于场效应管 T_1 的栅极和漏极短路,$V_{DS1} = V_{GS1} > (V_{GS1} - V_{TH1})$,所以场效应管 T_1 一定工作于饱和区。若 T_1 与 T_2 的电性能完全相同,则由于 $V_{GS1} = V_{GS2}$,所以 T_2 也工作在饱和区。若忽略沟道长度调制效应,场效应

管在饱和区的特性为 $I_D = \dfrac{1}{2}\mu_n C_{OX}\dfrac{W}{L}(V_{GS}-V_{TH})^2$，所以两个场效应管的漏极电流相等,即

$$I_o = I_{ref} \tag{4.1}$$

这个参考电流的求解作为本章练习题请读者自行完成。

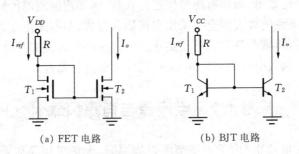

(a) FET 电路　　　　　　　　(b) BJT 电路

图 4-9　基本电流源

图 4-9(b)电路中,若 T_1 与 T_2 的电性能完全相同,由于 $V_{BE1} = V_{BE2}$,根据双极型晶体管的电流关系: $I_C = I_S \exp\dfrac{V_{BE}}{V_T}$, 所以 $I_{C1} = I_{C2}$, $I_{ref} = I_{C1} + 2I_B = I_{C_1}\left(1+\dfrac{2}{\beta}\right)$, 这样有

$$I_o = I_{C2} = I_{C1} = \frac{\beta}{\beta+2}I_{ref} \tag{4.2}$$

当 $\beta \gg 1$ 时,有

$$I_o \approx I_{ref} = \frac{V_{CC}-V_{BE}}{R} \tag{4.3}$$

由于在上述两个电路中均有输出电流等于参考电流,所以它们通常被称为电流镜(Current Mirror)电路。

因为场效应管工作在饱和区时,漏极电流与场效应管的栅极宽长比成正比,所以若改变两个场效应管的栅极宽长比 $\dfrac{W}{L}$,例如 $\dfrac{W_1}{L_1}:\dfrac{W_2}{L_2}=1:2$,那么参考电流与输出电流将发生相同比例的改变。在实际的集成电路中,常常利用这一点来获得不同的电流。

例 4-1　图 4-10 是一个典型的电流源电路,图中每个场效应管边上注明了它们的栅极宽长比。求其中每个电流对于 I_{ref} 的比值。

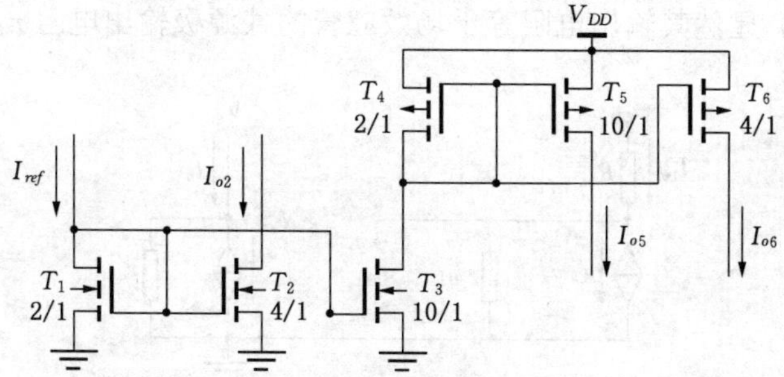

图 4-10　改变栅极宽长比的基本电流源的例子

图 4-10 中共有两组电流镜,一组由 N 沟道 FET 组成,另一组由 P 沟道 FET 组成。对于 N 沟道 FET 组成的电流镜,宽长比的比值为 $2:4:10 = 1:2:5$,所以有 $I_{o2} = 2I_{ref}$, $I_{o3} = 5I_{ref}$,其中 I_{o3} 又是 P 沟道 FET 电流镜的参考电流。P 沟道 FET 电流镜的宽长比的比值为 $2:10:4 = 1:5:2$,所以有 $I_{o5} = 5I_{o3} = 25I_{ref}$, $I_{o6} = 2I_{o3} = 10I_{ref}$。

利用晶体管反向饱和电流 I_s 正比于发射区面积的关系,BJT 电流镜电路也可以获得与参考电流不同比例的输出电流。

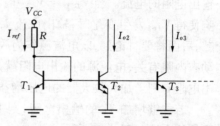

图 4-11　改变发射区面积的电流源

例如,图 4-11 中 T_1 与 T_2 发射区面积比为 $1:2$,则 $I_{s1}:I_{s2} = 1:2$,所以 $I_{C1}:I_{C2} = 1:2$,即 $I_{o2} \approx 2I_{C1} = 2I_{ref}$。

4.2.2　电流源电路的改进

由于在实际集成电路中,电流源往往充当整个电路的偏置和有源负载等重要角色,对于电流源的性能有各种不同的要求,所以实际的电流源需要在上述基本电流源的基础上加以改进。

一、提高电流源的输出阻抗

无论是晶体管还是场效应管构成的电流源,由于基区宽度调制效应或沟道长度调制效应的存在,实际的电流源的输出阻抗总是一个有限值。例如,对于图 4-9(a)所示的基本电流源,可以画出它的交流小信号等效电路如图 4-12。

在此等效电路中令 $V_{DD} = 0$,求出输出电流 I_o 与输出电源 V_o 的关系,可以求解其输出电阻。显然其输出电阻等于场效应管的共源极输出电阻 r_{ds2}。

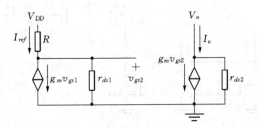

图 4-12   基本电流源的交流小信号等效电路

上述事实引起两个后果:第一,输出电流与参考电流的比例关系将产生很大误差。由于 T_1、T_2 的输出电阻的存在,参考电流 I_{ref} 和输出电流 I_o 中都包含流过该输出电阻的电流。当 $V_{DS1} = V_{DS2}$ 时,这两部分电流相等。但是,当由于负载的影响使得 V_{DS2} 发生变化时,输出电流 I_o 与参考电流 I_{ref} 之间的比例将发生改变。第二,后面将要讨论到,以电流源作为放大器的负载时,放大器的电压增益与负载的动态内阻有关,电流源的输出电阻就是放大器的负载电阻。所以增加电流源的输出电阻有利于加大放大器的电压增益。

若能够增加 T_2 的输出电阻,则上述两个问题均得到解决。提高电流源输出阻抗的电路如图 4-13 所示。

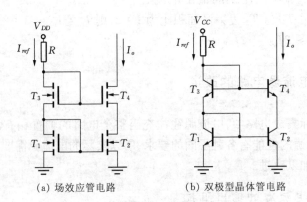

(a) 场效应管电路   (b) 双极型晶体管电路

图 4-13   提高输出电阻的基本电流源

图 4-13(a)电路中,T_2 和 T_4 串联构成高输出阻抗电路。在这个电路中,可以将 T_2 和 T_4 看成共源-共栅结构,其中 T_4 为共栅放大器。由第 3 章的讨论,我们知道共源-共栅结构具有很高的输出电阻。下面具体计算此电路的输出电阻。

共栅电路的输出电阻为 $r_o = r_{ds} + (1 + g_m r_{ds}) r_s$。在图 4-13(a)电路中，$T_4$ 的信号源内阻 r_s 就是 T_2 的输出电阻 r_{ds2}，由此得到 T_4 的输出电阻为 $r_{o4} = r_{ds4} + (1 + g_{m4} r_{ds4}) r_{ds2}$。假定两个晶体管具有相同的 r_{ds}，则 $r_{o4} = 2r_{ds} + g_{m4} r_{ds}^2$。所以，图 4-13(a)结构的电流源具有极高的输出电阻。

同样可以分析图 4-13(b)双极型晶体管电流源的输出电阻，这个分析留作习题让读者练习。

二、比例电流源

当在一个电路中需要不同大小的电流源时，通常仅用一个参考电流，而其他的电流均通过此参考电流得到。由于改变发射结面积得到的电流比例关系只能得到比较简单的比例关系，且比例过大时会占用过多的芯片面积，所以在实际的双极型集成电路中常常使用图 4-14 所示的比例电流源。

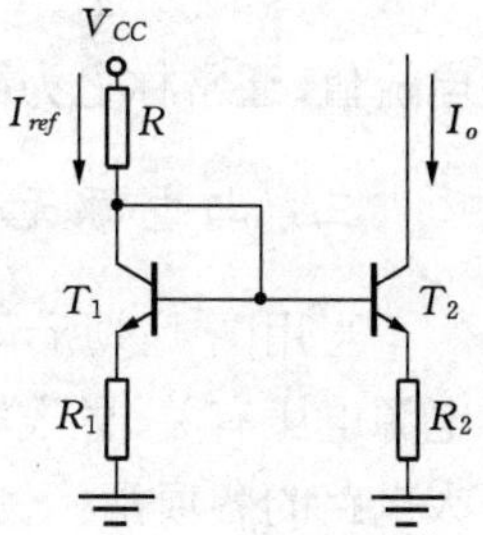

图 4-14 所示的比例电流源的改进是在基本电流源中增加发射极电阻，由图可知

$$V_{BE1} + I_{E1} R_1 = V_{BE2} + I_{E2} R_2$$

图 4-14 比例电流源

所以有

$$I_{E2} R_2 = I_{E1} R_1 + (V_{BE1} - V_{BE2}) = I_{E1} R_1 + V_T \ln \frac{I_{E1}}{I_{S1}} - V_T \ln \frac{I_{E2}}{I_{S2}}$$

由上式可解得

$$I_{E2} = \frac{R_1}{R_2} I_{E1} + \frac{V_T}{R_2} \ln \frac{I_{E1}}{I_{E2}} \frac{I_{S2}}{I_{S1}} \tag{4.4}$$

当两个晶体管的 β 比较大时，I_B 可忽略，$I_o \approx I_{E2}$，$I_{ref} \approx I_{E1}$。又若两个晶体管对称，则 $I_{S1} \approx I_{S2}$。此时(4.4)式成为

$$I_o = \frac{R_1}{R_2} I_{ref} + \frac{V_T}{R_2} \ln \frac{I_{E1}}{I_{E2}} \tag{4.5}$$

此时即使两个晶体管的电流差别很大，如 $\dfrac{I_{E1}}{I_{E2}} = 100$，由于 $V_T = 26\,\text{mV}$，(4.5)式的后一项等于 $\dfrac{120\,\text{mV}}{R_2}$，也还是一个较小的量。所以在 $I_{ref} R_1 \gg 120\,\text{mV}$ 的条件下，有

$$I_o \approx \frac{R_1}{R_2} I_{ref} \tag{4.6}$$

即电流源的电流比等于电阻比的倒数,通过改变电阻可方便地得到需要的工作电流值。

另外,若在图 4-14 所示的比例电流源中去掉 R_1,即在公式 4.5 中令 $R_1 = 0$,则有

$$I_o \approx \frac{V_T}{R_2} \ln \frac{I_{ref}}{I_o} \tag{4.7}$$

由于 $V_T \ln \frac{I_{ref}}{I_o}$ 是一个小量,所以在比例电流源中去掉 R_1 可以获得很小的输出电流值,通常称之为微电流镜。

三、与电源无关的电流源

当用图 4-9 所示的基本电流源作为电路的偏置时,由于该电路的参考电流与电源电压有关,导致输出电流与电源电压有关。这是一个比较大的缺点,它使得放大电路的各项指标例如功耗、增益等都与电源电压相关,还使得放大电路的电源抑制比下降。

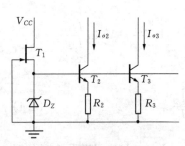

图 4-15　利用稳压管稳定参考电压的电流源

对这个缺点的改进是让电流源的参考电流与电源电压无关。参考电流与电源电压无关的电路较多,下面举例说明。

一个简单的电路是利用稳压管稳定参考电压,如图 4-15。若其中稳压管的稳定电压为 V_Z,则电流源输出 $I_{o2} = \dfrac{V_Z - V_{BE}}{R_2}$,与电源无关。

图 4-15 中 T_1 的作用如下:根据图中接法,$V_{GS1} = -V_Z$。若由于某种原因使得稳压管上的压降增加,则场效应管的 V_{GS} 将更负,I_D 减小,流过稳压管的电流也减小,从而使得稳压管上的压降下降。反之亦然。此作用使得稳压管的压降进一步稳定,即进一步提高了电源无关性。

用 BJT 构成的电源无关的另一种电流源电路如图 4-16。

图中 $T_1 \sim T_4$ 构成参考电流产生电路。略去所有的基极电流以后,考虑到 T_3、T_4 组成电流镜,可以列出下列方程组:

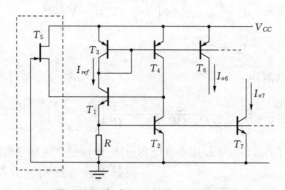

图 4-16　与电源无关的 BJT 电流源

$$\begin{cases} I_{ref} = \dfrac{V_{BE2}}{R} = \dfrac{V_T}{R}\ln\dfrac{I_{C2}+I_{S2}}{I_{S2}} \\[3mm] I_{C2} = I_{ref} \end{cases} \qquad (4.8)$$

　　显然,上述方程组的解可以确定 I_{ref} ,从而可以确定电路中其余晶体管的输出电流。由于方程中不包含电源,所以此电流源与电源无关。

　　但是上述方程组有两个稳定解,其中一个对应正确的 I_{ref} ,另一个为 $I_{ref}=0$ 。为了避免出现电路工作在此点的状态,在电路中设置由 T_5 构成的起动电路。

　　当电路刚接通电源时,若 $I_{ref}=I_{C2}=0$,则 T_5 的 $V_{GS}=0$,输出电流为 $I_D=I_{DSS}$ 。此电流给 T_1 提供基极电流,使电路脱离 $I_{ref}=0$ 的工作点。

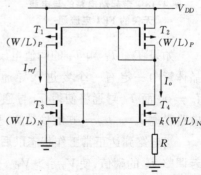

　　当电路到达正常的工作点以后,由于 T_5 的源极电压升高, $V_{GS}=-(V_{BE1}+V_{BE2})$ 。若合理设计 T_5 的阈值电压,使 $V_{TH}>-(V_{BE1}+V_{BE2})$,则 T_5 夹断,起动电路自动脱离。

图 4-17　与电源无关的 FET 电流源

　　用 FET 构成的与电源无关的一种电流源电路如图 4-17。其中 T_1 、 T_2 组成一对电流镜, T_3 、 T_4 组成另一对电流镜。

　　注意到 T_1 、 T_2 的宽长比相同,但是 T_3 、 T_4 的宽长比不同,可以列出下列方程组:

$$V_{GS3} = V_{GS4} + I_o R$$

$$I_{ref} = \frac{1}{2}\mu_n C_{OX}\left(\frac{W}{L}\right)_N (V_{GS3} - V_{TH})^2$$

$$I_o = \frac{1}{2}\mu_n C_{OX} k \left(\frac{W}{L}\right)_N (V_{GS4} - V_{TH})^2$$

$$I_{ref} = I_o$$

由上述方程组可以解出

$$I_o = \frac{2}{\mu_n C_{OX} (W/L)_N} \cdot \frac{1}{R^2}\left(1 - \frac{1}{\sqrt{k}}\right)^2 \tag{4.9}$$

显然,由于(4.9)式的输出电流 I_o 中不含电源电压,所以这个电路与电源无关。

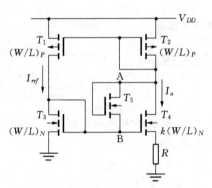

图 4-18　带起动电路的与电源无关的 FET 电流源

但是上述方程组也有两个稳定解。除了(4.9)式对应的正确工作点外,另一个为 $I_o = I_{ref} = 0$。所以在实际的电路中也要设置起动电路,在电路刚接通电源时通过起动电路给晶体管提供工作电流,使电路脱离 $I_{ref} = 0$ 的工作点。

图 4-18 是带起动电路的与电源无关的电流源电路。

在电源开始上电后,若 $T_1 \sim T_4$ 均不导通,即 $I_o = I_{ref} = 0$,则一定有下式成立:

$$V_{DD} = | V_{GS2} | + V_{GS5} + V_{GS3}$$

如果 T_2、T_5 和 T_3 的阈值电压满足 $| V_{TH2} | + V_{TH5} + V_{TH3} < V_{DD}$,则这 3 个晶体管中一定有一个要进入导通状态。若 T_3 导通则 $I_{ref} \neq 0$,若 T_2 导通则 $I_o \neq 0$,而 T_5 导通将使得 T_3 导通而使 $I_{ref} \neq 0$。所以无论哪个导通,都使得整个电路脱离 $I_o = I_{ref} = 0$ 的稳定解,从而使电路起动。

当电路到达正常工作状态以后,A 点电压为 $V_{DD} - | V_{GS2} |$,B 点电压为 V_{GS3},若调整 T_5 的阈值,使 $V_{TH5} > V_{DD} - | V_{GS2} | - V_{GS3}$,则 T_5 自动关断,起动电路自动脱离。

四、减小晶体管 β 的影响

由双极型晶体管构成的电流源中还有一个基极电流的问题。图 4-9(b)所示的基本电流源中,输出电流与参考电流的关系是近似相等,它们的近似程度受晶体管电流放大系数 β 的影响。当晶体管的 β 比较小时,由于 I_B 的比例增大,I_o 与 I_{ref} 之间的差别变大。为了减小这种误差,可以在基本电流镜的基础上增加一个晶体

管,构成如图 4-19 所示的改进型电流源。

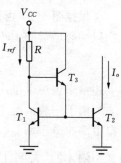

在图 4-19 所示的改进型电流源中,若 T_1、T_2 的性能相同,并假定 3 个晶体管的电流放大系数 β 相同,可以写出下列关系:

$$I_o = \frac{\beta^2 + \beta}{\beta^2 + \beta + 2} I_{ref} \qquad (4.10)$$

将上式与(4.2)式相比,可以看到输出电流的精度有大幅度的提高。

**图 4-19　减小晶体管
β 影响的电流源**

4.2.3　有源负载放大电路

在集成电路设计中,为了改善放大器的性能以及集成电路工艺的需要,通常用电流源代替放大器的负载电阻,称为放大器的有源负载(Active Load)。图 4-20 就是采用有源负载的共源放大器和共射放大器。

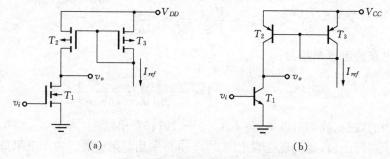

(a)　　　　　　　　　　　　　　　(b)

图 4-20　有源负载共源放大器和共射放大器

图 4-20(a)中的 T_2、T_3 构成电流镜,$I_{D2} = I_{ref}$,而 I_{D2} 也就是 T_1 的静态工作电流。下面对图 4-20(a)电路进行交流小信号分析,以确定它的电压增益。

图 4-21 是在不考虑后级的负载电阻情况下的有源负载共源放大器的交流小信号等效电路。由于 T_2 仅提供直流工作点,其等效模型中的受控电流源对于交流信号而言等于开路,所以它对于 T_1 的影响只是它的输出电阻 r_{ds2}。

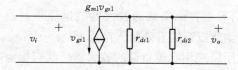

图 4-21　有源负载共源放大器的交流小信号等效电路

根据图 4-21 可以写出此放大器的交流小信号电压增益如(4.11)式。由于我们只关心增益的大小,式中忽略了表示相位的负号。

$$|A_v| = g_{m1}(r_{ds1} /\!/ r_{ds2}) \qquad (4.11)$$

上述结果也可以推广到共射放大器,只要将其中的 r_{ds} 换成 r_{ce} 即可。

由于一般情况下晶体管的输出电阻很大,所以采用有源负载的放大器可以获得很高的电压增益。

例 4-2 若图 4-20(a)中,T_1 的工作参数为 $K_n = \dfrac{1}{2}\mu_n C_{OX} \dfrac{W}{L} = 5 \text{ mA/V}^2$,$I_{DQ} = 0.1 \text{ mA}$,Early 电压 $V_{A1} = 100 \text{ V}$,T_2 的 Early 电压为 $V_{A2} = 100 \text{ V}$,求放大器的电压增益。

T_1 的跨导为

$$g_m = 2K_n(V_{GSQ} - V_{TH}) = 2K_n\sqrt{\dfrac{I_{DQ}}{K_n}} = 2\sqrt{K_n I_{DQ}}$$

由于 T_1 和 T_2 的静态工作电流相同,所以它们的输出电阻为

$$r_{ds1} = \dfrac{V_{A1}}{I_{DQ}}, \ r_{ds2} = \dfrac{V_{A2}}{I_{DQ}}$$

所以该电路的电压增益为

$$|A_v| = -g_{m1}(r_{ds1} /\!/ r_{ds2}) = -2\sqrt{\dfrac{K_n}{I_{DQ}}} \cdot \dfrac{1}{1/V_{A1} + 1/V_{A2}} \qquad (4.12)$$

代入题中的数据,我们可以得到:$|A_v| = -707(57 \text{ dB})$。

为了进行比较,我们现在假定图 4-20 电路采用电阻负载。由于电阻负载电路的电压增益为 $|A_v| = g_m(r_{ds} /\!/ R_L)$,所以若要达到 57 dB 增益,需要的负载电阻将高达 1 MΩ。由于流过此电阻的静态电流就是 $I_{DQ} = 0.1 \text{ mA}$,所以电源电压在此电阻上的压降将高达 100 V! 这在集成电路中是不可想象的。

其实将(4.12)式加以变换,可以得到

$$|A_v| = 2\sqrt{\dfrac{K_n}{I_{DQ}}} \cdot \dfrac{1}{1/V_{A1} + 1/V_{A2}} = 2 \cdot \dfrac{\dfrac{1}{1/V_{A1} + 1/V_{A2}}}{V_{GSQ} - V_{TH}} \qquad (4.13)$$

由上式可以看到,采用有源负载的放大器的电压增益是两个晶体管的 Early 电压倒数和的倒数与场效应管的有效输入电压 $(V_{GSQ} - V_{TH})$ 之比。由于一般总有 $V_A \gg (V_{GSQ} - V_{TH})$,所以采用有源负载的放大器可以有相当高的电压增益。

以上结论同样适用于图 4-20(b)有源负载共射放大器。考虑到双极型晶体管

的跨导 $g_m = \dfrac{I_{CQ}}{V_T}$，我们可以写出图 4-20(b) 有源负载放大器的电压增益如下：

$$|A_v| = g_m(r_{ce1} /\!/ r_{ce2}) = \frac{1/V_T}{1/V_{A1} + 1/V_{A2}} \tag{4.14}$$

由于一般总有 $V_A \gg V_T$，所以采用有源负载的双极型晶体管放大器的电压增益极高。

通过上述讨论，我们可以知道采用有源负载的放大器的一些重要特点：

(1) 有源负载放大器一般具有很高的电压增益。其数值主要取决于晶体管的输出阻抗，输出阻抗越高，电压增益越大。在多级放大电路中运用有源负载放大器可以减少放大器的级数，从而提高放大器的稳定性。同时也应该注意到，为了保持有源负载放大器的高增益，后级电路应该具有很高的输入阻抗。

(2) 在保证晶体管进入正常放大状态(BJT 在放大区，FET 在饱和区)的前提下，有源负载放大器的增益与电源电压无关。这为放大器的低电压应用提供了十分有利的条件。这与采用电阻负载的放大器很不相同。在采用电阻负载的放大器中，电压增益正比于负载电阻。要提高放大器的电压增益就必须提高负载电阻，从而提高负载电阻上的压降，同时还必须保证晶体管工作在正常放大状态，所以最终结果是提高电源电压。

(3) 有源负载放大器在集成电路生产中不需要大电阻，可以大大节约芯片面积。

§4.3 差分放大器

差分放大器(Differential Amplifier)是集成电路中最基本的放大器电路。虽然差分放大器在分立元件电路中已经出现，但是只有在集成电路中才真正发挥了它的特长：电路对称、漂移小、抗共模干扰能力强等。由于差分放大器的通用性很强，在线性电路中具有相当宽的工作频率，还能够完成限幅、增益控制、混频、调制解调等许多非线性功能，所以在集成电路中得到广泛应用。

4.3.1 差分放大器的工作原理

图 4-22 给出两种不同结构的差分放大器：采用场效应管构成的差分放大器和采用双极型晶体管构成的差分放大器。其中晶体管 T_1、T_2 具有相同的特性，在它们的栅极(基极)输入信号，漏极(集电极)输出信号。两个晶体管源极(发射极)相连，通过集成电路内部一个电流镜(图中只画了电流镜的一半 T_3)为它们提供直流

工作电流 $I_{SS}(I_{EE})$，$V_G(V_B)$是电流镜的偏置电压，$V_{SS}(V_{EE})$是一个负电源电压。

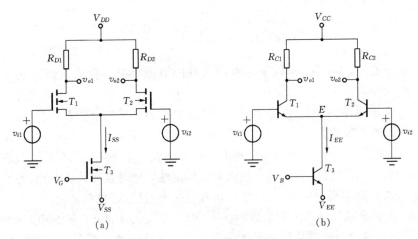

(a)   (b)

图 4-22   差分放大器

下面我们以图4-22(a)所示的场效应管差分放大器为例分析它的工作原理。由于场效应晶体管和双极型晶体管的小信号模型基本相同，所以很容易证实，除了工作点和跨导的计算以外，只要在双极型晶体管构成的差分放大器的分析中忽略 i_b 的影响(也就是要求晶体管的 β 足够大)，则以下所有的分析过程以及分析结果对于双极型晶体管构成的差分放大器是相同的。当然结论中某些符号需要更改，例如将 v_{gs} 改为 v_{be}，等等。正因为如此，下面除了必须区分的部分外，我们不再对双极型电路进行分析。

图 4-22(a)所示的差分放大器的交流小信号等效电路如图 4-23，为分析简单起见，假设两个晶体管完全对称，并且忽略了晶体管的输出电阻 r_{ds}。但是没有忽略偏置电流源的输出电阻 r_{ss}。

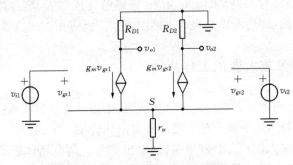

图 4-23   差分放大器的交流小信号等效电路

由于晶体管完全对称,所以静态工作点电流为

$$I_{DQ} = I_{DQ1} = I_{DQ2} = \frac{I_{SS}}{2} \tag{4.15}$$

晶体管的跨导为

$$g_m = g_{m1} = g_{m2} = 2\sqrt{\frac{1}{2}\mu_n C_{OX}\frac{W}{L}\cdot I_{DQ}} = \sqrt{\mu_n C_{OX}\frac{W}{L}\cdot I_{SS}} \tag{4.16}$$

下面我们针对几种不同输入条件分析差分放大器的电压增益。

一、输入差模信号

我们定义在差分放大器的两个输入端分别输入幅度相等、相位相反的信号为差模输入信号(Differential-mode Input Signal),即 $v_{i1} = -v_{i2}$。

定义图 4-22 所示的差分放大器的差模电压增益(Differential-mode Voltage Gain)为

$$A_{vd} = \frac{v_{o1} - v_{o2}}{v_{i1} - v_{i2}} \tag{4.17}$$

即差模电压增益是输出电压的差值与输入电压的差值之比。其中增益的脚标 d 表示差模信号。

首先我们介绍一个在差动电路中十分重要的结论:由于电路完全对称,所以当输入差模信号时,可以认为晶体管 T_1 的源极电流的增加量等于晶体管 T_2 的源极电流的减少量,这样,流过 r_{ss} 的交流电流为 0,s 点相当于交流接地,即 s 点的交流电压 $v_s = 0$。

上述结论可以证明如下:令 s 点的交流电位为 v_s,则有下列方程成立:

$$g_{m1}v_{gs1} + g_{m2}v_{gs2} = \frac{v_s}{r_{ss}}$$

其中 $v_{gs1} = v_{i1} - v_s$,$v_{gs2} = v_{i2} - v_s$。

在上述方程组中考虑到 $g_{m1} = g_{m2} = g_m$,$v_{i1} = -v_{i2}$,则有

$$(1 + 2g_m r_{ss})v_s = 0$$

因为 $(1 + 2g_m r_{ss}) \neq 0$,所以一定有 $v_s = 0$。

根据上述结论,差模输入时相当于在图 4-23 所示的等效电路中将发射极电阻 r_{ss} 短路,所以可以用图 4-24 进行等效。

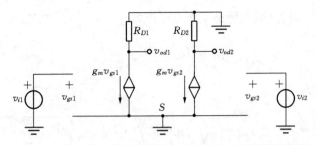

图 4-24　差分放大器在差模输入时的交流小信号等效电路

根据图 4-24 的等效电路,可以写出输出电压的表达式为

$$v_{od1} = - g_m R_{D1} \cdot v_{gs1}$$

$$v_{od2} = - g_m R_{D2} \cdot v_{gs2}$$

当两个漏极电阻相同时,有 $R_{D1} = R_{D2} = R_D$。又有 $v_{gs1} = v_{i1}$,$v_{gs2} = v_{i2}$,且 $v_{i1} = - v_{i2}$。所以,差动放大电路的差模电压增益为

$$A_{vd} = \frac{v_{od1} - v_{od2}}{v_{i1} - v_{i2}} = - g_m R_D \tag{4.18}$$

上式表示,差分放大器的差模电压增益与单管共源放大器的电压增益相同。

由(4.17)式定义的差分放大器的差模增益考虑两个晶体管的输出的差值,通常称为双端输出工作模式。有时也将差分放大器的输出直接从一个晶体管的集电极输出,称为单端输出工作模式。显然,单端输出时差分放大器的电压增益为

$$\begin{cases} A_{vd1} = \dfrac{v_{od1}}{v_{i1} - v_{i2}} = -\dfrac{1}{2} g_m R_D \\[3mm] A_{vd2} = \dfrac{v_{od2}}{v_{i1} - v_{i2}} = \dfrac{1}{2} g_m R_D \end{cases} \tag{4.19}$$

即单端输出的差模增益是单管共射放大器的电压增益的一半。

二、输入共模信号

我们定义在差分放大器的两个输入端分别输入幅度相等、相位相同的信号为共模输入信号(Common-mode Input Signal),即 $v_{i1} = v_{i2}$。

在输入共模信号的情况下,若将源极的动态电阻 r_{ss} 看作是两个阻值为 2 倍 r_{ss} 的电阻的并联,可将等效电路修改如图 4-25 所示。

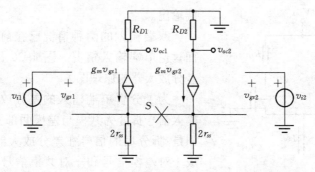

图 4-25 差分放大器在共模输入时的交流小信号等效电路

由于差分放大器的电路对称,又由于在输入共模信号的时候 $v_{i1} = v_{i2}$,所以此时显然有两个晶体管的源极电压相等:$v_{s1} = v_{s2}$。这样,在图 4-25 中 s 点由于两边电压相等而无电流,所以可以如图所示断开。由此我们可以分别计算两个晶体管的电压增益。

对于晶体管 T_1,我们可以列出下列节点方程:

$$g_m(v_{i1} - v_s) = \frac{v_s}{2r_{ss}}$$

$$v_{oc1} = -g_m(v_{i1} - v_s) \cdot R_{D1}$$

由上述方程可解得单端输出共模电压增益(Common-mode Voltage Gain)为

$$A_{vc1} = \frac{v_{oc1}}{v_{i1}} = \frac{-g_m R_{D1}}{1 + 2g_m r_{ss}} \qquad (4.20)$$

上式表明,源极提供静态工作点的电流源的输出电阻 r_{ss} 越大,差分放大器的共模增益越小。

显然,在电路两侧完全对称的条件下,当 $v_{i1} = v_{i2}$ 时必有 $v_{oc1} = v_{oc2}$,即理想情况下的差分放大器的共模输出电压差值为零,所以理想差分放大器的双端输出共模增益为 0。对于实际的差分放大器来说,由于总存在某种不对称,所以其双端输出共模输出电压增益不为 0,而是一个与放大器不对称程度有关的很小的值。

三、输入单端信号

由于差动放大电路具有两个输入端和两个输出端,所以有 4 种不同的输入输出接法:双端输入双端输出;单端输入双端输出;双端输入单端输出和单端输入单

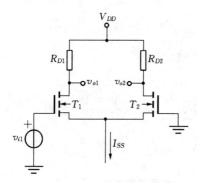

图 4-26 单端输入的差分放大器

端输出。

双端输入的两种情况已在前面讨论过,下面讨论单端输入情况。图 4-26 是单端输入的差分放大器的原理图。

为了分析单端输入的差分放大器,我们将输入信号拆分为共模与差模两部分。拆分的原则是:拆分后的信号在差分放大器的输入端形成一对差模信号和一对共模信号,每个输入端的信号的代数和与原来该输入端的信号相同。即满足

$$
\begin{cases}
v_{i1} = v_{id1} + v_{ic1} \\
v_{i2} = v_{id2} + v_{ic2} \\
v_{id1} = - v_{id2} \\
v_{ic1} = v_{ic2}
\end{cases}
\tag{4.21}
$$

由(4.21)式可以解得

$$
\begin{cases}
v_{id1} = - v_{id2} = \dfrac{1}{2}(v_{i1} - v_{i2}) \\
v_{ic1} = v_{ic2} = \dfrac{1}{2}(v_{i1} + v_{i2})
\end{cases}
\tag{4.22}
$$

这样拆分后,差分放大器的输出为

$$
\begin{cases}
v_{o1} = v_{od1} + v_{oc1} = - g_m R_{D1} v_{id1} - \dfrac{g_m R_{D1}}{1 + 2 g_m r_{ss}} \\
v_{o2} = v_{od2} + v_{oc2} = - g_m R_{D2} v_{id2} - \dfrac{g_m R_{D2}}{1 + 2 g_m r_{ss}} v_{ic2}
\end{cases}
\tag{4.23}
$$

根据上述讨论,图 4-26 的单端输入可以等效成图 4-27 的双端输入的形式。根据图 4-27,我们可以写出它的输出电压为

$$
\begin{cases}
v_{o1} = - g_m R_{D1} v_{id1} - \dfrac{g_m R_{D1}}{1 + 2 g_m r_{ss}} v_{ic1} = - \dfrac{1}{2} g_m R_{D1} v_i - \dfrac{1}{2} \cdot \dfrac{g_m R_{D1}}{1 + 2 g_m r_{ss}} v_i \\
v_{o2} = - g_m R_{D2} v_{id2} - \dfrac{g_m R_{D2}}{1 + 2 g_m r_{ss}} v_{ic2} = \dfrac{1}{2} g_m R_{D1} v_i - \dfrac{1}{2} \cdot \dfrac{g_m R_{D1}}{1 + 2 g_m r_{ss}} v_i
\end{cases}
\tag{4.24}
$$

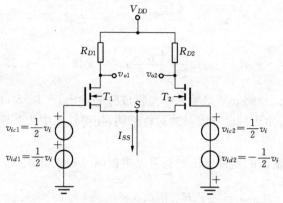

图 4-27   将单端输入的差分放大器等效为双端输入

它的双端输出电压增益为

$$A_v = \frac{v_{o1} - v_{o2}}{v_i} = -g_m R_{D1} \tag{4.25}$$

从(4.24)式和(4.25)式可以看到,单端输入的差分放大器,在双端输出模式下的电压增益与双端输入模式下的一致,并且只有差模输出成分。但是在单端输出模式下,其输出中不仅有差模输出的成分,还有共模输出的成分。

对于差分放大器两端不对称的输入情况,我们也可以上述拆分输入的办法将它们拆分为差模与共模的输入,然后进行分析。

例 4-3   设在图 4-22 差分放大器中,$\frac{1}{2}\mu_n C_{OX}\frac{W}{L} = 2\,\text{mA/V}^2$, $I_{SS} = 0.2\,\text{mA}$, $R_{D1} = R_{D2} = 20\,\text{k}\Omega$。若 $v_{i1} = 50\,\text{mV}$, $v_{i2} = 20\,\text{mV}$, 且已知提供工作点的源极电流源的输出电阻为 $r_{ss} = 200\,\text{k}\Omega$。求差模增益和输出电压。

这是一个不对称的输入,我们可以将两个输入拆分为差模与共模如下:

$$v_{id1} = -v_{id2} = \frac{1}{2}(v_{i1} - v_{i2}) = 15\,\text{mV}$$

$$v_{ic1} = v_{ic2} = \frac{1}{2}(v_{i1} + v_{i2}) = 35\,\text{mV}$$

根据题意,可以解得

$$g_m = 2\sqrt{\frac{1}{2}\mu_n C_{OX}\frac{W}{L}\cdot I_{DQ}} = \sqrt{\mu_n C_{OX}\frac{W}{L}\cdot I_{SS}} = 0.894\,\text{mS}$$

将上述结果代入(4.23)式,得到

$$v_{o1} = -g_m R_{D1} v_{id1} - \frac{g_m R_{D1}}{1 + 2g_m r_{ss}} v_{ic1} = -268 \text{ mV} - 1.75 \text{ mV}$$

$$v_{o2} = -g_m R_{D2} v_{id2} - \frac{g_m R_{D2}}{1 + 2g_m r_{ss}} v_{ic2} = 268 \text{ mV} - 1.75 \text{ mV}$$

上述结果中,± 268 mV 是输入中差模成分的输出,-1.75 mV 是共模成分的输出。可以看到,由于差分放大器的对称结构,使得输出中的共模成分远远小于差模成分。

此电路单端输出的差模电压增益可以根据(4.19)式得到:

$$|A_{vd1}| = \frac{1}{2} g_m R_D = 0.5 \times 0.894 \times 20 = 8.94$$

单端输出共模电压增益可以由(4.20)式得到:

$$|A_{vc1}| = \frac{g_m R_{D1}}{1 + 2g_m r_{ss}} = \frac{0.894 \times 20}{1 + 2 \times 0.894 \times 200} = 0.05$$

这个结果反映了例 4-3 电路的输出电压中两个电压的大小关系。一般情况下,差分放大器的差模电压增益总是远远大于共模电压增益。为了综合比较差分放大电路的放大性能,定义共模抑制比($CMRR$, Common-mode Rejection Ratio)如下:

$$CMRR = \left| \frac{\text{单端输出的差模电压增益}}{\text{单端输出的共模电压增益}} \right| = \left| \frac{A_{vd1}}{A_{vc1}} \right| \tag{4.26}$$

将(4.19)式和(4.20)式代入上述定义,可得

$$CMRR = \frac{\frac{1}{2} g_m R_D}{\dfrac{g_m R_D}{1 + 2g_m r_{ss}}} = \frac{1}{2}(1 + 2g_m r_{ss}) \tag{4.27}$$

根据(4.27)式,可以算得例 4-3 电路的共模抑制比为

$$CMRR = 0.5 + g_m R_{EE} = 0.5 + 0.894 \times 200 = 179(45 \text{ dB})$$

共模抑制比越高,说明相对于差模信号而言,电路对于共模信号的放大作用越弱,输出电压中差模成分与共模成分之间的比例就越悬殊。由于共模信号往往是电路中的干扰信号,例如由于温度变化引起差分放大器两侧晶体管 V_{BE} 的同时变化可以等效为在输入端引入一个共模信号,所以在差分放大器的设计中,一般总是要求获得尽可能高的共模抑制比。而由(4.27)式可以看到,提高共模抑制比的一个重要途径就是提高源极电流源的输出电阻 r_{ss}。为

了讨论的方便,我们在例 4-3 中故意将 r_{ss} 取得比较小。实际上,基本电流源的输出电阻为 V_A/I_{SS},由于 Early 电压 V_A 一般都在几十伏以上,所以通常电流源的输出电阻大致为几百千欧到几兆欧,若采用提高输出阻抗的改进型电流源,则电流源的输出电阻可以高达几百兆欧,此时,上述差分放大器的共模抑制比可以达到 100 dB 以上。

最后我们讨论一下差分放大器的输入阻抗。由于差分放大器大多是放大电路的第一级,所以输入阻抗是设计中的重要指标。

差分放大器的输入阻抗分为差模输入阻抗和共模输入阻抗两种。差模输入阻抗定义为:小信号差模输入电压 v_{id} 对输入电流 i_i 的比值。共模输入阻抗定义为:小信号共模输入电压对一个输入端的输入电流的比值。

对于场效应管差分放大器来说,若在低频情况下不考虑电抗,则显然无论是差模还是共模,低频输入电阻都是无穷大。

对于双极型差分放大器来说,由于存在基极电流,所以它们的输入电阻为有限值。双极型差分放大器的低频小信号等效电路如图 4-28。

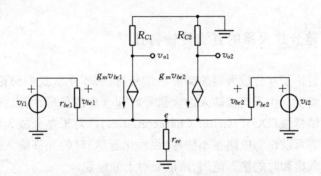

图 4-28　双极型差分放大器的交流小信号等效电路

根据图 4-28,双极型晶体管构成的差分放大器的差模输入电阻为

$$r_{id} = \frac{v_{id}}{i_i} = \frac{v_{i1} - v_{i2}}{i_b} = r_{be1} + r_{be2} = 2r_{be} \qquad (4.28)$$

上式表明,双极型晶体管差分放大器的差模输入电阻是共发射极放大器的输入电阻的 2 倍。

同样,根据图 4-28 可得到双极型晶体管构成的差分放大器的共模输入电阻为

$$r_{ic} = \frac{v_{ic}}{i_i} = \frac{v_{i1}}{i_b} = r_{be} + 2(1 + \beta)r_{ee} \qquad (4.29)$$

上式表明,当 $r_{æ}$ 很大时,共模输入电阻将远大于差模输入电阻。

在同时输入差模电压和共模电压时,可以用叠加法求出流过晶体管基极的小信号交流电流,即

$$i_{b1} = \frac{v_{id}}{r_{id}} + \frac{v_{ic}}{r_{ic}}$$

$$i_{b2} = \frac{v_{id}}{r_{id}} + \frac{v_{ic}}{r_{ic}}$$

因此,双极型差分放大器的输入电阻的等效电路可以用图 4-29 表示。

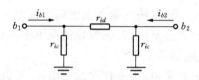

图 4-29 双极型差分放大器输入电阻的等效电路

4.3.2 差分放大器的直流传输特性

前面我们讨论了差分放大器的交流小信号特性,本小节我们讨论差模输入信号为大信号的情况。由于差模输入为大信号时包含直流信号,所以此时的传输特性称为直流传输特性(DC Transfer Characteristics)。对于差分放大器来说,直流传输特性的分析可以说明电路在小信号(线性化近似)时的允许输入范围,也可以说明晶体管进入饱和时的输入范围,所以显得十分重要。

为了简化分析过程,我们作以下假定:(1)晶体管源极(或射极)偏置电流源的输出电阻无穷大,可以用理想电流源取代;(2)晶体管的输出电阻(r_{ds} 或 r_{ce})可以忽略。由于场效应管和双极型晶体管差分放大器的直流传输特性的表达式不同,下面我们分别进行讨论。

一、场效应管差分放大器的直流传输特性

用理想电流源偏置的场效应管差分放大器如图 4-30,在两个晶体管对称的条件下,我们可以有

$$\begin{cases} I_{D1} = K_n (V_{GS1} - V_{TH})^2 \\ I_{D2} = K_n (V_{GS2} - V_{TH})^2 \end{cases} \tag{4.30}$$

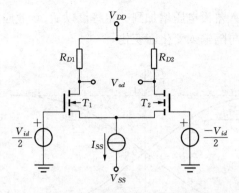

图 4-30 用理想电流源偏置的场效应管差分放大器

其中 $K_n = \dfrac{1}{2}\mu_n C_{OX}\dfrac{W}{L}$。

将(4.30)式两边开方再相减,可以得到

$$\sqrt{I_{D1}} - \sqrt{I_{D2}} = \sqrt{K_n}(V_{GS1} - V_{GS2}) = \sqrt{K_n}\cdot V_{id}$$

考虑到 $I_{D1} + I_{D2} = I_{SS}$,上式可写为

$$(\sqrt{I_{D1}} - \sqrt{I_{SS} - I_{D1}})^2 = K_n V_{id}^2$$

解此二次方程,并注意到 $V_{id} > 0$, $I_{D1} > I_{SS}/2$, 得到

$$\begin{cases} I_{D1} = \dfrac{I_{SS}}{2} + I_{SS}\sqrt{\dfrac{K_n}{2I_{SS}}}\cdot V_{id}\cdot\sqrt{1 - \dfrac{K_n}{2I_{SS}}V_{id}^2} \\ I_{D2} = \dfrac{I_{SS}}{2} - I_{SS}\sqrt{\dfrac{K_n}{2I_{SS}}}\cdot V_{id}\cdot\sqrt{1 - \dfrac{K_n}{2I_{SS}}V_{id}^2} \end{cases} \tag{4.31}$$

或者写成归一化的形式如下:

$$\begin{cases} \dfrac{I_{D1}}{I_{SS}} = \dfrac{1}{2} + V'_{id}\sqrt{1 - (V'_{id})^2} \\ \dfrac{I_{D2}}{I_{SS}} = \dfrac{1}{2} - V'_{id}\sqrt{1 - (V'_{id})^2} \end{cases} \tag{4.32}$$

其中 $V'_{id} = \dfrac{V_{id}}{\sqrt{2I_{SS}/K_n}}$ 是归一化的差模输入电压。

(4.32)式可以用图 4-31 表示。由该图可以看到,场效应管差分放大器的直流传输特性在 $V_{id} = 0$ 附近具有良好的线性传输特性。随着输入电压的增加,传输

特性逐渐弯曲;当输入差模电压增加到一定程度以后,场效应管进入截止区与可变电阻区,漏极电流不再随输入变化而变化。

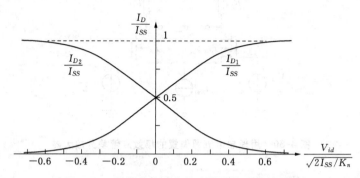

图 4-31 场效应管差分放大器的直流传输特性

由(4.31)式并注意到 $\sqrt{\dfrac{2I_{SS}}{K_n}} = 2\sqrt{\dfrac{I_{DQ}}{K_n}} = 2(V_{GSQ} - V_{TH})$ 后,可以计算出场效应管差分放大器的输入线性范围为

$$v_{id} \leqslant \begin{cases} 0.22\sqrt{2I_{SS}/K_n} = 0.44(V_{GSQ} - V_{TH})\,,\ error = 1\% \\ 0.37\sqrt{2I_{SS}/K_n} = 0.74(V_{GSQ} - V_{TH})\,,\ error = 5\% \end{cases} \tag{4.33}$$

在第 2 章我们已经得出,单管共源放大器允许非线性误差为 5% 时的输入电压范围为 $v_i \leqslant 0.1(V_{GSQ} - V_{TH})$,所以差分放大器的线性输入范围比单管放大器要大许多。

同样由(4.31)式可以算得,场效应管差分放大器输出截止的输入电压为

$$V_{id} \geqslant \sqrt{\dfrac{I_{SS}}{K_n}} = 0.707\sqrt{\dfrac{2I_{SS}}{K_n}} = 1.41(V_{GSQ} - V_{TH}) \tag{4.34}$$

从物理上看,此时由于输入电压足够大,一个晶体管进入截止区而另一个晶体管进入可变电阻区,即使输入进一步增加,进入截止区的晶体管的漏极电流不可能进一步减少,而由于电流源的限流作用,另一个进入可变电阻区的晶体管的漏极电流也不可能进一步增加,所以此状态下差分放大器的输出不再改变。差分放大器的这个特性常常用来构成限幅电路。

二、双极型晶体管差分放大器的直流传输特性

用理想电流源偏置的双极型晶体管差分放大器如图 4-32,其输入回路的电压关系为

$$\frac{V_{id}}{2} - V_{BE1} + V_{BE2} - \frac{-V_{id}}{2} = 0$$

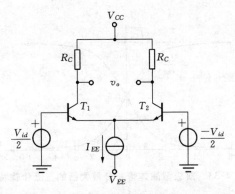

图 4-32   用理想电流源偏置的双极型晶体管差分放大器

所以

$$V_{id} = V_{BE1} - V_{BE2} \tag{4.35}$$

当 $V_{BE} \gg V_T$ 时, 有 $V_{BE} = V_T \ln \dfrac{I_C}{I_S}$。将此关系代入(4.35)式, 并考虑到差分放大器的对称性, 有 $I_{S1} = I_{S2}$, 可得

$$\frac{I_{C1}}{I_{C2}} = \exp \frac{V_{id}}{V_T} \tag{4.36}$$

另外, 电流源 I_{EE} 与晶体管集电极电流的关系为

$$I_{C1} + I_{C2} \approx I_{E1} + I_{E2} = I_{EE} \tag{4.37}$$

联立(4.36)式和(4.37)式, 可得

$$\begin{cases} I_{C1} = \dfrac{I_{EE}}{1 + \exp(-V_{id}/V_T)} \\[3mm] I_{C2} = \dfrac{I_{EE}}{1 + \exp(V_{id}/V_T)} \end{cases} \tag{4.38}$$

图 4-33 表示的就是双极型晶体管差分放大器的直流传输特性(4.38)式。由图 4-33 可以看到其大信号传输特性与场效应管差分放大器类似, 当 $V_{id} = 0$ 时, 差分放大器处于平衡状态, $I_{C1} = I_{C2} = 0.5I_{EE}$。在平衡状态附近, 差分放大器的传输特性具有良好的线性。这个线性范围就是小信号线性化近似的输入电压范围。由(4.38)式可以算得输入线性范围如下:

$$v_{id} \leqslant \begin{cases} \pm 0.7V_T \approx 18 \text{ mV}, \ error = 1\% \\ \pm 1.3V_T \approx 34 \text{ mV}, \ error = 5\% \end{cases} \tag{4.39}$$

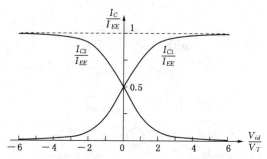

图 4-33 双极型晶体管差分放大器的直流传输特性

将它同晶体管单管放大器的小信号线性化近似输入电压范围 $(0.1V_T = 2.6 \text{ mV}$, 误差 5%)相比可以知道,差分放大器的输入线性范围大。或者说在相同的输入电压下,差分放大器的失真小。

当输入差模电压增加到大约 $\pm 4V_T (100 \text{ mV})$ 以后,集电极电流基本不再随输入变化而变化,即晶体管进入饱和-截止区。

4.3.3 采用有源负载的差分放大器

在集成电路设计中,为了提高放大器的性能以及减小芯片面积,放大器一般总是采用有源负载。典型的采用有源负载的差分放大器如图 4-34 所示。

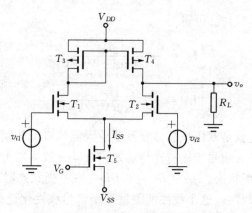

图 4-34 采用有源负载的差分放大器

图 4-34 中 T_1、T_2 为差分对管,T_3、T_4 是作为差分放大器有源负载的电流源电路,T_5 是构成差分放大器偏置的电流镜电路,为了图面简洁,我们将流过参考电流的那一半省略了。

为了分析的方便,我们假设 T_5 具有无穷大的输出阻抗,所以可以看作理想电流源。我们再假设 T_1、T_2 和 T_3、T_4 完全对称。

首先讨论输入差模信号的情况。

图 4-35 是差模输入情况下的有源负载差分放大器。由于 T_1、T_2 完全对称,所以在输入差模信号时,两个晶体管的漏极交流电流(注意:这里的交流电流实际上是漏极电流的变化部分)如图 4-35 中所示,大小相同,方向相反。因为有 $i_{d3} = i_{d1}$,又因为 T_3、T_4 完全对称,所以 $i_{d4} = i_{d3} = i_{d1}$。这样,从图 4-35 可以看到

$$i_o = i_{d2} + i_{d4} = i_{d2} + i_{d1} = 2i_{d1} \tag{4.40}$$

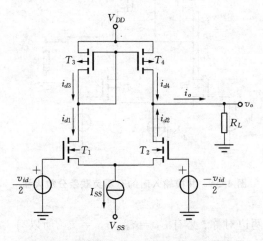

图 4-35　差模输入时的有源负载差分放大器

又因为 $i_{d1} = g_m v_{i1} = \frac{1}{2} g_m v_{id}$,所以

$$i_o = 2i_{d1} = g_m v_{id} \tag{4.41}$$

若从输出端看进去总的负载电阻为 R'_L,则差模电压增益为

$$A_{vd} = \frac{i_o R'_L}{v_{id}} = g_m R'_L \tag{4.42}$$

可以看到,在采用有源负载以后,尽管差分放大器的输出是单端对地的,但是它的电压增益仍然与单管放大器相同,而不是采用电阻负载时那样为单管放大器

的一半。另一方面,此电路从输出端看进去总的负载电阻 R'_L 为

$$R'_L = r_{ds2} \mathbin{/\mkern-5mu/} r_{ds4} \mathbin{/\mkern-5mu/} R_L \tag{4.43}$$

如果后级的负载电阻 R_L 为无穷大, 则 $R'_L = r_{ds2} \mathbin{/\mkern-5mu/} r_{ds4}$。由于 r_{ds2}、r_{ds4} 均为较大的电阻,所以有源负载差分放大器的最大电压增益可以达到很高的数值。

下面讨论输入共模信号的情况。

图 4-36 是输入共模信号的有源负载差分放大器。如图所示,对于共模信号,由于有 $v_{i1} = v_{i2} = v_{ic}$, 所以两个晶体管的集电极电流大小相同,方向也相同。

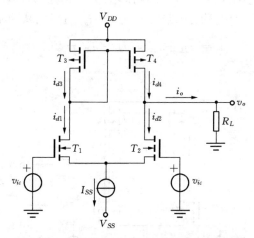

图 4-36　共模输入时的有源负载差分放大器

因为整个电路两边对称,必有 $i_{d1} = i_{d2}$, $i_{d4} = i_{d3}$,所以有 $i_{d4} = i_{d2}$。由图 4-36 可以看到, $i_o = i_{d4} - i_{d2} = 0$。

这个结果说明在理想情况下,有源负载差分放大器的共模增益为 0,从而使得 CMRR 趋于无穷大。当然在实际电路中,由于总是存在各种不对称的情况,所以实际电路的 CMRR 不可能等于无穷大,但是肯定比电阻负载的差分放大器高得多。

从上面的讨论可以看到,有源负载差分放大器具有良好的差模放大特性和很高的共模抑制比,所以在集成放大器电路中得到广泛运用。有源负载差分放大器的另一个重要特点是能够使差模输入信号有效地转换为以地为参考点的单端输出信号。由于大部分放大器需要以地作为参考点,所以这个电路特点具有十分重要的意义。

4.3.4 差分放大器的输入失调

一个理想的差分放大器,应该在输入差模信号为零时,两个输出端完全平衡,即输出电压为零。然而在实际的差分放大器中,两侧的元件不可能做到完全匹配,导致差分放大器在输入信号为零时输出信号不为零。这种现象称为差分放大器的失调(Offset)。

由于失调造成的输出信号通常无法与被放大的输出信号加以区分,所以失调直接影响放大器的分辨能力。另外,对于理想的差分放大器,输入共模信号时,输出的差模电压 ($v_{o1} - v_{o2}$) 应该为零,但是由于失调的存在,实际上将有一个差模电压输出,所以失调将使差分放大器的共模抑制比变差。

通常将差分放大器的各种失调都等效到输入端,称为输入失调(Input Offset)。输入失调可以分成输入失调电压(Input Offset Voltage)和输入失调电流(Input Offset Current)两种。

一、输入失调电压 V_{IO}

输入失调电压的定义是:一个差分放大器由于电路不对称,在其输入为零时输出不为零。若在其输入端加上补偿电压 V_{IO} 可以导致输出为零,则称此补偿电压 V_{IO} 为差分放大器的输入失调电压。

描述场效应管差分放大器输入失调电压的电路如图 4-37 所示。

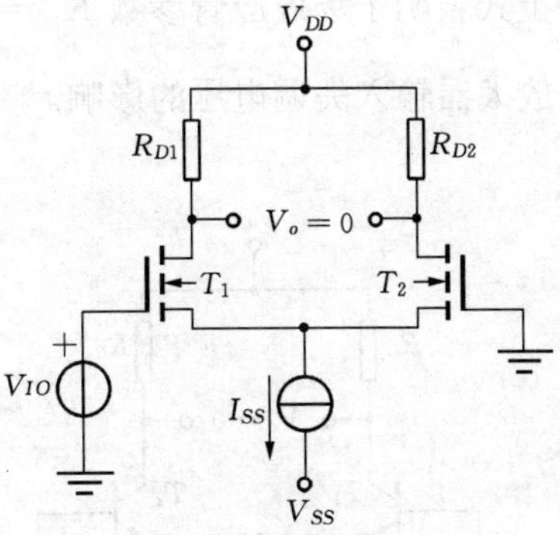

根据上述电路,可以得到下列等式:

$$V_{IO} = V_{GS1} - V_{GS2}$$

$$= \sqrt{\frac{I_{D1}}{K_{n1}}} - \sqrt{\frac{I_{D2}}{K_{n2}}} + V_{TH1} - V_{TH2}$$

$$(4.44)$$

由于(4.44)式比较复杂,我们对漏极电阻 R_D 的不对称和场效应管参数的不对称引起的输入失调电压分别进行讨论。

首先讨论漏极电阻不对称对于输入失调电压的影响。在此假定场效应管参数对称,即 $K_{n1} = K_{n2}$,$V_{TH1} = V_{TH2}$。考虑到 $I_{D1} = \frac{V_{DD} - V_{o1}}{R_{D1}}$,$I_{D2} = \frac{V_{DD} - V_{o2}}{R_{D2}}$,并且在图 4-37 中的输出为零即 $V_{o1} = V_{o2}$ 等条件

图 4-37 场效应管差分放大器的输入失调电压

后,令 R_{D1} 与 R_{D2} 的平均值为 R_D ,它们的差值为 ΔR_D ,则可将(4.44)式写成如下形式:

$$V_{IO} = \sqrt{\frac{I_{SS}}{2K_n}} \left[\sqrt{1 + \frac{\Delta R_D}{2R_D}} - \sqrt{1 - \frac{\Delta R_D}{2R_D}} \right]$$

当 $\Delta R_D / 2R_D \ll 1$ 时,有

$$V_{IO} \approx \sqrt{\frac{I_{SS}}{2K_n}} \cdot \frac{\Delta R_D}{2R_D} \tag{4.45}$$

下面我们讨论场效应管参数对于输入失调电压的影响。为此假定漏极电阻 R_D 对称,由于图 4-37 中的输出为零, $I_{D1} = I_{D2} = \dfrac{I_{SS}}{2}$ 。令 K_{n1} 与 K_{n2} 的平均值为 K_n ,它们的差值为 ΔK_n , (4.44)式可以写成

$$V_{IO} = \sqrt{\frac{I_{SS}}{2}} \left[\frac{1}{\sqrt{K_n + (\Delta K_n / 2)}} - \frac{1}{\sqrt{K_n - (\Delta K_n / 2)}} \right] + (V_{TH1} - V_{TH2})$$

当 $\Delta K_n / K_n \ll 1$ 时,上式可写成

$$V_{IO} \approx \sqrt{\frac{I_{SS}}{2K_n}} \cdot \frac{\Delta K_n}{2K_n} + \Delta V_{TH} \tag{4.46}$$

上式表明了场效应管参数 $K_n = \dfrac{1}{2} \mu_n C_{OX} \dfrac{W}{l}$ 以及 V_{TH} 的不对称对于场效应管差分放大器输入失调电压的影响。

综合(4.45)式和(4.46)式,场效应管差分放大器输入失调电压的表达式为

$$V_{IO} = \sqrt{\frac{I_{SS}}{2K_n}} \cdot \frac{\Delta R_D}{2R_D} + \sqrt{\frac{I_{SS}}{2K_n}} \cdot \frac{\Delta K_n}{2K_n} + \Delta V_{TH} \tag{4.47}$$

上式表明场效应管差分放大器的输入失调电压由三部分组成:漏极电阻 R_D 的不对称、晶体管参数 K_n 的不对称以及阈值电压 V_{TH} 的不对称。

描述双极型晶体管差分放大器输入失调电压的电路如图 4-38 所示。

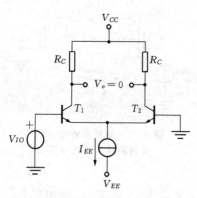

图 4-38　双极型晶体管差分放大器的输入失调电压

上述电路的分析如下：

$$V_{IO} = V_{BE1} - V_{BE2} = V_T \ln\left(\frac{I_{C1}}{I_{S1}}\right) - V_T \ln\left(\frac{I_{C2}}{I_{S2}}\right) = V_T \ln\left(\frac{I_{C1} I_{S2}}{I_{C2} I_{S1}}\right)$$

另外，由于 $V_o = 0$，所以 $\dfrac{I_{C1}}{I_{C2}} = \dfrac{R_{C2}}{R_{C1}}$，所以有

$$V_{IO} = V_T \ln\left(\frac{R_{C2} I_{S2}}{R_{C1} I_{S1}}\right) \tag{4.48}$$

当 R_{C2}/R_{C1} 和 I_{S2}/I_{S1} 均接近于 1 时，有

$$V_{IO} \approx V_T\left(\frac{\Delta R_C}{R_C} + \frac{\Delta I_S}{I_S}\right) \tag{4.49}$$

其中 R_C 为 R_{C1} 与 R_{C2} 的平均值，I_S 为 I_{S1} 与 I_{S2} 的平均值。

上式表明双极型差分放大器的输入失调电压是由于集电极电阻 R_C 的不对称和晶体管参数 I_S 的不对称造成的。

二、输入失调电流 I_{IO}

输入失调电流的定义是：使差分放大器输出电压为零时，差分对管输入端偏置电流的差值。

由于场效应管差分放大器的输入端偏置电流几乎为零，实际的输入电流只是一些栅极漏电流，本身就极小，所以它的输入失调电流极小，通常在室温下只有若干 pA，我们不再进行讨论。

对于双极型晶体管差分放大器而言，输入失调电流主要是由于晶体管 β 的不一致引起的，电路如图 4-39 所示。

在图 4-39 中，假定两个集电极电阻完全对称，则由于 $V_o = 0$，所以有 $I_{C1} = I_{C2}$。定义 $I_{IO} = I_{B1} - I_{B2}$，可以写出

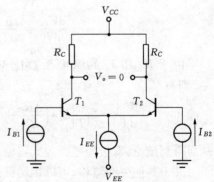

图 4-39　双极型晶体管差分放大器的输入失调电流

$$I_{IO} = I_{B1} - I_{B2} = I_C\left(\frac{1}{\beta_1} - \frac{1}{\beta_2}\right) = I_C\frac{\Delta\beta}{\beta_1\beta_2} \approx I_B\frac{\Delta\beta}{\beta} \tag{4.50}$$

上式表明了 β 不对称的影响。当然 R_C 的不对称也可造成 I_{IO}，但由于通常集成电路中 $\Delta\beta/\beta$ 可达 10%，而 $\Delta R_C/R_C$ 仅 1%，所以双极型差分放大器的输入失调电流

主要是由于 β 的不对称造成的。

三、差分放大器的失调漂移

由于失调的存在,放大器的输出在零输入条件下将偏离零点。不仅如此,当温度或其他环境条件发生改变时,这种偏离的程度还随着外界条件的改变而改变。这种现象就称为差分放大器的失调漂移。

当放大器的增益不同时,输出端的漂移也不同。为了排除放大器增益的影响,所有漂移的定义都是将输出端的漂移除以放大器的放大倍数,即折合到放大器的输入端来计算的。

由于引起漂移的最常见的因素是环境温度,所以也常常将失调漂移称为失调温漂。当信号源具有低内阻时,漂移主要是由于失调电压的漂移引起的;当信号源的内阻很高时,漂移主要是由于失调电流的漂移引起的。

要具体分析差分放大器的温度漂移,应该将输入失调电压或输入失调电流的表达式对温度求微分。例如,双极型晶体管差分放大器的输入失调电压为

$$V_{IO} = V_T\Big(\frac{\Delta R_C}{R_C} + \frac{\Delta I_s}{I_s}\Big)$$

其输入失调电压的温度漂移为

$$\frac{\mathrm{d}V_{IO}}{\mathrm{d}T} = \frac{\mathrm{d}}{\mathrm{d}T}\Big[V_T\Big(\frac{\Delta R_C}{R_C} + \frac{\Delta I_s}{I_s}\Big)\Big]$$

由于 R_C 和 I_s 的温度系数比 V_T 的温度系数小得多,可以假定与温度无关,则有

$$\frac{\mathrm{d}V_{IO}}{\mathrm{d}T} = \frac{\mathrm{d}}{\mathrm{d}T}\Big[V_T\Big(\frac{\Delta R_C}{R_C} + \frac{\Delta I_s}{I_s}\Big)\Big] = \frac{k}{q}\Big(\frac{\Delta R_C}{R_C} + \frac{\Delta I_s}{I_s}\Big) = \frac{V_{IO}}{T}$$

从而得到结论:双极型差分放大器输入失调电压的温漂与失调电压成正比。

关于其他失调漂移,可以用类似的办法计算,这里不再一一列举。

四、解决失调的办法

由于失调影响差分放大器的综合性能,所以在要求较高的场合,需要采取一定的措施将失调消除。常用的解决办法有两种:集电极(漏极)调零和发射极(源极)调零。

集电极调零的基本电路如图 4-40(a)。在集电极负载电阻上串联一个较小的电位器接集电极电源,通过改变其抽头位置,可以微调两个集电极负载电阻的大

小,从而使得在输入为零时输出亦为零,达到消除失调的目的。

对于电流源负载的电路,集电极调零的电路如图 4-40(b)所示,通过电位器改变负载电流镜的电流比例,同样达到调零的目的。

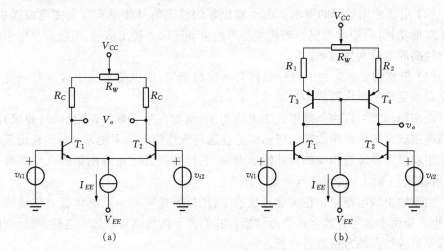

图 4-40　集电极调零

发射极调零的基本电路如图 4-41。通过引入发射极电阻,可以改变两个晶体管的电流分配关系,所以微调电位器可以进行调零。但是这个电路有一个缺点,由于发射极电阻引入后会降低放大器的交流增益,所以要求电位器的阻值尽可能小。也由于这个原因,此种调零方式不如集电极调零那样普遍使用。

上述调零方式也都可以用到场效应管差分放大器中。

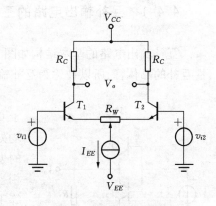

图 4-41　发射极调零

§4.4　功率输出电路

在实际的放大器中,往往要求放大器的输出级输出一定的功率以满足驱动负载的要求,所以放大器的输出级必须满足许多特殊要求:

(1) 功率传输的要求。即要求输出级能够在信号不失真的条件下,在规定的负载条件下能够输出较大的电压和电流。

（2）阻抗匹配的要求。阻抗匹配的目的是希望在负载上得到尽可能高的信号功率。对于一个通用的电压放大器来说，就需要尽量降低输出级的输出阻抗。

（3）电源利用效率的要求。由于输出级的输出信号能量实际上由电源提供，为了降低功耗，希望电源提供的能量尽可能全部转换为输出信号，所以要求输出级具有较高的电源利用效率。

（4）带宽的要求。由于信号总具有一定的带宽，所以要求输出级具有一定的带宽以满足整个放大器的频响要求。

功率输出级可以由不同形式的电路构成，例如在第 3 章讨论的射极（源极）跟随器电路就常常用来构成输出级。但是在通用线性放大器中更为常见的输出级电路是用双极型晶体管构成的互补输出电路，它比较符合上述输出级的几个特殊要求，所以我们下面主要讨论互补输出电路。

由于输出级电路工作在大信号状态下，所以不能将其中的晶体管看作线性元件，也不能用小信号等效电路进行分析。我们在下面将结合具体的电路，采用图解和数学推导结合的方法进行分析。

4.4.1 互补输出电路的工作原理

互补输出电路的基本结构如图 4-42 所示。由于它采用 PNP 和 NPN 两种极性互补的晶体管，所以被称为互补输出电路。

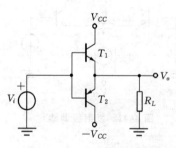

图 4-42 基本的互补输出电路

互补输出电路的大致工作过程是：当 V_i 等于 0 时，V_o 也等于 0，两个晶体管由于 $V_{BE}=0$ 而均处于截止状态。当输入信号 V_i 大于 0 时，T_1 的发射结开始正偏，所以 T_1 开始导通，此时 T_1 相当于射极跟随器。由于 T_2 的发射结电压始终等于 T_1 的发射结电压，而 T_2 的极性与 T_1 相反，所以 T_2 将始终处于截止状态。当输入信号 V_i 小于 0 时，全部过程反过来。由此可见，这个电路每个晶体管的导通时间始终只有半个周期（导通角等于 π）。一般将放大器按照导通角的大小分类，导通角等于 π 的称为乙类（Class B）放大器。

下面详细讨论图 4-42 电路的转移特性。

当 $V_i>0$ 时，由于 T_2 始终处于截止状态，我们可以忽略 T_2 的存在。根据

图 4-42，我们可以列出 $V_i > 0$ 时的转移特性方程如下：

$$V_i = V_{BE1} + V_o \qquad (4.51)$$

由于输入是一个大信号，所以我们不能将 V_{BE1} 视为常量，(4.51)式要写为

$$V_i = \frac{kT}{q}\ln\frac{I_{c1}}{I_{S1}} + V_o = \frac{kT}{q}\ln\frac{V_o}{I_{S1}R_L} + V_o \qquad (4.52)$$

当输入 V_i 很小时，由于 kT/q 很小，在开始时输出 V_o 极小，几乎为零，此时的晶体管基本截止。

随着 V_i 增加到某个数值时，由于(4.52)式右边对数部分增加较快，晶体管开始导通。

当 V_i 进一步增加时，(4.52)式右边对数部分增加变慢，所以输出 V_o 的增量基本上等于 V_i 的增量，即转移特性的斜率接近于 1。此时放大器进入线性放大状态。

放大状态与截止状态的界限大致就是 $V_{BE(on)}$，对于硅晶体管来说，大约在 $0.5\sim0.7\,\mathrm{V}$。

若输入 V_i 继续增大，则随着输出 V_o 的增加，晶体管的 V_{CE} 逐步减小。当输入 V_i 增加到使得输出 $V_o = V_{CC} - V_{CES}$ 时，晶体管进入饱和区。此时即使输入进一步增大，由于电源电压的限制，输出基本不再增加。

当 $V_i < 0$ 时，情况与之类似，只是所有特性的极性相反。

综合上述情形，图 4-42 所示的基本互补输出电路的转移特性如图 4-43 所示。

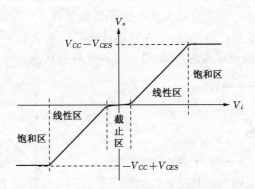

图 4-43　基本互补输出电路的转移特性

若在互补输出电路的输入端施加大幅度的正弦信号，则根据转移特性，在输出端也应该有相应的输出。图 4-44 就是在互补电路的输入端施加信号后的输出情况。由图 4-44 的输出信号波形可以看到，在基本互补电路转移特性中，以 $V_i = 0$

为中心有一个宽度大约为 $2V_{BE(on)}$ 的截止区,通常称之为"死区"。由于死区的存在,在输入一个正弦信号时,若输入信号的幅度小于死区电压,输出基本为 0,所以在输出波形的中央部位出现很大的失真。由于这个失真正好位于两个晶体管的交替导通点附近,所以称为交越失真。

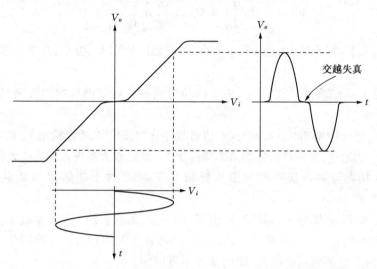

图 4-44　基本互补输出电路的交越失真

由于交越失真极大影响电路的输出,所以在实际的互补输出电路中,必须采用一定的办法加以消除。因为交越失真是由于晶体管存在一个导通阈值引起的,所以常用的消除交越失真的办法是:预先在晶体管的输入端加上一个直流偏置,使得晶体管的 V_{BEQ} 达到阈值电压的边缘,处于一种微导通状态。

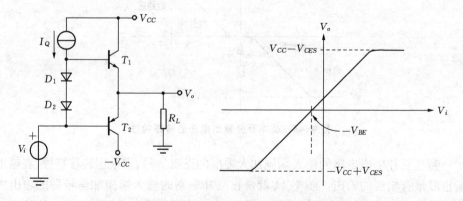

图 4-45　降低交越失真的互补输出电路及其转移特性

典型的消除交越失真电路见图 4-45。这个电路的工作原理是：当输入 $V_i = 0$ 时，电流源产生的偏置电流 I_Q 流过二极管 D_1、D_2，从而在晶体管 T_1、T_2 的两个基极之间产生静态偏置电压。这个偏置电压使得 T_1、T_2 处于微导通状态，所以 T_1、T_2 有一个很小的集电极静态电流，这一个静态电流的大小取决于 D_1、D_2 和 T_1、T_2 的发射区面积的比值。由于 T_1、T_2 处于微导通状态，所以输出静态电压比输入电压高一个 V_{BE}。

当输入 $V_i < 0$ 时，由于 T_2 原来已经处于微导通状态，所以能够立即开始跟随输入 V_i 的变化。此时负载电流流经 T_2，使得 V_{BE2} 增大，但是由于两个二极管跨接在两个晶体管的基极，所以 V_{BE1} 与 V_{BE2} 之和保持基本不变，所以，V_{BE2} 增大导致 V_{BE1} 减小，晶体管 T_1 由微导通状态向截止状态过渡，流过它的电流变得极小，对输出毫无贡献。

当输入 $V_i > 0$ 时，所有情况正好颠倒过来，T_1 开始跟随输入，而 T_2 对输出毫无贡献。图 4-45 示出这种电路的转移特性。

综上所述，这个电路的导通情况基本上还是处于乙类状态，与纯粹的乙类放大器的微小的差别就是在输入为零时存在一个很小的静态工作电流。为了将它与纯粹乙类加以区别，有时也将这样的放大器称为甲乙类放大器。

4.4.2　乙类放大器的输出功率和电源利用效率

乙类放大器的导通角为 π，每个晶体管只在半个周期内通过流向负载电阻 R_L 的电流。假定流过负载的电流是峰值为 I_{om} 的正弦波，则每个晶体管流过的平均电流为

$$\bar{I} = \frac{1}{2\pi} \int_0^\pi I_{om} \sin(\omega t) \, \mathrm{d}(\omega t) = \frac{I_{om}}{\pi} \tag{4.53}$$

由于流过晶体管的平均电流实际上就是电源的供电电流，再考虑到输出电压峰值 V_{om} 就是流过负载的电流峰值与负载电阻的乘积，所以每个电源的供电电流为

$$I_{DC} = \bar{I} = \frac{1}{\pi} \cdot \frac{V_{om}}{R_L} \tag{4.54}$$

考虑两个半周分别由两个电源供电，电源的总平均功率为

$$P_{DC} = 2V_{CC} I_{DC} = \frac{2}{\pi} \cdot \frac{V_{CC}}{R_L} V_{om} \tag{4.55}$$

由于在负载上得到的输出信号是正弦波，所以输出功率为

$$P_L = \frac{1}{2} \cdot \frac{V_{om}^2}{R_L} \tag{4.56}$$

定义电源利用效率为负载上得到的输出信号功率与电源提供的平均功率之比,则乙类放大器的电源利用效率为

$$\eta = \frac{P_L}{P_{DC}} = \frac{\pi}{4} \cdot \frac{V_{om}}{V_{CC}} \tag{4.57}$$

(4.57)式表明,乙类放大器的电源利用效率与负载无关,但与输出电压幅度有关。从图 4-45 的转移特性可知,互补放大器的输出幅度的最大值为 $V_{om} = V_{CC} - V_{CES}$,所以,互补放大器的最大输出功率以及电源利用效率分别为

$$P_L = \frac{1}{2} \cdot \frac{V_{om}^2}{R_L} = \frac{1}{2} \cdot \frac{(V_{CC} - V_{CES})^2}{R_L} \tag{4.58}$$

$$\eta = \frac{\pi}{4} \cdot \frac{V_{om}}{V_{CC}} = \frac{\pi}{4} \cdot \frac{V_{CC} - V_{CES}}{V_{CC}} \tag{4.59}$$

若电源电压 V_{CC} 远大于晶体管的饱和压降 V_{CES},则在理论上乙类放大器能够达到的最大电源利用效率为 $\eta_{max} = \frac{\pi}{4} = 78.6\%$。

例 4-4 普通双极型晶体管的饱和压降根据集电极电流的不同,在 $0.1 \sim 1$ V 之间。若某晶体管的饱和压降为 0.6 V,电源电压为 ± 15 V,负载电阻为 300 Ω,求最大输出功率和电源利用效率。

根据(4.58)式、(4.59)式,这个电路的最大输出功率和电源利用效率分别是

$$P_L = \frac{1}{2} \cdot \frac{(V_{CC} - V_{CES})^2}{R_L} = \frac{1}{2} \cdot \frac{(15 - 0.6)^2}{300} = 346 \text{ mW}$$

$$\eta = \frac{\pi}{4} \cdot \frac{V_{CC} - V_{CES}}{V_{CC}} = \frac{\pi}{4} \cdot \frac{15 - 0.6}{15} = 75.4\%$$

可见此电路的电源利用效率与理论最大值相当接近。

4.4.3 实际的互补输出电路

实际的互补输出电路可以根据图 4-45 的原理电路实现。一个实际电路的例子见图 4-46,其中 T_1、T_2 是互补输出管,T_3、T_4 以及 R_1 构成提供偏置的两个二极管,T_5、T_6、T_7 以及 R_2 构成提供偏置的电流镜,T_8(共发射极电路)和 T_9(射极

跟随器)组成前置放大器。总的输入信号加在 T_8 的基极与 $-V_{CC}$ 之间。

下面考察图 4-46 电路的输出动态范围。

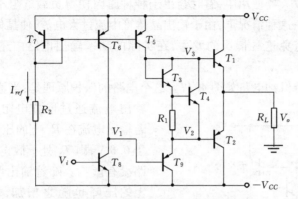

图 4-46   实际的互补输出电路例子

假定输出 $V_o = 0$ 时的输入 V_i 为静态输入。当输入信号由静态向正方向变化时，T_8 的集电极电位 V_1 下降，而 T_9 和 T_2 则依次跟随，输出变负，负载电流通过 T_2 流向 $-V_{CC}$。当 T_8 进入饱和区时，便达到了负输出电压的最大摆幅，其值为

$$V_{o-} = -V_{CC} + V_{CES8} + V_{BE9} + V_{BE2}$$

当输入信号由静态向负方向变化时，T_8 的集电极电位 v_1 上升，T_9 跟随导致 v_2 上升，因为 T_3、T_4 构成提供偏置的两个二极管两端电压差基本保持不变，所以 V_3 也随之上升，T_1 向负载提供电流。当由于 V_3 上升导致电流源 T_5 进入饱和区时，便达到了正输出电压的最大摆幅，其值为

$$V_{o+} = V_{CC} - V_{CES5} - V_{BE1}$$

从上面的讨论可以看到，实际互补输出电路的输出摆幅并不完全取决于最后的互补输出晶体管的饱和压降，这是实际电路和原理电路的不同之处。一般而言，实际电路的摆幅要小于原理电路的摆幅，所以电源利用效率也会有所下降。

最后，我们来讨论上述电路的最大输出电流。

当输出为正电压时，T_1 的最大基极电流为电流源 T_5 提供的电流 I_{C5}，所以 T_1 的最大正向输出电流(流出电流，Source Current) $I_{Omax} = \beta_1 I_{C5}$。例如 $I_{C5} = 0.2 \text{ mA}$，$\beta_1 = 100$，则 $I_{Omax} = 20 \text{ mA}$。虽然在这个电路中输出负电压时的电流没有上述限制，但是一般考虑上下对称，此电流也就是放大器的最大负向输出电流(吸入电流，Sink Current)。在集成电路设计时将根据这个电流确定晶体管的面积等

工艺参数。

上述最大输出电压和最大输出电流也就确定了这个放大器的最小负载电阻。但是在实际的放大器使用中,有时会由于种种原因使得负载电阻小于额定的最小值甚至短路。在这种情况下,由于输出晶体管中流过大电流,使晶体管过热而造成热击穿。为了避免这种情况的发生,在实际的功率输出电路中还常常加入输出过流保护。

实际的过流保护电路如图 4-47。这个电路的保护原理是:当输出 V_o 为正时,输出电流通过取样电阻 R_1 流向负载。若输出电流在 R_1 上的压降较小,例如低于 0.6 V,则 T_5 处于截止状态,对整个电路没有影响。随着输出电流的增加,R_1 上的压降也随之增加,当此压降大于 0.6 V 以后,T_5 将从截止状态逐步导通,从而对 T_1 的基极电流形成分流。输出电流越大,此分流作用越强,所以实际的输出电流将被限制在一定的范围内。输出 V_o 为负时的保护作用也可以同样分析。

也可以用 MOSFET 构成保护电路。此时应该使负载电流超过额定电流后取样电阻 R_1 上的压降大于 MOSFET 的阈值电压 V_{TH},使得 MOSFET 导通,起到保护作用。

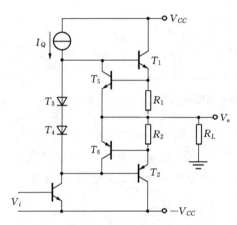

图 4-47 互补输出电路的过流保护

§4.5 集成运算放大器

将本章前面介绍的多个放大器单元组合成一个多级放大器,并集成在一个硅片上,就形成了一个集成运算放大器(简称集成运放)。

运算放大器(Operational Amplifier)是一种高增益的放大器。结合后面将要介绍的负反馈技术,它可以构成具有多种数学运算功能的电路,例如加减、微积分等,所以被称作运算放大器。随着集成电路技术的发展,集成运放的性能日益增强,成本日益下降,再加上它具有可靠性高、使用方便等特点,所以目前除了一些特殊场合外,已经取代各种由分立元件构成的放大器,成为模拟信号处理电路中的一个基本元件。

4.5.1 集成运算放大器的结构

集成运放一般由输入级、中间级、输出级以及偏置电路构成,它的基本结构如图 4-48 所示。通常情况下,其输入级采用差分放大器,中间级采用有源负载的共源或共射放大器,输出级则采用互补输出电路。

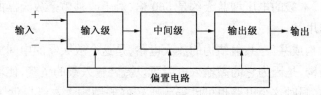

图 4-48　集成运算放大器的一般结构

为了使读者对集成运放的结构有更深的了解,下面举两个集成运放的例子。采用双极型电路的集成运放的典型例子见图 4-49,该电路的定性分析如下。

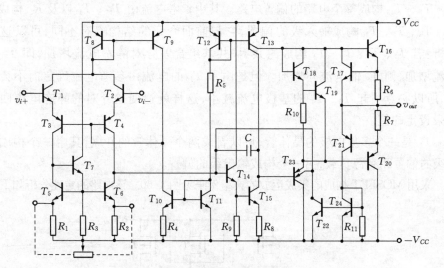

图 4-49　双极型晶体管集成运放的例子

图 4-49 电路中,T_1、T_2 是射极跟随器,它们构成了集成运放的输入端,具有较大的输入电阻和较小的输出电阻,并驱动由 T_3、T_4 构成的共基电路。实际上上述 4 个晶体管构成共射-共基组合差分对。T_5、T_6、T_7 以及 R_1、R_2、R_3 构成改进型的比例电流源,作为它们的有源负载。T_5、T_6 的发射极引到集成电路外部,可

以外接调零电位器(图中虚线所示)。

上述 7 个晶体管构成了输入级电路。这部分电路完成的功能有 3 项:一、差模输入到单端输出的转换。二、电平移动功能。一般集成运放的输入端电平为 0 V,但是为了后级的放大,需要将输入电平移动到适合后级工作的位置。对于本电路,后级是 T_{14} 和 T_{15},所以需要将输入端的电平移到相对于 $-V_{CC}$ 高两个 PN 结左右的电平。本级通过 T_4 和 T_6 的输出实现此电平移动。三、较大的电压增益。可以通过计算知道,本级的电压增益大约是 560 倍,对于改善整个放大器的噪声与失调起到一定的作用。

T_{14} 和 T_{15} 构成共集-共射结构的放大电路,是这个放大器的中间放大级。之所以采用这个结构,是因为它的高输入电阻可以减轻输入级的负载,使输入级可以提供较大的增益,同时这个电路也可以得到比较好的频响。本级提供了很大的电压增益,通过计算可知本级的增益大约为 564 倍。

$T_{16} \sim T_{24}$ 构成互补输出级。其中 T_{16}、T_{20} 是互补输出晶体管,T_{18}、T_{19} 构成降低交越失真的偏置电压二极管,T_{17}、T_{21} 以及 T_{22}、T_{24} 构成输出保护电路。

$T_8 \sim T_{13}$ 构成整个电路的偏置电路。其中参考电流由 T_{12}、T_{11} 以及 R_5 构成。

T_8、T_9、T_{10} 构成输入级的偏置,它与前面介绍的结构略有不同,可以这样分析:若 T_1、T_2、T_3、T_4 构成的共射-共基组合差分对静态电流增加,即 T_8 的电流增加,则 T_9 的电流亦增加。但是由于 T_{10} 的电流由参考电流确定而不会增加,所以必然引起 T_3、T_4 的基极电流减小,这样就迫使差分对的静态电流回到原来设定的值。

T_{13} 是一个多集电极的晶体管,可以看成两个晶体管的并联,其中一个构成中间级的偏置和有源负载,另一个构成输出级的偏置。

采用 MOSFET 构成的集成运放的典型例子见图 4-50。该电路的定性分析如下。

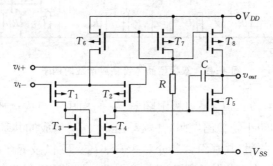

图 4-50 MOSFET 集成运放的例子

场效应管 T_1、T_2 构成差分对，T_3、T_4 是它们的有源负载。T_6、T_7 是电流源，提供它们的偏置电流。这几个晶体管组成了输入级，除了差模输入转化为单端输出外，由于它的负载是场效应管 T_5，所以第一级就能够提供很大的电压增益。另外，与双极型集成运放相比，它的输入电阻要大得多。

T_5 是一个共源放大器，T_8 是它的有源负载。它们构成了主放大级，同时又是输出级。当负载开路时，这一级也提供了很大的电压增益。由于这一级的输出阻抗很大，所以这个运放的负载能力很弱。实际上它只能带动以场效应管为负载的电路。

通过上述两个集成运放的比较可以看到，场效应管构成的运放在结构上比较简单，所以它的集成度要比双极型电路高许多，同时它具有高输入阻抗的特点。但是一般来说，场效应管运放的输出阻抗要高于双极型运放，也就是它的负载能力比较弱。所以目前大部分通用集成运放仍然采用双极型晶体管结构，或者仅在输入级采用结型场效应管构成差分对。即使采用 MOSFET 构成的通用集成运放，也要在输出级采取措施降低输出电阻，或者采用双极型的输出级电路。而在迅速发展中的模拟-数字混合集成电路里，由于其内部连接时不存在负载能力的问题（后级也是 MOSFET），所以大量采用场效应管构成的集成放大器，以利用它的高集成度以及与 CMOS 工艺完全兼容的特点。

按照国家标准，运算放大器的电路符号如图 4-51 所示。其中总限定符号三角形表示这是一个放大器。三角形后面可以跟一个数字，表示该放大器的放大倍数。由于通用集成运放的放大倍数一般都很高，所以在不是特别关心这个值的时候，一般可以用无穷大符号表示。符号左侧是两个输入端，"＋"，"－"符号分别表示输入与输出之间的相

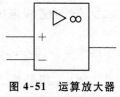

图 4-51 运算放大器的电路符号

位关系，"＋"表示输入与输出同相，"－"表示反相。若不是特别关心放大器的电源时，电源端不必标明，否则可以在符号上标出电源端。

4.5.2 集成运放的等效模型和主要特性指标

前面已经讲到，由于集成电路的发展，集成运放已经像普通晶体管一样，成为模拟信号处理电路中的一个基本元件。

我们在分析一个由晶体管构成的电路时，一般用晶体管的小信号等效模型取代晶体管，这样可以用线性电路分析的办法对电路的性能进行分析。同样，在分析用集成运放构成的电路时，我们也可以将集成运放用一个等效电路进行替代，这个

模型就是集成运放的宏模型。

由于集成运放的内部结构十分复杂,所以要精确等效一个集成运放的模型也是相当复杂的,实际上比较精确的模型只适合计算机进行分析。为了分析问题的方便,通常采用一些简化模型。常用的集成运放的低频等效电路如图 4-52 所示。

在图 4-52 的模型中,考虑了输入失调、偏置电流、共模和差模输入电阻、共模和差模放大倍数以及输出电阻。由于没有考虑集成运放在高频下的参数变化情况,所以只适用于低频的情况。图中涉及的性能指标定义如下:

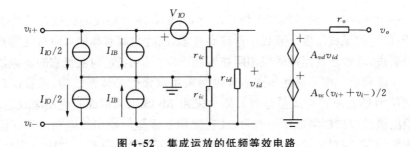

图 4-52   集成运放的低频等效电路

(1) 开环差模电压增益(Open-Loop Voltage Gain) A_{vd} 集成运放在没有外加反馈时的差模电压增益称为开环差模电压增益,即 $A_{vd} = \left| \dfrac{v_{od}}{v_{id}} \right|$。通常用分贝表示这个参数,即 $A_{vd}(\mathrm{dB}) = 20\lg \left| \dfrac{v_{od}}{v_{id}} \right|$。

(2) 共模抑制比(Common-Mode Rejection Ratio) $CMRR$ 共模抑制比的定义为差模放大系数与共模放大系数之比,即 $CMRR = \left| \dfrac{A_{vd}}{A_{vc}} \right|$,同样也常用分贝表示, $CMRR(\mathrm{dB}) = 20\lg \left| \dfrac{A_{vd}}{A_{vc}} \right|$。

上述两个参数表征了集成运放的放大能力和抗共模干扰能力,是集成运放最基本的两个性能参数。

(3) 差模输入阻抗(Deferential Input Impedance) r_{id} 此参数就是集成运放输入级的差模输入阻抗,显然,此阻抗越大,对于信号源来说负载越轻。所以通用集成运放一般都有很大的输入阻抗。

(4) 共模输入阻抗(Common-Mode Input Impedance) r_{ic} 此参数就是集成运放输入级差分放大器的共模输入阻抗。

(5) 输出阻抗(Output Impedance) r_o 此参数就是集成运放输出级的输出

阻抗。

(6) 输入失调　输入失调包括输入失调电压(Input Offset Voltage) V_{IO}、输入失调电流(Input Offset Current) I_{IO}、输入失调电压温漂 dV_{IO}/dT、输入失调电流温漂 dI_{IO}/dT 等几个参数。它们的定义以及对电路的影响已经在差分放大器一节讨论过。在一般的通用集成运放中,它们都是一个很小的值。但是由于集成运放的开环增益极大,很小的失调电压就可以使开环的运放进入饱和,所以在需要精确放大的场合,必须考虑此参数的影响并施加调零措施。

(7) 输入偏置电流(Input Bias Current) I_{IB}　此参数是集成运放输入级的基极(或栅极)偏置电流的平均值。由于这个参数在输入信号为零时就已经存在,又因为通常 I_{IB} 大的运放输入失调电流 I_{IO} 也大,所以对于放大具有很高内阻的信号时必须对此加以注意。

对于通用型的集成运放,上述指标很接近一个理想放大器,大致的数量级如下:

(1) 开环差模电压增益极高,目前的集成运放一般均大于 80 dB,甚至高到140 dB。

(2) 共模抑制比极高,一般与开环差模增益具有相同的数量级。

(3) 差模输入电阻极高。双极型运放一般大于 10^5 Ω,而场效应管运放的输入电阻极高,一般均大于 10^{12} Ω。

(4) 输出电阻很低。采用双极型互补输出的运放一般为几十欧到几百欧,采用场效应管输出的比较高。

(5) 输入失调很小。常用的通用型运放的失调电压一般在 mV 数量级,双极型运放的输入失调电流通常为 10^{-8} A 数量级,以结型场效应管作为输入级的由于输入电阻高,输入失调电流一般小于 10^{-11} A。

以上特点并不是所有运放都具备的。一般而言,每个具体的运放都有其特定的运用对象,所以其特点也可以按照增益、共模抑制比、输入阻抗、失调等参数进行分类。

在许多场合,我们可能只要考虑输入信号的放大问题,对于失调、共模等影响认为可以忽略,这时上述模型可以简化为图 4-53。可以看到此时的集成运放模型已经蜕化为一个类似晶体管的压控电压源模型。

集成运放的高频特性可以用两种情况下的特性参数描述:稳态频率特性和瞬态响应特性。具体参数有:

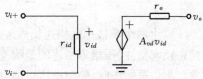

图 4-53　简化的集成运放低频等效电路

(1) $-3\,\mathrm{dB}$ 带宽(Bandwidth) BW 它的定义是运放开环电压增益下降 3 dB 以内的频率范围。由于集成运放的下限截止频率一般都是 0,所以这个参数的值实际就是集成运放在开环放大时的上限截止频率。

(2) 单位增益带宽(Gain Bandwidth) GBW 这是指集成运放的开环增益下降到 0 dB(即放大倍数为 1)时的频率。对于一般的通用集成运放来说,由于其频率特性在 0 dB 以上只有一个极点,所以单位增益带宽等于$-3\,\mathrm{dB}$ 带宽和开环放大倍数的乘积。有关此参数的更详细的说明,将在负反馈一章中讨论。

以上两个参数都是描述频率特性的,可用图 4-54 的幅频特性来说明上述两个参数。

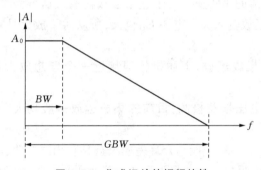

图 4-54   集成运放的幅频特性

(3) 压摆率(Slew Rate) SR 此参数也称转换速率,它表示集成运放输出端可能达到的最大电压变化速率,即 $SR = \left|\dfrac{\mathrm{d}V_o}{\mathrm{d}t}\right|_{\max}$。可以用图 4-55 说明这个参数的物理意义。

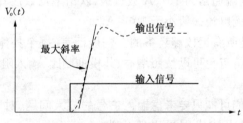

图 4-55   集成运放的压摆率

以上两个参数都是描述集成运放的高频特性的参数,但是$-3\,\mathrm{dB}$ 带宽描述的是稳态频率特性,压摆率描述的是瞬态响应特性。这两个参数既有联系又有区别。通常在小信号输出时,输出电压可能有很高的频率,但是由于输出幅度小,所以电压变化速率不大,此时考察$-3\,\mathrm{dB}$ 带宽更有意义。当输出大信号时,尽管输出信号的频率可能不高,但是输出电压的变化速率可能很大,所以此时压摆率更具有实际意义。

除了上述主要特性参数以外,集成运放还有一些极限参数如下:

(1) 最大差模输入电压(Maximum Input Differential Voltage)　集成运放允许输入的差模信号的最大值。

(2) 最大共模输入电压(Maximum Input Common-mode Voltage)　集成运放允许输入的共模信号的最大值。

上述两个参数限制了集成运放的输入信号幅度。超过此限制运放将不能正常工作,有时还可能引起运放损坏,所以必须在使用时加以注意。尤其在输入信号中既有差模又有共模的情况下,更要注意是否超出上述限制。有时我们采用一定的保护措施,使得电路的可靠性提高。

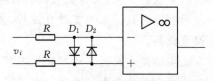

图 4-56 就是一种输入端保护措施:当输入差模电压很小时,二极管几乎不导通,运放能够正常工作。当输入差模电压过大时,由

图 4-56　集成运放的输入端保护

于二极管的正向导通电压始终只有 0.7 V 左右,所以使得运放输入端的差模输入电压不会进一步增大,达到了保护运放的目的。

(3) 最大输出电压(Output Voltage Swing)　集成运放输出电压的最大摆幅。它受电源电压的限制,一般情况下总要比正负电源电压小零点几伏到几伏,也有最大摆幅十分接近电源电压(只相差几十毫伏)的,称为满摆幅(Rail to Rail)输出运放。

(4) 最大输出电流　集成运放最大允许输出电流。运放的输出电流有流出电流(Output Source Current)和吸入电流(Output Sink Current)的分别,这两个电流的最大允许值有可能是不一致的。在某些运放中这两个电流一致,便统称最大输出电流。

(5) 最大工作电压(Maximum Supply Voltage)　这是一个极限参数,表示运放工作电压的极限值,在运放使用中不应超越此值,否则可能造成运放永久损坏。

本章概要

本章针对集成放大器展开,力图给读者建立集成放大器的入门知识。

由于集成电路大量采用有源负载,所以 4.2 节介绍了电流源与有源负载放大电路,读者通过本节的阐述,应该能够了解集成电路中电流源的基本结构以及基本参数。

FET 和 BJT 两种基本电流源电路,它们都是利用晶体管的对称性构成的电流镜。利用晶体管集电极电流与发射结面积成正比、场效应管漏极电流与栅极宽长比成正比的原理可以制造电流不同的电流镜。

电流镜电路还有一些重要的改进型电路:提高输出阻抗的电流镜、比例电流镜、与电源无关的电流镜,以及减小晶体管的 β 的影响的电流镜等。

电流镜的基本应用是作为放大器的偏置以及有源负载。

差分放大器是集成放大器中最主要的结构之一。由于差分放大器具有很好的对称性,所以具有温度漂移小、抗共模干扰能力强等特点。

基本差分放大器的差模电压放大倍数与单管共源(或共射)放大器一致,而在理想情况下,共模电压放大倍数为 0。实际差分放大器由于不完全对称而具有很小的共模放大倍数。定义差模电压放大倍数与共模电压放大倍数之比为差分放大器的共模抑制比,差分放大器具有很高的共模抑制比。在集成差分放大器中通常采用有源负载。采用有源负载后,差分放大器的电压增益和共模抑制比都得到大幅度提高。

实际差分放大器的对称性不够完全,具体表现在它具有输入失调。输入失调分为失调电压和失调电流。在使用中可以通过调零电路给予调整。

集成放大器中的输出级可以用射极跟随器实现,也可以用互补输出电路实现。互补输出电路的基本结构是用一对极性互补的晶体管分别对输出信号的两个半周进行驱动。在理想的情况下,每个晶体管的导通角只有 $180°$,称此种电路为乙类放大器。乙类放大器具有较高的电源利用效率,理论上最大可达 78%。

实际的互补输出电路为了减小交越失真,设置一个较小的静态偏置电流,此时晶体管的导通角大于 $180°$,称此种电路为甲乙类放大器。甲乙类放大器的电源利用效率小于 78%,但是仍然比较高。

尽管本章讨论的单元电路主要针对集成放大器,但是其中涉及的一些基本知识,例如差分放大原理、互补输出原理等,不仅可以在集成电路中实现,也可以用分立元件实现。但是由于对称性的原因,用分立元件实现的同类电路性能通常不如集成放大电路。

利用集成放大器技术构成的通用放大器称为集成运算放大器。

集成运算放大器一般是一个多级放大器,它具有接近理想放大器的特性:极高的差模电压增益、极高的共模抑制比、极高的输入阻抗、很低的输出阻抗、很小的输入失调等。可以用一些宏模型来等效一个集成运放,上述差模电压增益、共模抑制比、输入阻抗、输出阻抗、输入失调等参数就是运放低频宏模型中的主要参数。

集成运放的频率特性主要用 $-3\,\mathrm{dB}$ 带宽、单位增益带宽以及压摆率来描述。$-3\,\mathrm{dB}$ 带宽或单位增益带宽描述的是集成运放的稳态频率特性,压摆率描述的是集成运放的瞬态响应特性。

思考题与习题

1. 在图 4-9(a)所示的基本电流镜电路中,已知场效应管的参数 $K_n = \dfrac{1}{2}\mu_n C_{OX}\dfrac{W}{L}$ 和 V_{TH} ,电源电压 V_{DD} 以及电阻 R 的值,试求参考电流 I_{ref} 的表达式。

2. 若在图 4-9(a)所示的基本电流镜电路中,要求 $I_o = 1\,\text{mA}$。已知场效应管 T_1 的沟道宽长比是 T_2 的 5 倍,T_1 的 $K_n = \dfrac{1}{2}\mu_n C_{OX}\dfrac{W}{L} = 2\,\text{mA/V}^2$, $V_{TH} = 0.75\,\text{V}$,电源电压 $V_{DD} = 5\,\text{V}$。试求电阻 R 的值。

3. 试证明图 4-13(b)电路中,电流源的输出电阻为 $R_O \approx r_{ce4}(1+\beta_4)$。

4. 若已知下图电路中 $R_1 = 600\,\Omega$, $R_2 = 200\,\Omega$, $I_{ref} = 0.5\,\text{mA}$,试求 I_o 的值,并讨论由此结果可以得出 I_o 与 I_{ref} 之间有什么近似关系,在什么条件下此近似关系成立。

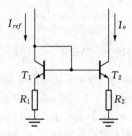

5. 若在微电流镜中已知 $V_{CC} = 15\,\text{V}$,要求 $I_{ref} = 0.75\,\text{mA}$, $I_o = 30\,\mu\text{A}$,试求电阻 R 和 R_2 的值。

6. 画出用双极型晶体管构成的有源负载共射放大器,并证明其电压增益为 $A_v = \dfrac{1/V_T}{1/V_{A1} + 1/V_{A2}}$。其中 V_{A1} 和 V_{A2} 分别为共射放大器和有源负载的晶体管的 Early 电压。

7. 假设下图电路中,场效应管 T_1、T_2 的参数为 $\dfrac{1}{2}\mu_n C_{OX}\dfrac{W}{L} = 0.5\,\text{mA/V}^2$,不考虑沟道长度调制效应。$T_3$ 的参数为 $r_{ds} = 80\,\text{k}\Omega$, $I_{SS} = 1\,\text{mA}$。$R_{D1} = R_{D2} = 5\,\text{k}\Omega$。试求差模电压增益和共模抑制比。

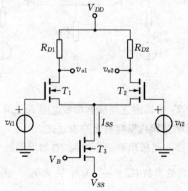

8. 若在上题中考虑场效应管 T_1、T_2 的沟道长度调制效应,已知 $V_A = 60\ \mathrm{V}$,则结果有何变化?

9. 用分立元件构成的差分放大器常常采用下图的形式。若已知 $V_{CC} = 15\ \mathrm{V}$,$V_{EE} = -15\ \mathrm{V}$,$R_{C1} = R_{C2} = 10\ \mathrm{k\Omega}$,$R_{EE} = 15\ \mathrm{k\Omega}$。试求差分放大器的差模电压增益和共模抑制比。

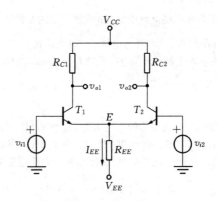

10. 试证明:上题电路的共模抑制比为:$CMRR = \dfrac{1}{2}\left(1 + 2\,\dfrac{I_{CQ}R_{EE}}{V_T}\right) \approx \dfrac{|V_{EE}| - V_{BE}}{2V_T}$。此结果表明分立元件差分放大器电路的共模抑制比受到电源电压的限制。

11. 双端输入、单端输出的差分放大器如下图所示。已知晶体管参数 $\beta = 100$,$V_{BE} = 0.65\ \mathrm{V}$。$V_{CC} = 15\ \mathrm{V}$,$V_{EE} = -15\ \mathrm{V}$,$R_C = 10\ \mathrm{k\Omega}$,$R_{EE} = 15\ \mathrm{k\Omega}$。$r_{i1} = r_{i2} = 600\ \Omega$ 分别是两个信号源的源内阻。试求该放大器的差模电压增益 v_o/v_{id} 和共模电压增益 v_o/v_{ic}。

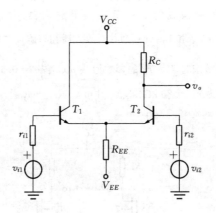

12. 若第 7 题电路中在 T_1、T_2 的输出之间接有负载电阻 R_L(即 R_L 跨接在 v_{o1}、v_{o2} 之间),试求差分放大器的差模电压增益和共模抑制比的表达式。

13. 若在有源负载差分放大器的源极串联一个电阻 R,如下图所示。假设整个电路仍然保持对称,已知 I_{ss} 以及各晶体管的参数 $K_n = \dfrac{1}{2}\mu_n C_{OX} \dfrac{W}{L}$ 和 r_{ds}。试求此时的差模放大倍数表达式。

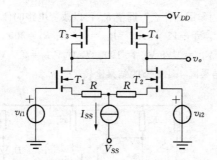

14. 如下图所示,在基本差分放大器的发射极串联一个电阻 R。试分析该电路的大信号传输特性,画出传输特性曲线并同图 4-33 比较。

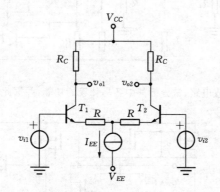

15. 假定在下图电路中,所有 PNP 晶体管的 $\beta = 50$, $V_A = 80$ V, NPN 晶体管的 $\beta = 150$, $V_A = 130$ V。V_{BE} 均为 0.65 V。$V_{CC} = 15$ V, $V_{EE} = -15$ V, $R = 30$ kΩ。试估算放大器的差模电压增益。

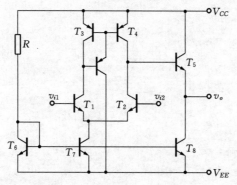

16. 下图是一个分立元件放大器。试分析:

1) 其中各晶体管构成什么组态的放大电路单元? 它们在电路中的作用如何?

2) 二极管 D_1、D_2 的作用是什么? 调整 R_{10} 可以改变电路的什么特性?

3) 若 $V_{CC}=12$ V, $V_{EE}=-12$ V, $R_{11}=R_{12}=0.5$ Ω, $R_9=300$ Ω,外接负载(图中未画)$R_L=32$ Ω, T_6、T_7 的 $V_{BE}=0.65$ V, $\beta=100$。T_5 的 $V_{CES}=0.2$ V。试求该电路的最大正负输出幅度,并将此结果同 4.4.3 节的结果比较。

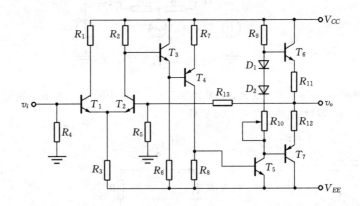

17. 下图是一个集成运放电路,试分析其中各晶体管的功能,并据此对放大器进行功能级划分。

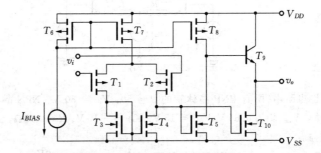

第5章 反 馈

为了改变放大电路的性能,在模拟电路中经常引入反馈(Feedback)。反馈是将输出信号的部分或全部通过反向传输网络引回到电路的输入端,与输入信号叠加后作用于基本放大电路的输入端。

反馈是现代系统工程中的一个主要概念,它不仅在放大电路中得到应用,而且是现代自动控制工程、信息工程等的重要基础。反馈对于放大电路的性能有巨大的影响。在现代电子电路中,几乎所有的电路都存在反馈,所以掌握反馈的基本工作原理和基本分析方法是掌握现代电子线路的必要条件。反馈分为正反馈与负反馈,本章以讨论负反馈电路的基本原理和基本分析方法为主,同时简要介绍了正反馈和反馈振荡器。

§5.1 反馈的基本概念

5.1.1 反馈电路的基本结构

反馈电路的一般形式如图 5-1 所示,它主要由两个部分构成:基本放大器 (Basic Amplifier) A 与反馈网络(Feedback Network) F。图 5-1 中,Φ_s 为输入信号,Φ_i 为基本放大器的输入信号,Φ_o 为基本放大器的输出信号,同时也是反馈网络的取样信号,Φ_f 为反馈信号,反馈信号与输入信号叠加以后输入基本放大电路。

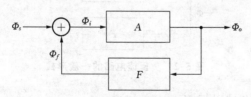

图 5-1 反馈电路的一般形式

假定图 5-1 中的基本放大器与反馈网络均满足单向化条件,即基本放大器只将信号 Φ_i 传递到 Φ_o,反馈网络只将信号 Φ_o 传递到 Φ_f,传递函数分别为 A 和 F,则根据图 5-1 可以列出以下方程组：

$$\Phi_o = A\Phi_i$$

$$\Phi_i = \Phi_s + \Phi_f \tag{5.1}$$

$$\Phi_f = F\Phi_o$$

定义反馈放大器的闭环增益(Closed Loop Gain) A_f 为输出信号 Φ_o 与输入信号 Φ_s 之比，则根据(5.1)式可以得到

$$A_f = \frac{\Phi_o}{\Phi_s} = \frac{A}{1 - AF} \tag{5.2}$$

(5.2)式是反馈放大器的基本关系式。其中 A 是基本放大器的增益，通常称为开环增益(Open Loop Gain)，F 是反馈网络的反馈系数(Feedback Factor)。AF 表示信号沿环路一周的增益，称为环路增益(Loop Gain)，$1 - AF$ 表示放大器的开环增益与闭环增益之比，称为反馈深度(Amount of Feedback)。

可以根据反馈信号与输入信号叠加以后对放大器的影响，将反馈分成正反馈(Positive Feedback)与负反馈(Negative Feedback)两种。

反馈信号与输入信号相位相同时，$\Phi_i = \Phi_s + |\Phi_f|$。此时 $A_f = \frac{A}{1 - AF} > A$，即引入反馈对输入信号起到增强作用，我们将此种情况称为正反馈。

当反馈信号与输入信号相位相反时，引入的反馈信号将抵消部分输入信号，我们将此种情况称为负反馈，反映在信号关系上有 $\Phi_i = \Phi_s - |\Phi_f|$。为了强调反馈信号与输入信号之间的相位关系，有时用图 5-2 表示负反馈电路的一般形式，其中用 $-\Phi_f$ 替换了图 5-1 中的 Φ_f。

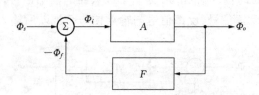

图 5-2　负反馈电路的一般形式

根据图 5-2，我们可以得到

$$A_f = \frac{A}{1 + AF} \tag{5.3}$$

上式就是负反馈放大器的基本关系式，通常也将 $1 + AF$ 称为反馈深度。由于通常

总有 $AF > 0$，所以负反馈电路的闭环增益总是小于放大器的开环增益。

正反馈与负反馈的作用是截然不同的。正反馈具有增强输入信号的作用，在输入信号变化时会加剧输出的变化。这种过程引起放大器的增益增加，发展到极限就会引起电路的不稳定甚至振荡，所以除了在振荡电路中有意运用正反馈以及在数字电路中利用正反馈构成记忆电路外，在模拟电路中较少使用正反馈。

相反，负反馈具有稳定电路的作用。当由于某种因素引起放大器的输出变化，例如输出增加时，反馈到输入端的反馈信号亦增加，由于在负反馈放大器中 $\Phi_i = \Phi_s - |\Phi_f|$，所以实际上由于反馈作用使得基本放大器的输入减少，其结果是遏制了输出增加的趋势，使电路得到稳定。在后面我们将看到，虽然这种稳定作用实际上是以放大器的增益下降为代价获得的，但是负反馈将使得放大器的一系列性能得到改善。所以负反馈在各种放大器中得到广泛运用。

由于反馈的存在与否对放大电路影响巨大，不同的反馈又有截然不同的作用，所以正确识别电路中是否存在反馈以及判断反馈性质是研究反馈放大器的基础。下面我们通过一些实际例子来说明如何识别反馈以及判断反馈性质。

例 5-1　判断图 5-3 的两个电路是否存在反馈，属于正反馈还是负反馈。

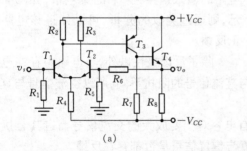 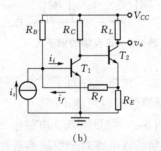

图 5-3　反馈电路的例子

电路(a)是一个 3 级放大器电路，第一级是单端输入单端输出的差分放大电路，第二级为 PNP 管构成的共射放大电路，第三级为射极跟随器。为了分析此电路的反馈情况，我们假设在某个瞬时输入电压 v_s 的极性为正，即 v_s 的瞬时值增加。对于第一级差分放大电路来说，由于 T_1 基极输入为正，i_{c1} 增加，所以 T_1 集电极电压 v_{c1} 下降。由于第二级是共射电路，输出与输入总是反相的，所以 T_2 集电极输出电压信号下降引起 T_3 集电极输出电压信号升高。对于第三级来说，由于射极跟随器的输出总是与输入同相，所以输出电压 v_o 也升高。

此升高的输出电压通过 R_6、R_5 的分压，反馈到第一级差分放大电路 T_2 的基极。由于差分放大电路的实际输入电压 v_i 是 T_1、T_2 两个基极之间的电压差，T_2

基极电压的升高将部分抵消 T_1 基极输入的正电压信号,即引起 v_i 减小,所以可以判断这个电路存在反馈,并且是负反馈。

以上分析从假定输入的某个瞬时极性开始,顺着信号流的方向分析。在电路存在反馈的情况下,一直分析到反馈信号对输入的作用为止。这种分析方法称为瞬时极性法。上述电路的分析过程也可以简单地用下列记号表示:

$$v_s \uparrow \to v_i \uparrow \to i_{c1} \uparrow \to v_{c1} \downarrow \to v_{c3} \uparrow \to v_o \uparrow$$
$$v_i \downarrow \longleftarrow$$

电路(b)是一个两级放大器电路,我们也以瞬时极性法对它进行分析如下:

$$i_s \uparrow \to i_i \uparrow \to i_{c1} \uparrow \to v_{c1} \downarrow \to v_{e2} \downarrow \to i_f \downarrow$$
$$i_i \downarrow \longleftarrow$$

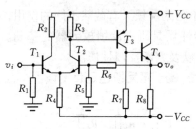

图 5-4 正反馈的例子

根据上述分析结果,最后的反馈信号同样引起输入信号的减小,所以电路(b)也存在负反馈。

顺便指出,如果将上述电路(a)中第二级电路的输入错接到 T_2 的集电极,如图 5-4 所示,则通过类似的分析,可以知道该电路存在正反馈。

除了反馈极性以外,当电路中存在电抗元件时,由于电抗元件对于交流信号与直流信号的阻抗不同,所以交流信号与直流信号的反馈情况也可能不同。

例 5-2 假设图 5-5 电路中所有电容对于要放大的交流信号而言其容抗足够小,试判断该电路对于交流信号和直流偏置信号是否都存在反馈。

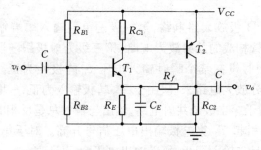

图 5-5 交流反馈与直流反馈不同的例子

先判断直流偏置信号的反馈情况。用瞬时极性法的判断过程如下:假设由于某种原因引起某个晶体管的工作点发生变化,比如晶体管 T_1 的静态偏置电流 I_{CQ1} 增加,则将引起以下反馈过程:

$$I_{CQ1}\uparrow \rightarrow V_{C1} \rightarrow V_{BE2}\uparrow \rightarrow I_{CQ2}\uparrow \rightarrow V_{C2}\uparrow \rightarrow V_{E1}\uparrow \rightarrow V_{BE1}\downarrow$$
$$I_{CQ1}\downarrow \longleftarrow$$

所以,此电路对于静态工作点存在负反馈作用。

下面判断对于输入的交流信号的反馈情况。同样以瞬时极性法分析,当输入 v_i 增加时,引起的 i_{c1}、v_{be2}、v_{c2} 等信号的变化过程与上述直流信号的变化过程是一致的,但是由于电容 C_E 对于交流信号而言相当于短路,所以 v_{c2} 升高并不能引起 v_{e1} 的升高,当然也就无法影响 v_{be1} 以及 i_{c1}。换言之,这个交流反馈链在电容 C_E 处被切断了,所以这个电路对于输入的交流信号来说,不存在反馈作用。

5.1.2　负反馈电路的组态

实际的负反馈放大器中,基本放大器可以对电流或电压进行放大,反馈网络也可以对电流或电压取样,所以在分析一个反馈放大器时,不仅需要考虑放大器中是否存在负反馈,还必须对反馈的组态进行分类。通常根据反馈网络的取样信号 Φ_o 是电流还是电压以及反馈信号 Φ_f 与输入信号 Φ_s 之间的叠加关系是串联还是并联进行分类。这样,可以将图 5-1 表示的负反馈放大器分成以下 4 类组态:电压串联负反馈、电压并联负反馈、电流串联负反馈和电流并联负反馈。

一、电压反馈与电流反馈

电压反馈和电流反馈是根据反馈网络的取样信号 Φ_o 的性质进行分类的。图5-6 就是两种不同的取样方式的示意。为了说明问题的方便,在图 5-6 中我们将反馈网络理想化了:认为对于电压取样网络,其输入电阻无穷大;对于电流取样网络,其输入电阻为 0。关于实际的反馈网络输入电阻的影响,我们将在稍后进行讨论。

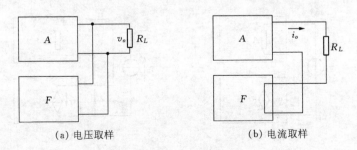

(a) 电压取样　　　　　　　　　　　　(b) 电流取样

图 5-6　电压反馈和电流反馈

在电压取样方式下,反馈网络的输入端口与基本放大器的输出端口并联,如图 5-6(a)。此时取样信号就是基本放大器的输出电压信号,亦即负载电阻 R_L 上的电压信号。在这种取样方式下,取样信号与流过负载的电流 i_o 无关。当负载开路 $(R_L \to \infty)$ 时,$i_o = 0$,但反馈信号仍然存在;当负载短路 $(R_L = 0)$ 时,$i_o \neq 0$,但由于此时 $v_o = 0$,故反馈信号消失。

在电流取样方式下,反馈网络的输入端口与基本放大器的输出端口以及负载形成串联,如图 5-6(b)。此时取样信号是基本放大器的输出电流信号,亦即流过负载电阻 R_L 的电流信号。在这种取样方式下,取样信号仅与流过负载的电流 i_o 有关,而与负载上的电压无关。当负载开路 $(R_L \to \infty)$ 时,$i_o = 0$,所以反馈信号消失;当负载短路 $(R_L = 0)$ 时,$i_o \neq 0$,尽管此时 $v_o = 0$,但反馈信号依然存在。

判断一个实际的负反馈放大器属于电压反馈还是电流反馈,可以根据上面的讨论结果进行:

将负载短路 $(R_L = 0)$,若反馈信号消失,可以判断该反馈属于电压反馈。

将负载开路 $(R_L \to \infty)$,若反馈信号消失,可以判断该反馈属于电流反馈。

若在上述两种情况下反馈信号均不完全消失,则在电路中既存在电压反馈,也存在电流反馈,所以是一种复合反馈。

例如在例 5-1 中,电路(a)的反馈信号取自输出电压,若将负载电阻 R_8 短路,则反馈信号消失,所以电路(a)是电压负反馈。

相反,例 5-1 电路(b)的反馈信号取自晶体管 T_2 的发射极电流,而输出是 T_2 的集电极电压。即使将负载电阻 R_L 短路,反馈信号依然存在,所以它是电流负反馈。

二、串联反馈与并联反馈

串联反馈和并联反馈是根据反馈信号 Φ_f 与输入信号 Φ_s 之间的叠加关系进行分类的。图 5-7 就是两种不同的叠加方式的示意。同样为了说明问题的方便,图中没有考虑信号源和反馈网络输出信号的内阻。

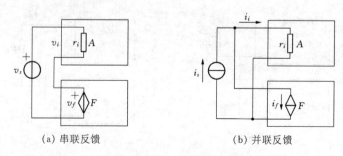

(a) 串联反馈   (b) 并联反馈

图 5-7 串联反馈和并联反馈

图 5-7(a)是串联反馈的示意图。其中反馈信号为电压信号 v_f,它与输入电压信号 v_s 串联叠加后作为基本放大器的输入电压 v_i,由于是负反馈,所以有 $v_i = v_s - v_f$。

图 5-7(b)是并联反馈的示意图。其中反馈信号为电流信号 i_f,它与输入电流信号 i_s 并联后作为基本放大器的输入电流信号 i_i,$i_i = i_s - i_f$。

判断串联反馈和并联反馈的方法可以根据上述讨论进行:

若输入信号、反馈信号和基本放大器输入端三者形成串联关系,则为串联反馈。若上述三者形成并联关系,则为并联反馈。

例如,例 5-1 电路(a)的输入电压接在 T_1 的基极与信号地之间、反馈电压接在 T_2 的基极与信号地之间、基本放大器的输入是 T_1 的基极到 T_2 的基极之间的电压,三者形成串联关系,所以是串联负反馈。

例 5-1 电路(b)的输入信号、反馈信号和基本放大器的输入均接在 T_1 的基极与信号地之间,三者形成并联关系,所以是并联负反馈。

三、4 种负反馈组态形式

综合上述的讨论可以得到 4 种负反馈电路的组态形式。图 5-8 就是这 4 种组态的示意图。

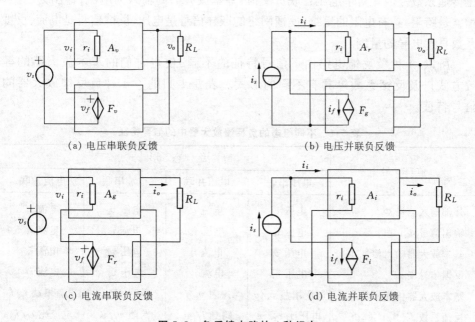

(a) 电压串联负反馈　　　　　　　　　　　　　(b) 电压并联负反馈

(c) 电流串联负反馈　　　　　　　　　　　　　(d) 电流并联负反馈

图 5-8　负反馈电路的 4 种组态

除了前面例 5-1 电路(a)和(b)分别为电压串联负反馈和电流并联负反馈的例子外,图 5-9 给出电流串联负反馈和电压并联负反馈放大器的实例,具体分析请读者自己进行。

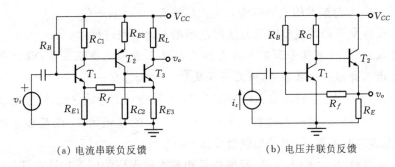

(a) 电流串联负反馈　　　　　　　　　　　　　　(b) 电压并联负反馈

图 5-9　负反馈电路的实例

值得注意的是,由于这 4 种反馈电路组态的输入输出信号不同,所以其中基本放大器的增益以及反馈网络的反馈系数具有不同的类型。例如对于电压串联负反馈,由于基本放大器的输入信号和输出信号、反馈网络的取样信号和反馈信号都是电压信号,所以基本放大器的增益为无量纲的电压增益,反馈系数也是无量纲的电压传递系数。但是对于电压并联负反馈,基本放大器的输入为电流,输出为电压,增益是跨阻,具有电阻的量纲;反馈网络的取样信号是电压,反馈信号是电流,反馈系数具有电导的量纲。

所以,4 种负反馈电路由于信号特征的不同,使得它们的基本放大器的等效方式以及反馈系数等具有不同的形式。表 5-1 归纳了 4 种负反馈放大器的信号特征。

表 5-1　不同组态的负反馈放大器中的信号特征

信　号	组　态　形　式			
	电压串联	电压并联	电流串联	电流并联
外部输入信号 Φ_s	电压 v_s	电流 i_s	电压 v_s	电流 i_s
输出信号 Φ_o	电压 v_o	电压 v_o	电流 i_o	电流 i_o
基本放大器输入信号 Φ_i	电压 v_i	电流 i_i	电压 v_i	电流 i_i
反馈信号 Φ_f	电压 v_f	电流 i_f	电压 v_f	电流 i_f
基本放大器传递函数 A	电压增益 v_o/v_i	跨阻 v_o/i_i	跨导 i_o/v_i	电流增益 i_o/i_i
反馈系数 F	电压比 v_f/v_o	跨导 i_f/v_o	跨阻 v_f/i_o	电流比 i_f/i_o

　　用集成运放也可以构成上述 4 种不同类型的负反馈放大器。图 5-10 就是用集成运放构成的负反馈放大器的实例。具体分析请读者自己进行。

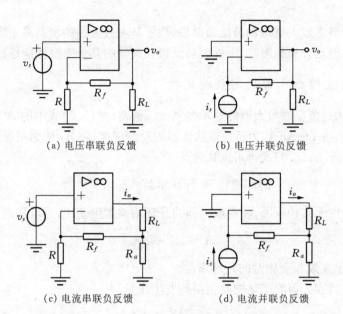

(a) 电压串联负反馈	(b) 电压并联负反馈
(c) 电流串联负反馈	(d) 电流并联负反馈

图 5-10　集成运放构成的负反馈电路实例

　　由于集成运放一般只有一个电压输出端,所以图 5-10 中所有电流反馈电路的负载都是浮空的(没有接地端)。有时这种情况不便于使用,可以参考前面晶体管电路的做法,用一个场效应管扩展输出,如图 5-11 所示,负载实现了交流接地。还有其他更复杂但是效果更好的电路,我们将在下一章介绍。

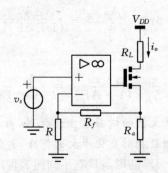

图 5-11　集成运放构成的交流接地的电流负反馈电路实例

5.1.3　负反馈放大器的性能

对一个基本放大器施加负反馈以后,除了基本放大器的增益将下降以外,放大器的其他性能均会受到影响,下面就负反馈放大器的几个重要性能指标展开讨论。

一、负反馈放大器的增益稳定性

(5.3)式是负反馈放大器的基本关系式。通常,将(5.3)式中的 A 称为放大器的开环增益,将 $1+AF$ 称为负反馈放大器的反馈深度,将 A_f 称为负反馈放大器的闭环增益。所以,(5.3)式也可以认为是

$$闭环增益 = 开环增益 / 反馈深度$$

现假设由于某种原因,使得放大器的开环增益发生变化,可以写成

$$A = A_0 + \Delta A$$

其中 A_0 表示未发生变化时的开环增益。

而负反馈放大器的闭环增益也由此发生改变,有

$$A_f = A_{f0} + \Delta A_f$$

假定变化很小,根据求微分法则,可以写出下列关系:

$$\Delta A_f = \frac{\partial A_f}{\partial A} \Delta A + \frac{\partial A_f}{\partial F} \Delta F \tag{5.4}$$

若再假定反馈系数 F 不变,则有

$$\Delta A_f = \frac{\partial A_f}{\partial A} \Delta A = \frac{\Delta A}{(1 + AF)^2}$$

由上式可得

$$\frac{\Delta A_f}{A_f} = \frac{\Delta A}{A_f \cdot (1 + AF)^2} = \frac{\Delta A}{A} \cdot \frac{1}{1 + AF} \tag{5.5}$$

(5.5)式表示,在基本放大器的增益发生变化时,负反馈放大器的增益的相对变化率将比基本放大器的增益相对变化率大大下降,其倍率是反馈深度的倒数。

值得注意的是,由于放大器的增益具有不同的表现形式,所以对于不同组态的负反馈放大器,增益稳定的对象是不同的。

对于电压负反馈放大器来说,基本放大器的输出信号是电压,反馈电路的取样

信号也是电压。放大器的增益稳定性提高,就是指当由于某种原因引起放大器输出电压改变时,负反馈输出电压的改变量将降低为无负反馈时的 $\dfrac{1}{1+AF}$。相反,如果由于某种原因引起放大器输出电流的改变而输出电压并无改变,负反馈将对此毫无作用。

而对于电流负反馈放大器,基本放大器的输出信号是电流,反馈电路取样的信号也是电流,负反馈放大器增益稳定的将是输出电流,即负反馈放大器输出电流的改变将是基本放大器输出电流改变的 $\dfrac{1}{1+AF}$。同样,负反馈对于此时的电压改变不起任何作用。

由上述讨论我们也可以知道,由于负反馈放大器的增益稳定作用,放大器的输出量将得到稳定。这个稳定的输出量取决于反馈电路的取样信号:对于电压取样,输出电压将得到稳定;对于电流取样,输出电流将得到稳定。

负反馈放大器的增益稳定作用对于实际的放大器具有重要的作用。因为任何实际放大器是由具有放大能力的有源器件(晶体管、场效应管等)、各种无源器件(电阻、电容等)以及供电电源组成的,所以放大器的增益将受到这些器件参数的影响。当这些器件的性能指标与设计值之间存在误差,或由于温度、老化或其他因素发生改变时,一般总会影响放大器的增益,然而我们希望这种影响尽可能小。而通过负反馈的加入,实际上使得放大器增益对于元器件参数变化的影响变得不灵敏,这就大大方便了电路的设计与调试。

二、负反馈放大器的输入阻抗

研究负反馈对于放大器输入阻抗的影响,可以根据负反馈放大器输入端的接法分别进行。图 5-12 是串联负反馈放大器的输入端的框图,反映了串联负反馈放大器的输入电压与电流关系。

根据图 5-12,可以列出下列等式:

$$\begin{cases} r_{if} = \dfrac{v_s}{i_i} = \dfrac{v_i + v_f}{i_i} = \dfrac{v_i}{i_i} \cdot \dfrac{v_i + v_f}{v_i} = r_i\left(1 + \dfrac{v_f}{v_i}\right) = r_i(1 + AF) \\[3mm] A = \dfrac{\Phi_{of}}{v_i} \\[3mm] F = \dfrac{v_f}{\Phi_{of}} \end{cases} \tag{5.6}$$

其中 Φ_{of} 是放大器的闭环输出电压或闭环输出电流。

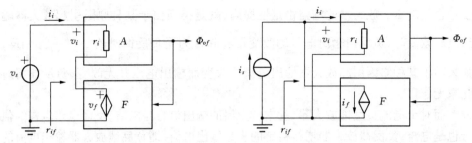

图 5-12 串联负反馈放大器的输入电阻   图 5-13 并联负反馈放大器的输入电阻

类似地,图 5-13 是反映并联负反馈放大器的输入端电压与电流关系的框图。根据图 5-13,可以列出下列等式:

$$\begin{cases} r_{if} = \dfrac{v_i}{i_s} = \dfrac{v_i}{i_i + i_f} = \dfrac{v_i}{i_i} \cdot \dfrac{i_i}{i_i + i_f} = r_i \cdot \dfrac{1}{1 + i_f/i_i} = \dfrac{r_i}{1 + AF} \\[2mm] A = \dfrac{\Phi_{of}}{i_i} \\[2mm] F = \dfrac{i_f}{\Phi_{of}} \end{cases} \qquad (5.7)$$

其中 Φ_{of} 是放大器的闭环输出电压或闭环输出电流。

(5.6)式和(5.7)式是负反馈放大器输入电阻的基本表达式,若将电抗成分包含在上述表达式中,它们就是负反馈放大器的输入阻抗的基本表达式。

从(5.6)式和(5.7)式可以知道:串联负反馈放大器的输入阻抗将增加;并联负反馈放大器的输入阻抗将降低。增加和降低的倍率与反馈深度有关,分别是反馈深度和反馈深度的倒数。

串联负反馈能够提高输入阻抗的原因是:由于反馈的作用,在原来基本放大器的输入端叠加了一个与输入电压反相的反馈电压,使得实际加在基本放大器输入端的电压下降,所以大大减小了放大器的输入电流。

并联负反馈能够降低输入阻抗的原因是:由于反馈的作用,在原来基本放大器的输入端并联了一个与输入电流同相的反馈电流,使得实际信号源的输出电流被它大量分流,实际流入基本放大器的电流减小,所以大大降低了放大器的输入电压。

三、负反馈放大器的输出阻抗

研究负反馈对于放大器输出阻抗的影响,应该根据负反馈放大器输出端的接法分别进行。负反馈放大器的输出端接法有电压取样和电流取样两种。图 5-14

是电压负反馈放大器的输出端电路。为了计算其输出电阻,我们令放大器的输入信号 Φ_s 为零,然后在放大器的输出端加上电压。根据前面对于负反馈网络的说明,图 5-14 中的反馈网络是理想化的,所以图中的取样电流 $i_o' = 0$。

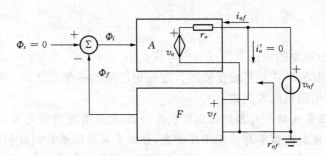

图 5-14　电压负反馈放大器的输出电阻

根据图 5-14,考虑到 $v_f = v_{of}$,可以得到下列方程:

$$\begin{cases} r_{of} = \dfrac{v_{of}}{i_{of}} = \dfrac{v_{of}}{(v_{of} - v_o)/r_o} = r_o \dfrac{1}{1 - \dfrac{v_o}{v_{of}}} = \dfrac{r_o}{1 + AF} \\[4mm] A = \dfrac{v_o}{-\Phi_f} \\[4mm] F = \dfrac{\Phi_f}{v_{of}} \end{cases} \tag{5.8}$$

其中 Φ_f 是反馈网络的输出电压或输出电流。

我们以同样的方法分析电流负反馈放大器的输出电阻,其电路如图 5-15。

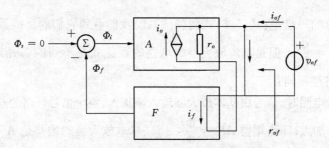

图 5-15　电流负反馈放大器的输出电阻

由图 5-15 并考虑到 $i_f = -i_{of}$,得到的输出电阻为

$$
\begin{cases}
r_{of} = \dfrac{v_{of}}{i_{of}} = \dfrac{(i_{of} + i_o)r_o}{i_{of}} = r_o\left(1 + \dfrac{i_o}{i_{of}}\right) = r_o(1 + AF) \\[3mm]
A = \dfrac{i_o}{-\Phi_f} \\[3mm]
F = \dfrac{\Phi_f}{i_{of}}
\end{cases}
\tag{5.9}
$$

其中 Φ_f 是反馈网络的输出电压或输出电流。

(5.8)式和(5.9)式就是负反馈放大器输出电阻的一般表达式,同样也可以将它们推广为输出阻抗的表达式。

所以,电压负反馈放大器的输出阻抗将降低;电流负反馈放大器的输出阻抗将增加。降低和增加的倍率与反馈深度有关,分别是反馈深度的倒数和反馈深度。

负反馈放大器输出阻抗的改变,也可以用负反馈放大器的增益稳定性来解释。对于电压负反馈放大器,当负载电阻变化时,由于放大器输出电阻的影响将使得输出电压发生改变。由于电压负反馈放大器可以稳定输出电压,所以输出电压的改变量将降低为无负反馈时的 $\dfrac{1}{1+AF}$,这个效果就相当于放大器的输出电阻降低为原来的 $\dfrac{1}{1+AF}$。

同样,对于电流负反馈放大器,由于负反馈放大器稳定的是输出电流,当负载电阻变化时,由于放大器输出电阻的影响将使得输出电压发生的改变也将降低为无负反馈时的 $\dfrac{1}{1+AF}$。因为电流源的内阻与负载电阻并联,所以其效果就相当于放大器的输出电阻增加为原来的 $1+AF$ 倍。

四、基本放大器的增益

值得注意的一点是:从(5.6)式到(5.9)式,我们看到它们的反馈系数表达式都一样,都是 $F = \dfrac{\Phi_f}{\Phi_{of}}$,但是基本放大器的增益的表达式是不同的。究其原因,在于信号环路的路径不同:

计算输入电阻时,信号由基本放大器输入端加入,整个信号环路为基本放大器→反馈网络→叠加点,环路增益 $AF = \dfrac{\Phi_f}{\Phi_i}$,所以基本放大器的增益是 $A = \dfrac{\Phi_{of}}{\Phi_i}$。

而计算输出电阻时,信号由基本放大器输出端加入,实际上是加在反馈网络的输入端。整个信号环路为反馈网络→叠加点→基本放大器,环路增益 $AF = \dfrac{\Phi_o}{\Phi_{of}}$,

所以基本放大器的增益是 $A = \dfrac{\Phi_o}{-\Phi_f}$。

由此可知,尽管环路增益 AF 都是计算整个反馈环的增益,但是由于信号接入点的不同,引起 AF 的表达式存在差异,最终导致基本放大器的增益 A 的表达式不同。在计算闭环增益以及下面要讨论的失真度等参数时,由于信号从基本放大器前端输入,所以基本放大器的增益应该和计算输入阻抗时一致,即 $A = \dfrac{\Phi_{of}}{\Phi_i}$。

下面讨论这两种基本放大器增益的区别。

若定义基本放大器的基本增益 $A_0 = \dfrac{\Phi_o}{\Phi_i}$,则计算闭环增益、闭环输入电阻等参数时基本放大器的增益可写为 $A = \dfrac{\Phi_{of}}{\Phi_i} = \dfrac{\Phi_{of}}{\Phi_o} \cdot \dfrac{\Phi_o}{\Phi_i} = \dfrac{\Phi_{of}}{\Phi_o} A_0$。其中 Φ_o 和 Φ_{of} 的差别是由于基本放大器输出端负载电阻 R_L 引起的分压或分流作用造成的,图 5-16 显示了这个差别。由于假定反馈网络是理想的,它不会对基本放大器的输出形成干扰,所以在图 5-16 中没有画出反馈网络。

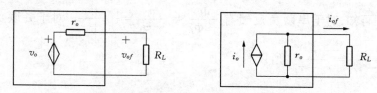

图 5-16　负载对于基本放大器输出的影响

显然,根据图 5-16 可知:对于电压负反馈有 $\dfrac{\Phi_{of}}{\Phi_o} = \dfrac{v_{of}}{v_o} = \dfrac{R_L}{r_o + R_L}$,对于电流负反馈有 $\dfrac{\Phi_{of}}{\Phi_o} = \dfrac{i_{of}}{i_o} = \dfrac{r_o}{r_o + R_L}$,所以有

$$A = \frac{\Phi_{of}}{\Phi_o} A_0 = \begin{cases} \dfrac{R_L}{r_o + R_L} A_0 & \text{(电压负反馈)} \\[3mm] \dfrac{r_o}{r_o + R_L} A_0 & \text{(电流负反馈)} \end{cases} \qquad (5.10)$$

其中 r_o 是基本放大器的等效输出电阻,R_L 是负载电阻,A_0 是基本放大器的基本增益,即没有考虑负载时的增益。

若负载是理想的(对于电压负反馈电路负载开路,即 $R_L = \infty$;对于电流负反馈电路负载短路,即 $R_L = 0$),则 $\Phi_{of} = \Phi_o$,此时有 $A = A_0$。即在理想条件下,基本放大器的增益就是其基本增益。

同样,定义基本放大器的基本增益 $A_0 = \dfrac{\Phi_o}{\Phi_i}$ 后,计算闭环输出电阻时基本放大器的增益可写为 $A = \dfrac{\Phi_o}{-\Phi_f} = \dfrac{\Phi_i}{-\Phi_f} \cdot \dfrac{\Phi_o}{\Phi_i} = \dfrac{\Phi_i}{-\Phi_f} A_0$,其中 Φ_i 和 Φ_f 的差别是由于外加信号源 Φ_s 的内阻 r_s 引起的,图 5-17 显示了这个差别。

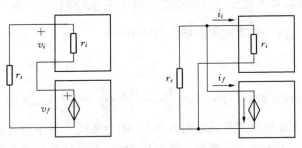

图 5-17   信号源内阻对于负反馈放大器输入的影响

由图可知,对于串联负反馈有 $\dfrac{\Phi_i}{-\Phi_f} = \dfrac{v_i}{-v_f} = \dfrac{r_i}{r_i + r_s}$,对于并联负反馈有

$\dfrac{\Phi_i}{-\Phi_f} = \dfrac{i_i}{-i_f} = \dfrac{r_s}{r_i + r_s}$,所以有

$$A = \frac{\Phi_i}{-\Phi_f} A_0 = \begin{cases} \dfrac{r_i}{r_i + r_s} A_0 & \text{(串联负反馈)} \\[3mm] \dfrac{r_s}{r_i + r_s} A_0 & \text{(并联负反馈)} \end{cases} \tag{5.11}$$

其中 r_i 是基本放大器的等效输入电阻,r_s 是信号源内阻,A_0 是基本放大器的基本增益。

显然,若信号源是理想电压源(对于串联负反馈)或理想电流源(对于并联负反馈),则在计算输出阻抗时也有 $-\Phi_f = \Phi_i$,即此时有 $A = A_0$,基本放大器的增益为其基本增益。

五、负反馈放大器的非线性失真

当基本放大器存在非线性失真时,可以将总谐波失真等效为放大器的输出存在一个幅度等于 Φ_{THD} 的失真信号源。不失一般性,我们假定将失真信号源等效为电压源,如图 5-18 所示。

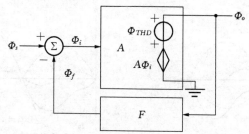

图 5-18　负反馈对放大器非线性失真的影响

根据图 5-18 可以写出下列方程：

$$\Phi_o = \Phi_{THD} + A(\Phi_s - F\Phi_o)$$

解此方程,有

$$\Phi_o = \frac{A}{1+AF}\Phi_s + \frac{\Phi_{THD}}{1+AF} \tag{5.12}$$

(5.12)式中的第一项表示输出信号中输入信号的贡献,第二项则是非线性失真的贡献。该式表明,在负反馈放大器的输出中,总谐波失真将比原来的放大器的失真减小,其减小的倍率仍然是反馈深度的倒数。

上面我们分析了放大器的几个典型的性能参数。可以看到,负反馈放大器的性能指标都有所改变。除了增益下降以外,其他性能指标的改变都有利于放大器性能的提高。所以可以说,放大器中加入负反馈,是一种以牺牲增益换取其他指标性能提高的方法。

最后要指出的一点是:所有上述分析都是建立在基本放大器能够正常放大的前提下。如果由于某种原因(例如温度的改变、信号动态范围过大等)使得基本放大器脱离了正常放大的范围,则上述结论全部无效。这个前提非常重要,但是由于它没有出现在前面分析得到的公式中,所以常常被忽视。为了说明这个前提,我们举一个例子。

假定某放大器在开环放大时存在某种失真,对于正弦输入 v_s,其输出波形 v_o 如图 5-19(a)中实线所示。可以将此波形分解为两个波形的叠加,其中 v_{o1} 是一个前后半周不对称的近似正弦波,v_{o2} 是一个高次谐波。当然还可以将前后半周不对称的 v_{o1} 进行分解,但为了说明问题的方便,我们不再这样做。

现在对此放大器施加负反馈,就是将图 5-19(a)中的输出信号反相后与输入信号 v_s 叠加作为放大器的输入。图 5-19(b)中 v_{f1}、v_{f2} 分别来自两个失真的输出波形,实线所示就是施加反馈后的在放大器输入端得到的实际输入波形。

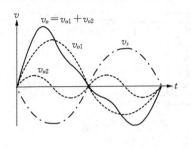

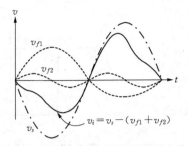

（a）有失真的输出波形　　　　　　　（b）叠加反馈信号后放大器输入端的输入波形

图 5-19　带有非线性失真的输入输出波形

由图 5-19(b)可以看到,由于负反馈的作用,放大器输入信号的波形发生了改变。或者说,在放大器的输入端加了一个"预失真"成分。比较图 5-19(a)、(b)两个波形,可以看到放大器输入端的波形中的"预失真"成分与输出波形中的失真成分形成抵消关系。显然,此带有"预失真"成分的波形再经过放大器后,将抵消放大器的部分失真,使得放大器输出失真减小。这也就是负反馈放大器能够降低放大器的非线性失真的真正原因。

然而,这个带有"预失真"的输入信号有两点值得注意的地方:

第一,它使得放大器输入信号的幅度比例发生改变。由于放大器输出的失真信号 v_{o1} 前后半周不对称,$0 \sim \pi$ 的幅度大于 $\pi \sim 2\pi$ 的幅度。施加负反馈后,实际输入放大器的"净输入"信号中叠加了此失真信号,使得后半周的幅度大于前半周,企图以此抵消放大器中的不对称。然而这种抵消是以放大器的动态范围能够容纳这样的输入为前提的。假定我们要求输出幅度不变,则实际输入放大器的"净输入"在 $\pi \sim 2\pi$ 的后半周的信号幅度将要大于原来没有失真时的输入。如果原来放大器的输出动态范围已经没有裕量,那么后半周带有"预失真"的净输入信号非但不会改善失真,反而会由于超出放大器的动态输出范围而使输出削顶,使失真加剧。要避免此情况发生,只有减小输入幅度。这样,在保证后半周不失真的情况下,前半周的输出幅度必然减小。所以利用负反馈改善失真,必须考虑放大器具有足够的动态范围裕量,或者说,负反馈改善失真可能要付出牺牲输出动态范围的代价。

第二,它使得放大器输入信号的频率成分发生变化。由于带有"预失真"的输入信号中包含了高次谐波成分,所以利用它改善高次谐波失真的前提是放大器能够正确放大此高次谐波,也就是要求放大器的带宽提高到能够放大此高次谐波成分的宽度。由于原来的输入信号中并不含有此高次谐波成分,所以对于输入信号来说,放大器的带宽提高似乎是一种冗余,但这种冗余又是改善失真所必须。从这个意义上说,负反馈改善失真要付出牺牲带宽的代价。

综上所述,要使得上述反馈放大器的信号能够正常放大,放大器必须具有更大的动态范围以及更高的带宽。以上例子说明,在获得负反馈放大器对种种性能的改善时,必须考虑到放大器具有足够的放大能力。

§5.2　负反馈放大器的分析

5.2.1　深度负反馈放大器的近似估算

由于负反馈放大器存在反馈网络,使得电路变得比较复杂,所以对负反馈放大器进行分析的计算量较大,尤其当基本放大器是多级放大器时,计算变得十分繁复。所以在现代模拟电路设计中,若要比较精确地分析负反馈放大器,一般都要运用计算机辅助分析的办法。

但是实际的负反馈放大器,尤其是基于通用集成运放的负反馈放大器的设计和分析中,我们经常要采用一些近似估算的方法。这些估算的实际意义在于:第一、它可以迅速为设计者指出设计的方向;第二,在绝大部分工程实用的范围内其精确程度已经足够,但是花费在计算上的精力却大大减少。所以这些方法实际上已经成为一种工程设计中通用的计算方法。下面我们通过几个实际例子进行讨论。

例 5-3　若某集成运放的基本参数为:电压增益 $A_{v0} = 200\,000$,差模输入电阻 $r_{id} = 2\,\mathrm{M\Omega}$,输出电阻 $r_o = 75\,\Omega$。现接成如图 5-20 电路,反馈网络参数为: $R_1 = 1\,\mathrm{k\Omega}$, $R_f = 20\,\mathrm{k\Omega}$。估算此负反馈放大器的闭环增益、输入电阻和输出电阻。

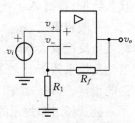

图 5-20　电压串联负反馈电路

此电路是电压串联负反馈电路。我们假设(为什么是"假设"我们将在以后阐述)其中的运放就是图 5-1 中的基本放大器,电阻网络 R_f 和 R_1 就是图 5-1 中的反馈网络。在上述假设条件下,基本放大器的基本增益 $A = \dfrac{v_o}{v_{id}} = A_{v0}$,由于本例电路中信号源与负载均为理想的,所以此增益就是基本放大器的增益。反馈网络的反馈系数 $F = \dfrac{v_-}{v_o} = \dfrac{R_1}{R_1 + R_f}$。根据上一节的讨论,我们得到反馈深度

$$1 + AF = 1 + A_{v0}\,\frac{R_1}{R_1 + R_f} \tag{5.13}$$

所以闭环电压增益为

$$A_{vf} = \frac{A_{v0}}{1 + A_{v0}\dfrac{R_1}{R_1 + R_f}} \tag{5.14}$$

代入题中数据,得到 $A_{vf} = 20.998$。

下面我们仔细分析(5.13)式。代入题中数据后,反馈深度为

$$1 + AF = 1 + A_{v0}\,\frac{R_1}{R_1 + R_f} = 1 + 200\,000 \times \frac{1}{21} = 1 + 9\,524$$

所以有 $AF \gg 1$。在这个 $AF \gg 1$ 的条件下,反馈深度可以近似为

$$1 + AF \approx AF \tag{5.15}$$

从而负反馈放大器的闭环增益可以简化为

$$A_f = \frac{A}{1 + AF} \approx \frac{1}{F} \tag{5.16}$$

回到本例题,即电压串联负反馈电路,则有

$$A_{vf} \approx \frac{1}{F} = \frac{R_1 + R_f}{R_1} = 1 + \frac{R_f}{R_1} \tag{5.17}$$

代入数据,得到 $A_{vf} = 21$,与(5.14)式计算的结果几乎完全一致。

一般将满足 $AF \gg 1$ 条件的工作状态称为**深度负反馈状态**。在采用集成运放构成负反馈放大器时,这种情况很常见。对于深度负反馈放大器,由于负反馈放大器的反馈系数 F 比较容易获得,所以运用公式(5.16)可以简单地得到负反馈放大器的增益,这是一个相当有效的近似计算方法。

公式(5.16)揭示的另一个重要意义在于:在满足深度负反馈条件下,负反馈放大器的闭环增益几乎仅取决于反馈网络,而与放大器的开环增益无关。由于反馈网络一般由电阻等无源器件构成,其稳定性比较容易得到保证,所以深度负反馈放大器的增益比较稳定。

例 5-3 电路的闭环输入电阻为

$$r_{if} = (1 + AF)r_{id} = (1 + 9\,524) \times 2 \times 10^6 \approx 1.9 \times 10^{10}\,(\Omega)$$

闭环输出电阻为

$$r_{of} = \frac{r_o}{1 + AF} = \frac{75}{1 + 9\,524} \approx 7.9 \times 10^{-3}\,(\Omega)$$

由上述结果可以看到,引入深度电压串联负反馈以后,负反馈放大器的闭环输入电阻极大,所以基本放大器的输入端几乎没有电流流入,近似于开路。而闭环输出电阻极低,近似一个理想电压源。

由于集成运放具有极大的开环电压增益,所以在一般情况下,采用集成运放构成的负反馈放大器都可以满足深度负反馈条件。下面进一步讨论深度负反馈放大器的特点,首先计算加到运放输入端的差模电压。

若上述电路的闭环输出电压 $v_{of} = 10$ V, 则输入电压 $v_i = \dfrac{v_o}{A_{vf}} \approx \dfrac{10}{21} \approx 0.476(\text{V})$。

然而真正加在运放输入端的电压是 $v_{id} = \dfrac{v_o}{A_{v0}} = \dfrac{10}{200\,000} = 5 \times 10^{-5}(\text{V})$, 几乎可以忽略。那么,其余的输入电压到哪里去了?

我们知道,负反馈放大器的一个基本关系是 $\Phi_i = \Phi_s - \Phi_f$。将深度负反馈条件 $AF = \dfrac{\Phi_f}{\Phi_i} \gg 1$ 即 $\Phi_f \gg \Phi_i$ 代入上述基本关系可以回答上述问题。所谓深度负反馈,其实质是反馈信号接近于输入信号,所以在放大器闭环输出为有限值的情况下,施加于放大器输入端的有效信号变得极小,以至于在深度负反馈放大器的近似计算中几乎可以忽略放大器的有效输入信号。

由于一个集成运放的有效输入信号是运放输入端差分放大器的差模输入信号,若差分放大器的差模输入电阻不是很小,则输入端的有效信号电压极小意味着输入电流极小。我们仍然以例 5-3 电路为例,由于其差模输入电阻 $r_{id} = 2$ MΩ,所以在输出电压为 10 V 时实际的差模输入电流为

$$i_{id} = \frac{v_{id}}{r_{id}} = \frac{5 \times 10^{-5}}{2 \times 10^6} = 2.5 \times 10^{-11}\,(\text{A})$$

从这个例子我们可以看到一个有趣的现象:由于集成运放具有极大的电压增益和很大的输入电阻,并且在正常工作时其输出电压通常总是一个不太大的有限值,所以在深度负反馈状态下工作的集成运放的输入信号电压几乎为零,相当于输入端短路;而其输入信号电流也几乎为零,相当于输入端开路。

这种又将输入视为短路又将输入视为开路的特点是深度负反馈放大器所特有的一种现象,称为虚短路(Virtual Short Circuit)和虚开路(Virtual Open Circuit)。

运用虚短路和虚开路概念,可以简化深度负反馈放大器的近似计算。

例 5-4　运用虚短路和虚开路概念重新计算例 5-3 电路。

例 5-3 电路见图 5-20。运用虚开路概念,在放大器输入端无电流输入,所以有

$$v_+ = v_s$$

运用虚短路概念，我们有

$$v_- = v_+ = v_s$$

再次运用虚开路概念，由于放大器输入端无电流流入，所以可以列出下列方程：

$$\frac{R_1}{R_f + R_1} v_o = v_- = v_s$$

从上面两个方程可以得到

$$A_{vs} = \frac{v_o}{v_s} = \frac{R_f + R_1}{R_1}$$

这恰恰就是例 5-3 得到的结果（5.17）式，但是可以看到，分析过程大大简化了。

    然而如果用虚短路、虚开路概念分析上述电路的输入电阻和输出电阻，则会产生一些问题。如果考虑输入虚开路，可以得到例 5-3 电路的闭环输入电阻为无穷大。我们注意到，实际的结果为 $r_{if} \approx 1.9 \times 10^{10}$ Ω。虽然上述结果几乎是一个无穷大的电阻，但是如果需要确切知道电路的输入电阻的场合，"无穷大"的结果无论如何是不行的。所以在一般的工程估算中，这个结果可以作为指导性的原则，但若需要知道真正的输入电阻，我们还是必须采用例 5-3 的方法。同样，虚短路和虚开路概念无法确切计算例 5-3 电路的闭环输出电阻，这是这种近似估计方法的一个重要缺陷。

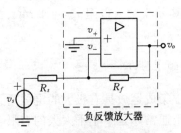

图 5-21　电压并联负反馈电路

    例 5-5　某集成运放的基本参数与例 5-3 相同：电压增益 $A_{v0} = 200\,000$，差模输入电阻 $r_{id} = 2$ MΩ，输出电阻 $r_o = 75$ Ω。现接成如图 5-21 电路，电路参数为：$R_s = 1\,\text{k}\Omega$，$R_f = 20\,\text{k}\Omega$。估算负反馈放大器的源电压增益。

    图 5-21 电路是电压并联负反馈电路，我们运用虚短路和虚开路概念计算。

运用虚短路概念，我们有

$$v_- = v_+ = 0$$

由于此时放大器的反相输入端的电位为地电位，所以也称之为虚地。

    运用虚开路概念，由于放大器输入端无电流流入，可以列出下列方程：

$$\frac{v_o}{R_f} = -\frac{v_s}{R_s}$$

所以得到电压并联负反馈电路的源电压增益为

$$A_{vs} = \frac{v_o}{v_s} = -\frac{R_f}{R_s} \tag{5.18}$$

代入题中数据，$A_{vs} = -20$。

　　同样,利用虚短路虚开路的概念,我们可以知道例 5-5 电路中集成运放输入端的闭环输入电阻近似为 0(只是一个指导性概念)。然而完全无法从虚短路虚开路概念中导出其闭环输出电阻的数值。为了得到比较确切的输入输出电阻,我们应该采用类似例 5-3 的方法来计算例 5-5 电路。由于我们将在下一节作更深入的讨论,所以在这里我们仅指出运用虚短路虚开路的近似估算方法有它的适用性和局限性:

　　(1)可以用来计算深度负反馈放大器的增益或传递函数,计算过程简单方便。计算增益的例子已经在这里介绍了,关于计算传递函数的问题我们将在下一章介绍。

　　(2)只有在运放处于深度负反馈状态时才能成立。例如由于集成运放频率特性的限制,当输入信号的频率升高后,运放的开环增益下降。若增益下降到不满足深度负反馈条件时,上述近似方法将不成立。

　　(3)只能定性估计放大器的输入阻抗,无法估计输出阻抗。

5.2.2　负反馈放大器的一般分析

　　前面我们讨论了深度负反馈放大器的估算,但是也指出了其不足。本节将讨论负反馈放大器的一般分析。

　　我们在前面对负反馈放大器进行理论分析的时候,曾经有一个假定,就是认为反馈网络是理想的,即反馈网络的取样端只取信号,不取功率;反馈网络的输出端是理想电压源或理想电流源;反馈网络只有单向的信号传递功能。

　　但是实际的反馈网络往往是由无源器件组成的。由无源器件构成的反馈网络不仅在取样端要损耗信号功率,其输出也不是理想的信号源,而且是一个双向网络。我们仍然以电压串联负反馈放大器为例,将图 5-20 电路中的运放用简化的等效电路代替,得到的电压串联负反馈放大器等效电路如图 5-22。

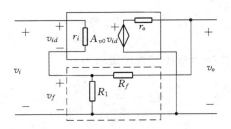

图 5-22   电压串联负反馈放大器的等效电路

对比图 5-22 与图 5-8(a)的电压串联负反馈的原理框图,可以看到,反馈网络除了起到反馈作用以外,还有其他三个副作用。第一,由于从 v_f 端看进去的内阻不为 0,所以反馈网络对基本放大器输入信号存在分压作用(输入端的负载效应);第二,由于从 v_o 端看进去的内阻不为无穷大,所以反馈网络对基本放大器输出信号存在分流作用(输出端的负载效应);第三,输入信号可以直接通过反馈网络传递到基本放大器的输出端,所以反馈网络对于输入信号具有直通传输作用。

在任何一种由无源器件构成反馈网络的实际负反馈放大器中,均存在上述三个副作用。正因为如此,所以我们在上一小节使用了"假设"二字。实际上,上一小节的假设就是忽略了反馈网络的上述三个副作用。

在一般情况下,若在分析负反馈放大器时完全考虑反馈网络的三个副作用将是十分复杂的,而且在计算机辅助分析软件日益完善的今天也无此必要。所以在工程应用上,我们有必要在一定的限制条件下,通过一些简化手段得到负反馈放大器的一些工程分析方法。这些方法不仅有效,而且由于忽略了一些不重要的细节,使得我们能够更清晰地看到负反馈放大器的本质。

考虑到放大器一般总是具有比较高的增益,而输入信号通过反馈网络的直通传输作用到达放大器输出端的信号总是大大低于放大器自身的输出信号,所以在工程分析中一般情况下可以忽略反馈网络的直通传输作用。

在图 5-22 中,反馈网络对于输入信号的负载作用是反馈网络从 v_f 端看进去的内阻对于输入信号的分压作用。反馈网络从 v_f 端看进去的内阻可以这样得到:将反馈网络的取样端口(即 v_o 端)短路,从反馈网络的反馈端口(即 v_f 端)看进去就是反馈网络的内阻。在图 5-22 中该内阻为 $R_1 /\!/ R_f$。

同样,反馈网络对于输出信号的负载作用是反馈网络从 v_o 端看进去的内阻对于输出信号的分流作用。反馈网络从 v_o 端看进去的内阻可以这样得到:将反馈网络的反馈端口(即 v_f 端)开路,从反馈网络的取样端口(即 v_o 端)看进去就是反馈网络的内阻。在图 5-22 中该内阻为 $R_1 + R_f$。

如果反馈网络的负载作用不能忽略,我们可以将它的这两个作用分离出来,合并到基本放大器中,然后将反馈网络独立成一个理想的网络,只保留它的反馈作用。这样就达到了工程分析的目的。根据前面的分析,分离反馈网络后的负反馈放大器的结构如图 5-23 所示,图中虚线框内就是考虑反馈网络负载作用后的基本放大器。

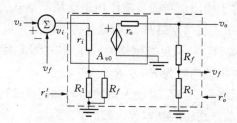

图 5-23　反馈网络分离后的电压串联负反馈放大器

根据图 5-23 可以很方便地写出负反馈放大器中基本放大器的基本增益,输入阻抗、输出阻抗等参数,从而得到放大器的一系列性能指标。假定原来放大器(图 5-23 中的实线框)的电压增益为 A_{v0},则考虑反馈网络影响后的基本放大器(图 5-23 中的虚线框)的基本电压增益为

$$A_v = \frac{v_o}{v_i} = \frac{r_i}{r_i + R_1 /\!/ R_f} \cdot \frac{R_f + R_1}{r_o + R_f + R_1} \cdot A_{v0} \tag{5.19}$$

基本放大器的输入电阻与输出电阻为

$$r_i' = r_i + R_1 /\!/ R_f \tag{5.20}$$

$$r_o' = r_o /\!/ (R_f + R_1) \tag{5.21}$$

下面我们讨论电流并联负反馈放大器的反馈网络分离问题。

图 5-24 是一个电流并联负反馈放大器的等效电路,根据前面的讨论,我们首先忽略反馈网络的直通传输作用。

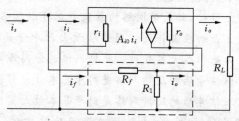

图 5-24　电流并联负反馈放大器的等效电路

反馈网络对于输入信号的负载作用是反馈网络从 i_f 端看进去的内阻对于输

入信号的分流作用。反馈网络从 i_f 端看进去的内阻可以这样得到:将反馈网络的取样端口(即 i_o 端)开路,从反馈网络的反馈端口(即 i_f 端)看进去就是反馈网络的内阻。在图 5-24 中该内阻为 $R_f + R_1$。

同样,反馈网络对于输出信号的负载作用是反馈网络从 i_o 端看进去的内阻对于输出信号的分压作用。反馈网络从 i_o 端看进去的内阻可以这样得到:将反馈网络的反馈端口(即 i_f 端)短路,从反馈网络的取样端口(即 i_o 端)看进去就是反馈网络的内阻。在图 5-24 中该内阻为 $R_1 /\!/ R_f$。

同样,分离反馈网络后的负反馈放大器的结构如图 5-25 所示,图中虚线框内就是考虑反馈网络负载作用后的基本放大器。

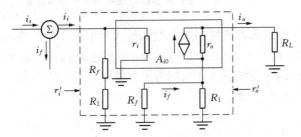

图 5-25 反馈网络分离后的电流并联负反馈放大器

根据图 5-25 可以写出负反馈放大器中基本放大器的基本增益、输入阻抗、输出阻抗等参数,从而得到放大器的一系列性能指标,这里不再赘述。

综合上面对电压串联负反馈放大器和电流并联负反馈放大器的分析,我们注意到:在分离反馈网络时,所有并联端口采用短路的方法进行分离,所有串联的端口采用开路的方法进行分离。如果我们继续对电压并联负反馈放大器和电流串联负反馈放大器进行分析,也可以得到类似的结论。

所以我们得到以下负反馈放大器的一般分析原则:

在分析负反馈放大器时,若反馈网络的负载作用可以忽略,则直接将放大单元作为基本放大器处理。否则应当将反馈网络从放大器中分离出来,并将包含分离后的网络的放大器作为基本放大器处理。反馈网络的分离原则是:

原则一 去除输出信号后的反馈网络是对于基本放大器输入端的影响电路。

原则二 去除输入信号后的反馈网络是对于基本放大器输出端的负载电路。

原则三 去除信号的方法是:并联端口采用短路方法,串联端口采用开路方法。

在上述处理的基础上,计算基本放大器的开环增益 A、负反馈放大器的反馈深度和各项闭环性能指标。其中闭环增益的计算可以根据 AF 是否远大于 1 判断是否为深度负反馈,若是,按照深度负反馈的方法计算闭环增益,否则按照 $A_f = A/(1+AF)$ 进行计算。

5.2.3　负反馈放大器分析的例子

本节我们将通过一些具体的负反馈放大器例子来阐述上述关于负反馈放大器的一般分析过程。

例 5-6　我们用反馈网络分离的方法重新计算例 5-3。

例 5-3 的电路见图 5-20,其基本放大器的等效电路可参考图 5-22 和图 5-23,参数是:$A_{v0} = 200\,000$,$r_i = 2\,\text{M}\Omega$,$r_o = 75\,\Omega$。$R_1 = 1\,\text{k}\Omega$,$R_f = 20\,\text{k}\Omega$。

根据图 5-23 和(5.19)、(5.20)、(5.21)诸式,可以得到基本放大器的基本增益、输入电阻以及输出电阻分别为

$$A_v = \frac{r_i}{r_i + R_1 \mathbin{/\!/} R_f} \cdot \frac{R_f + R_1}{r_o + R_f + R_1} \cdot A_{v0} = 199\,193$$

$$r'_i = r_i + R_1 \mathbin{/\!/} R_f = 2\,000.95\,\text{k}\Omega$$

$$r'_o = r_o \mathbin{/\!/} (R_f + R_1) = 74.733\,\Omega$$

另外,本例题的反馈系数为 $F = \dfrac{R_1}{R_1 + R_f} = \dfrac{1}{21}$。

由于图 5-20 电路中信号源为理想电压源(实际上可以认为信号源内阻很小以致可以忽略),负载开路(实际上可以认为负载电阻极大以致可以忽略),所以根据前面关于基本放大器增益的讨论,此电路中基本放大器的增益就是其基本增益。这样就有

$$1 + AF = 1 + A_v F = 9\,486$$

$$A_{vf} = \frac{A_v}{1 + A_v F} = 20.998\,7$$

$$r_{if} = r'_i(1 + A_v F) = 1.898\,1 \times 10^{10}\,\Omega$$

$$r_{of} = \frac{r'_o}{1 + A_v F} = 7.878 \times 10^{-3}\,\Omega$$

可以认为上述结果是足够精确的。我们将此结果与前面例 5-3 的计算结果相比,可以看到误差极小。其主要的原因就是因为在这个例子中,集成运放的输入电

阻极大,输出电阻又很小,所以反馈网络的负载作用很小。

由上述分析可知,在电压串联负反馈放大器中,只要反馈网络中所有元件的阻抗不是特别大(相对于放大器的输入阻抗),又不是特别小(相对于放大器的输出阻抗),则可以忽略负反馈网络的负载作用,最后的误差很小。由于集成运放具有输入电阻极大、输出电阻很小的特点,所以基于集成运放的电压串联负反馈放大器一般都可以忽略负反馈网络的负载作用。

例 5-7　用负反馈放大器的一般分析方法重新分析例 5-5。

例 5-5 是基于集成运放的电压并联负反馈电路。根据负反馈放大器的一般分析方法,我们画出例 5-5 放大器(图 5-21)分离负反馈网络后的等效电路如下:

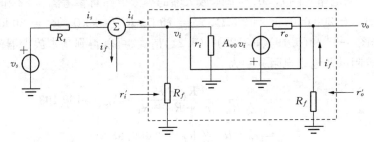

图 5-26　反馈网络分离后的电压并联负反馈放大器

对于此电路来说,反馈网络对于放大器输入端的负载效应是反馈电阻 R_f 对于运放输入的分流,由于运放具有极高的输入电阻,所以此负载作用强烈。而由于运放具有很小的输出电阻,所以反馈网络对于放大器输出端的负载作用较小。按照图 5-26,可以写出基本放大器的基本增益、输入电阻和输出电阻如下:

$$A_r = \frac{v_o}{i_i} = \frac{v_o}{v_i} \cdot \frac{v_i}{i_i} = -A_{v0} \frac{R_f}{r_o + R_f} \cdot (r_i \mathbin{/\!/} R_f)$$

$$r_i' = r_i \mathbin{/\!/} R_f$$

$$r_o' = r_o \mathbin{/\!/} R_f$$

另外,本例题的反馈系数 $F = \dfrac{i_f}{v_o} = -\dfrac{1}{R_f}$。

由于本例题为电压负反馈电路,根据(5.10)式,在计算闭环增益以及输入电阻时基本放大器的增益应该为 $A = \dfrac{v_{of}}{v_o} A_r = \dfrac{R_L}{r_o' + R_L} A_r$。但是在本例题中 R_L 为无穷大(可以理解为负载电阻很大以至于可以忽略其影响),所以 $A = A_r$。而对于集成

运放，一般均满足 $r_i \gg R_f$、$r_o \ll R_f$、$A_{v0} \gg 1$，所以反馈深度

$$1 + AF = 1 + A_{v0} \frac{R_f}{r_o + R_f} \cdot \frac{r_i /\!/ R_f}{R_f} \approx 1 + A_{v0}$$

满足深度负反馈条件。这就证明，基于集成运放的电压并联负反馈放大器可以采用深度负反馈的近似计算方法计算闭环增益，所以例 5-5 的闭环增益计算结果是准确的。

同样，我们得到此电路的闭环输入电阻为

$$r_{if} = \frac{r_i /\!/ R_f}{1 + A_r F} \approx \frac{R_f}{1 + A_{v0}} \qquad (5.22)$$

由于本例题为并联负反馈电路，根据（5.11）式，在计算闭环输出电阻时，基本放大器的增益为

$$A = \frac{R_s}{r_i' + R_s} A_r = -A_{v0} \frac{R_s}{r_i /\!/ R_f + R_s} \cdot \frac{R_f}{r_o + R_f} \cdot (r_i /\!/ R_f)$$

由于 $r_i \gg R_f$、$r_o \ll R_f$、$A_{v0} \gg 1$，所以

$$1 + AF = 1 + A_{v0} \frac{R_s}{r_i /\!/ R_f + R_s} \cdot \frac{r_i /\!/ R_f}{r_o + R_f} \approx 1 + A_{v0} \frac{R_s}{R_f + R_s}$$

$$r_{of} = \frac{r_o'}{1 + AF} \approx \frac{r_o}{1 + A_{v0} \dfrac{R_s}{R_s + R_f}} \qquad (5.23)$$

将例 5-5 中的参数 $A_{v0} = 200\,000$，$r_i = 2\,\mathrm{M\Omega}$，$r_o = 75\,\Omega$，$R_s = 1\,\mathrm{k\Omega}$，$R_f = 20\,\mathrm{k\Omega}$ 代入（5.22）、（5.23）两式，可以得到：$r_{if} \approx 0.1\,\Omega$，$r_{of} \approx 7.87 \times 10^{-3}\,\Omega$。由此可见，因为集成运放的开环增益 A_{v0} 一般都很大，所以基于集成运放的电压并联负反馈放大器的闭环输入电阻比较小，而闭环输出电阻则极小。由于闭环输入电阻比较小，所以加在运放输入端的有效电压很小，这也从另一个侧面证明深度负反馈计算中的虚短路虚开路方法的有效性。

上面两个例子是基于集成运放的两种基本负反馈放大器。图 5-20 电路的输出电压与输入电压相位相同，所以一般称为同相放大器，而图 5-21 电路的输出电压与输入电压相位相反，所以一般称为反相放大器。

从上述例子的分析可以看到，前面阐述的基于集成运放的负反馈电路基本都满足深度负反馈条件的结论得到了证明。

下面继续举一些负反馈放大器的例子进行分析。

例 5-8　图 5-27 负反馈放大器的基本参数为：差分放大器的差模输入电阻 r_{id}

$= 10\,\text{k}\Omega$，第 2 级共射放大器的输出电阻 $r_o = 10\,\text{k}\Omega$，二级放大器的总电压增益 $A_{v0} = 8\,000$。反馈网络参数为：$R_1 = 1\,\text{k}\Omega$，$R_f = 20\,\text{k}\Omega$。偏置电阻 $R_B = 1\,\text{k}\Omega$，负载电阻 $R_L = 10\,\text{k}\Omega$。求负反馈放大器的输入电阻、输出电阻和闭环电压增益。

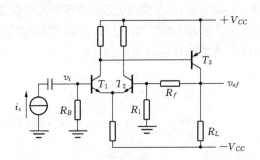

图 5-27　分立元件构成的电压串联负反馈放大器

　　这是一个电压串联负反馈放大器。如果将图 5-27 中由 T_1、T_2、T_3 构成的放大器看作图 5-20 电路中的运放，上述电路的结构与图 5-20 电路基本一致。首先我们估计此电路的负载效应。

　　此放大器反馈网络分离后的结构与图 5-23 相同。据此可得反馈网络对于放大器输入端的负载效应（分压系数）是 $\dfrac{r_{id}}{r_{id} + R_1 /\!/ R_f} = 0.91$，对于输出端的负载效应（分压系数）是 $\dfrac{R_f + R_1}{r_o + R_f + R_1} = 0.677$。这两个系数都与 1 相差颇大，说明反馈网络的负载效应比较明显，所以应该进行反馈网络分离。

　　根据图 5-23 和 (5.19)、(5.20)、(5.21) 诸式，可以得到基本放大器的基本增益、输入电阻以及输出电阻分别为

$$A_v = \frac{r_{id}}{r_{id} + R_1 /\!/ R_f} \cdot \frac{R_f + R_1}{r_o + R_f + R_1} \cdot A_{v0} = 4\,948$$

$$r_i' = r_{id} + R_1 /\!/ R_f = 10.95\,\text{k}\Omega$$

$$r_o' = r_o /\!/ (R_f + R_1) = 6.77\,\text{k}\Omega$$

　　另外，本例题的反馈系数为 $F = \dfrac{R_1}{R_1 + R_f} = \dfrac{1}{21}$。

　　下面计算该电路的闭环电压增益和闭环输入电阻。根据 (5.10) 式，在计算闭环增益以及输入电阻时，基本放大器的增益为

$$A = \frac{v_{of}}{v_o}A_v = \frac{R_L}{r_o'+R_L}A_v = 2\,950$$

所以

$$A_{vf} = \frac{A}{1+AF} = 20.85$$

$$r_{if} = (1+AF)r_i' = 1\,549\ \text{k}\Omega$$

根据(5.11)式,在计算闭环输出电阻时,基本放大器的增益为 $A = \dfrac{v_i}{-v_f}A_v = \dfrac{r_i'}{r_i'+r_s}A_v$。在此例中,信号源内阻就是偏置电阻 R_B,所以

$$A = \frac{r_i'}{r_i'+R_B}A_v = \frac{10.95}{10.95+1}\times 4\,948 = 4\,534$$

闭环输出电阻为

$$r_{of} = \frac{r_o}{1+AF} = \frac{6\,770}{1+4\,534/21} = 31.2\ \Omega$$

作为对比,我们不分离反馈网络,也不考虑信号源以及负载的影响,直接将放大器作为基本放大器计算,则有电压增益 $A_v = 8\,000$,输入电阻 $r_i' = 10\ \text{k}\Omega$,输出电阻 $r_o' = 10\ \text{k}\Omega$,反馈系数 $F = 1/21$,反馈深度 $1+A_vF \approx 382$。由此得到的闭环电压增益 $A_{vf} \approx 20.94$,闭环输入电阻 $r_{if} = 3\,820\ \text{k}\Omega$,闭环输出电阻 $r_{of} = 26.2\ \Omega$。

比较两种计算结果可以看到,在反馈网络、信号源与负载电阻的负载作用较明显的情况下,闭环输入电阻和闭环输出电阻的误差较大,而闭环增益的误差并不很大。其原因是:这些负载作用影响的是基本放大器的增益 A,而反馈系数 F 并不受影响。当 $AF \gg 1$ 时,闭环增益接近于 $1/F$,与这些负载作用关系不大。本例的 $A_vF = 381 \gg 1$,已经满足深度负反馈条件,所以闭环电压增益误差较小。但是闭环输入电阻和闭环输出电阻则直接与这些负载作用相关,所以要得到比较准确的结果,需要用反馈网络分离的方法进行计算。

另外需要指出的是,在上述计算输入电阻的过程中,我们没有将偏置电阻 R_B 计入,这是由于输入信号和负反馈信号是加在基本放大器的两个输入端(差分放大器的两个输入端)的,由于负反馈的作用,差分放大器的实际输入电压信号将变小,所以它的等效输入电阻将增大。而电阻 R_B 直接跨接在输入信号的两端,它并没有受到负反馈信号的任何影响,所以不能将它计入负反馈电路。通常我们称此电阻位于负反馈环外。

　　由于同样的理由,在计算输出电阻的过程中,我们没有将 R_L 计入。

　　对于处于负反馈环外的任何元件,在计算负反馈电路时均不能计入。正因为如此,图 5-27 放大器的最终输入电阻将是闭环输入电阻 r_{if} 和电阻 R_B 的并联值。换言之,放大器的整体输入电阻将受到电阻 R_B 的极大牵制。同样,若图 5-27 中的 R_L 不是后级的负载电阻而是本级的直流偏置电阻的话,放大器的整体输出电阻也将是闭环输出电阻 r_{of} 与此电阻的并联值。在本例中因为是电压负反馈,所以 R_L 对于整体输出电阻的影响不大,但在电流负反馈的电路中,输出端的偏置电阻将极大地影响放大器整体输出电阻。

　　例 5-9　试用负反馈放大器的观点分析带发射极电阻的共射放大器。

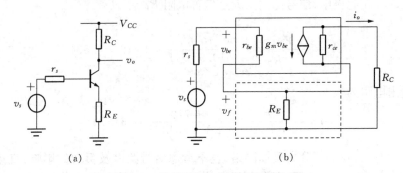

(a)　　　　　　　　　　　　　　(b)

图 5-28　带发射极电阻的共射放大器

　　带发射极电阻的共射放大器的基本电路如图 5-28(a)所示,为了分析的方便,图中忽略了偏置电阻和耦合电容等元件。为了用负反馈观点分析此电路,图 5-28(b)将晶体管与反馈网络都画成四端网络形式,图中分别用实线框和虚线框表示。由图可见,这是一个电流串联负反馈放大器。按照前面的讨论,我们画出分离负反馈网络后的等效电路如图 5-29 所示,其中实线框内为基本放大器,虚线框内为反馈网络。

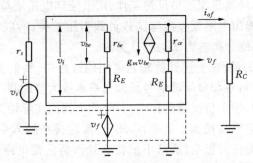

图 5-29　分离负反馈网络后的带发射极电阻的共射放大器的等效电路

根据上述等效电路以及前面对于基本放大器基本增益的讨论,计算基本放大器的基本跨导增益应该是在理想情况下进行,即输出电流应该是负载短路时的电流输出:

$$i_o = i_{of} \mid_{R_C=0} = -g_m v_{be} \cdot \frac{r_{ce}}{r_{ce}+R_E}$$

这样就有基本放大器的基本跨导增益为

$$A_g = \frac{i_o}{v_i} = \frac{i_o}{v_{be}} \cdot \frac{v_{be}}{v_i} = -g_m \cdot \frac{r_{ce}}{r_{ce}+R_E} \cdot \frac{r_{be}}{r_{be}+R_E}$$

反馈系数为

$$F = \frac{v_f}{i_{of}} = -R_E$$

基本放大器的输入与输出电阻分别为

$$r_i' = r_{be}+R_E$$
$$r_o' = r_{ce}+R_E$$

由上述基本放大器的参数可得用负反馈观点分析的带发射极电阻的共射放大器的各项参数如下:

计算跨导增益和输入电阻时,基本放大器的增益为

$$A = \frac{r_o'}{r_o'+R_C}A_g = -g_m \cdot \frac{r_{be}}{r_{be}+R_E} \cdot \frac{r_{ce}}{r_{ce}+R_E+R_C}$$

所以闭环跨导增益为

$$A_{gf} = \frac{A}{1+AF} = \frac{-g_m \cdot \frac{r_{be}}{r_{be}+R_E} \cdot \frac{r_{ce}}{r_{ce}+R_E+R_C}}{1+g_m \cdot \frac{r_{be}}{r_{be}+R_E} \cdot \frac{r_{ce}}{r_{ce}+R_E+R_C} \cdot R_E} \tag{5.24}$$

考虑到一般情况下有 $r_{ce} \gg (R_E+R_C)$,而 $g_m r_{be} = \beta$,所以

$$A_{gf} \approx \frac{-\beta}{r_{be}+(1+\beta)R_E} \tag{5.25}$$

而电压增益为

$$A_v = A_{gf}R_C = \frac{-\beta R_C}{r_{be}+(1+\beta)R_E} \tag{5.26}$$

闭环输入电阻为

$$r_{if} = \left(1 + g_m \cdot \frac{r_{be}}{r_{be} + R_E} \cdot \frac{r_{ce}}{r_{ce} + R_E + R_L} \cdot R_E\right)(r_{be} + R_E) \approx r_{be} + (1+\beta)R_E$$

$$(5.27)$$

在计算闭环输出电阻时,基本放大器的增益为

$$A = \frac{v_i}{-v_f}A_g = \frac{r_i'}{r_i' + r_s}A_g = -g_m \cdot \frac{r_{be}}{r_{be} + R_E + r_s} \cdot \frac{r_{ce}}{r_{ce} + R_E}$$

闭环输出电阻为

$$r_{of} = (1+AF)r_o' = \left(1 + g_m \cdot \frac{r_{be}}{r_{be} + R_E + r_s} \cdot \frac{r_{ce}}{r_{ce} + R_E} \cdot R_E\right)(r_{ce} + R_E)$$

$$(5.28)$$

若 $R_E \gg (r_{be} + r_s)$,闭环输出电阻可以近似为

$$r_{of} \approx (1+\beta)r_{ce} + R_E \qquad (5.29)$$

由上述结果,可以看到晶体管共发射极放大器在带有发射极电阻后,由于负反馈的作用,增益大幅度降低,但是输入电阻和输出电阻都大幅度提高。尤其值得注意的是,若晶体管的 β 很大,并且 $r_{be} \ll (1+\beta)R_E$,则最后得到的电压增益为

$$A_v = -\frac{\beta R_C}{r_{be} + (1+\beta)R_E} \approx -\frac{R_C}{R_E} \qquad (5.30)$$

这实际上就是满足深度负反馈以后,闭环跨导增益将近似等于 $1/F$,即 $-\frac{1}{R_E}$,从而由 $A_v = A_{gf}R_C$ 可以得到上述结果。

读者可以按照交流小信号等效电路方法对图 5-28(a)电路进行分析(第 3 章有类似习题),并将其结果与上述分析结果进行比较。

例 5-10 设图 5-30 放大器中两级晶体管的静态工作点为:$I_{CQ1} = 0.6\ \text{mA}$,$I_{CQ2} = 2\ \text{mA}$。晶体管的 β 均为 150,且均不考虑 r_{ce} 的影响。各电阻阻值如下:$r_s = 1\ \text{k}\Omega$,$R_B = 500\ \text{k}\Omega$,$R_C = 5\ \text{k}\Omega$,$R_f = 30\ \text{k}\Omega$,$R_E = 2\ \text{k}\Omega$。试求该负反馈放大器的源电压增益 v_{of}/v_s。

首先判断该放大器的反馈类型。由于反馈网络的取样信号就是输出电压,所以是电压反馈;由于反馈信号与输入信号的叠加方式为并联叠加,所以是并联反馈。综合后就是电压并联负反馈。其实将图 5-30 放大器中两级晶体管构成的放大器看作一个放大器模块,它就是图 5-21 电路。为了确定是否需要考虑反馈网络

的负载作用,我们先要确定此放大器的
输入和输出电阻。

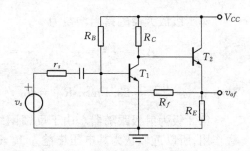

此放大器的输入电阻就是 T_1 的输
入电阻 r_{be1},有

$$r_{be1} = \frac{\beta V_T}{I_{CQ1}} = \frac{150 \times 26}{0.6} = 6.5(\text{k}\Omega)$$

此放大器的输出电阻就是 T_2 的输
出电阻。由于 T_2 是射极跟随器,根据

图 5-30　电压并联负反馈放大器

(3.40)式可得

$$r_{o2} \approx \frac{V_T}{I_{CQ1}} + \frac{R_C}{1+\beta} = \frac{26}{2} + \frac{5\,000}{151} = 46(\Omega)$$

图 5-30 电路的反馈网络就是电阻 R_f。根据前面讨论的分离原则,将此电阻
分离到放大器的输入与输出端,得到分离反馈网络后的基本放大器如图 5-31 虚线
框所示。

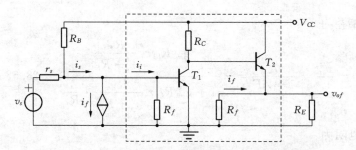

图 5-31　分离反馈网络后的电压并联负反馈放大器

可以算出,在放大器输入端,反馈网络的分流系数为 $\dfrac{R_f}{r_{be1}+R_f} = \dfrac{30}{6.5+30} \approx$

0.82;在放大器输出端,反馈网络的分压系数为 $\dfrac{R_f}{r_{o2}+R_f} = \dfrac{30}{0.046+30} \approx 0.998$。

所以,在放大器输入端必须考虑反馈网络的分流作用。

下面计算基本放大器的诸参数。

基本放大器的输入电阻和输出电阻为

$$r_i' = R_f \mathbin{/\mkern-5mu/} r_{be1} = 5.34 \text{ k}\Omega$$

$$r_o' = R_f \mathbin{/\mkern-5mu/} r_{o2} \approx r_{o2} = 46 \ \Omega$$

第 1 级放大器的跨阻增益为

$$A_{r1} = \frac{v_{o1}}{i_i} = \frac{v_{o1}}{v_{be1}} \cdot \frac{v_{be1}}{i_i} = -g_{m1} R_{L1} \cdot r'_i = -615.5 \text{ k}\Omega$$

其中 $g_{m1} = \dfrac{I_{CQ1}}{V_T} = 23.1 \text{ mS}$, $R_{L1} = R_C /\!/ r_{i2} = R_C /\!/ [r_{be2} + (1+\beta) R_f] = 4.99 \text{ k}\Omega$。

第 2 级为射极跟随器。由于反馈网络的分压系数很接近 1, 可以不考虑其负载作用, 所以近似认为其电压增益为 1。这样, 基本放大器的基本跨阻增益为

$$A_r = \frac{v_o}{i_i} = \frac{v_o}{v_{o1}} \cdot \frac{v_{o1}}{i_i} = A_{v2} \cdot A_{r1} \approx A_{r1} = -g_{m1} R_{L1} r'_i = -615.5 \text{ k}\Omega$$

根据图 5-31, 反馈系数为

$$F = \frac{i_f}{v_o} = -\frac{1}{R_f} = -\frac{1}{30} \text{ mS}$$

计算闭环增益和输入电阻时基本放大器的增益为

$$A = \frac{R_E}{r'_o + R_E} A_r = -g_{m1} R_{L1} r'_i \frac{R_E}{r'_o + R_E} = -601.7 \text{ k}\Omega$$

闭环跨阻增益为

$$A_{rf} = \frac{v_{of}}{i_s} = \frac{A}{1 + AF} = -\frac{g_{m1} R_{L1} r'_i \dfrac{R_E}{r'_o + R_E}}{1 + g_{m1} R_{L1} r'_i \dfrac{R_E}{r'_o + R_E} \cdot \dfrac{1}{R_f}} = 28.58 \text{ k}\Omega$$

闭环输入电阻为

$$r_{if} = \frac{r'_i}{1 + AF} = \frac{R_f /\!/ r_{be1}}{1 + g_{m1} R_{L1} r'_i \dfrac{R_E}{r'_o + R_E} \cdot \dfrac{1}{R_f}} = 254 \ \Omega$$

计算闭环输出电阻时基本放大器的增益为

$$A = \frac{r_s /\!/ R_B}{r'_i + r_s /\!/ R_B} A_r \approx -g_{m1} R_{L1} r'_i \frac{R_E}{r'_o + R_E} \cdot \frac{r_s}{r'_i + r_s} = -506.8 \text{ k}\Omega$$

闭环输出电阻为

$$r_{of} = \frac{r'_o}{1 + AF} = \frac{R_f /\!/ r_{o2}}{1 + g_{m1} R_{L1} r'_i \dfrac{R_E}{r'_o + R_E} \cdot \dfrac{r_s /\!/ R_B}{r'_i + r_s /\!/ R_B} \cdot \dfrac{1}{R_f}} = 2.57 \ \Omega$$

下面我们考虑代入信号源以后的结果。将上述结果作为一个已知的放大器，代入信号源后的等效电路如下：

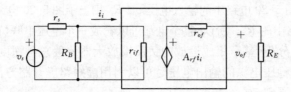

图 5-32 代入信号源后的电压并联负反馈放大器

由图 5-32 可以得到

$$i_i = \frac{v_s}{r_s + r_{if} \ /\!/ \ R_B} \cdot \frac{R_B}{r_{if} + R_B} \approx \frac{v_s}{r_s + r_{if}}$$

所以源电压增益为

$$A_{vs} = \frac{v_{of}}{v_s} = \frac{v_{of}}{i_i} \cdot \frac{i_i}{v_s} = A_{rf} \cdot \frac{i_s}{v_s} = -\frac{g_{m1} R_{L1} r_i' \dfrac{R_E}{r_o' + R_E}}{1 + g_{m1} R_{L1} r_i' \dfrac{R_E}{r_o' + R_E} \cdot \dfrac{1}{R_f}} \cdot \frac{1}{r_s + r_{if}} = -22.8$$

此题的电路结构与基于运放的反相放大器一致，但是得到的结果明显有别于反相放大器。若反相放大器的反馈电阻为 30 kΩ，信号源内阻为 1 kΩ，则其源电压增益为 −30。造成这个差别的主要原因在于本例题的实际反馈深度 $1+AF \approx 22$，不满足深度负反馈条件，所以实际结果与基于深度负反馈原理的集成运放反相放大器大相径庭。

例 5-11 图 5-33 是串联型线性稳压电源的常见电路。若集成运放的开环增益 $A_{v0} = 200\,000$，输入电阻 $r_i = 1\,\text{M}\Omega$，输出电阻 $r_o = 100\,\Omega$。电路中其他主要元件参数如下：晶体管参数 $\beta_1 = 100$，$\beta_2 = 30$；稳压管的稳定电压 $V_Z = 6\,\text{V}$；$R_1 = 3\,\text{k}\Omega$，$R_2 = 1\,\text{k}\Omega$，$R_3 = 500\,\Omega$，$R_4 = 1\,\text{k}\Omega$。已知最小负载电流为 $I_L = 0$，最大负载电流为 $I_L = 2\,\text{A}$。试估算此稳压电源的输出电压和内阻。

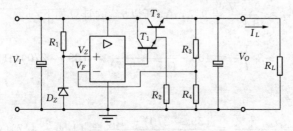

图 5-33 串联型线性稳压电源

　　这个电路是基于负反馈原理稳定电压的。若将 T_1、T_2 构成的复合晶体管与集成运放看成一个放大器整体,可以将此电路同图 5-20 电路比较:稳压管提供的稳定电压 V_Z 相当于图 5-20 电路中的输入电压 v_i,R_3 相当于图 5-20 电路中的 R_f,R_4 相当于图 5-20 电路中的 R_1。所以,整个电路可以看成一个电压串联负反馈电路。

　　根据前面的分析,基于集成运放的负反馈放大器一般总是深度负反馈放大器,所以在计算这个稳压电源的输出电压时可以利用虚短路虚开路方法进行。

　　根据虚短路原则,有

$$V_Z = V_F$$

根据虚开路原则,运放反相输入端不取电流,所以

$$V_F = \frac{R_4}{R_3 + R_4} V_O$$

根据上两式,得到输出电压为

$$V_O = \frac{R_3 + R_4}{R_4} V_F = 9 \text{ V}$$

　　但是,在计算此电路的输出内阻时,虚短路虚开路方法无济于事。因为虚短路虚开路只是假定了深度负反馈条件,它默认的输出电阻为 0。为了计算此电路的输出内阻,我们必须用负反馈放大器的分析方法进行计算。

　　先计算基本放大器的输出电阻。

　　T_1、T_2 构成的复合晶体管可以看成两级射极跟随器,根据第 3 章的分析,射极跟随器的输出电阻为 $r_o = \dfrac{r_{be} + r_s}{1 + \beta}$。下面我们逐级进行分析。

　　对于 T_1,上述输出电阻表达式中的 r_s 就是集成运放的输出电阻 $r_o = 100 \text{ }\Omega$。流过 T_1 的发射极电流在不同的负载条件下是不同的。当输出满载(负载电流为 $I_L = 2 \text{ A}$) 时,$I_{E1} \approx I_L / \beta_2 = 2\,000/30 = 67 \text{ mA}$;当输出空载(负载电流为 $I_L = 0$) 时,I_{E1} 近似于流过 R_2 的电流。在输出电压为 9 V 条件下,T_1 发射极电位大约为 $V_o + V_{BE2} = 9.7 \text{ V}$,所以,$I_{E1} \approx \dfrac{9.7 \text{ V}}{1 \text{ k}\Omega} = 9.7 \text{ mA}$。所以 r_{be1} 的计算如下:

$$r_{be1} \approx \beta_1 \frac{V_T}{I_{E1}} = 100 \cdot \frac{26}{(67 \sim 9.7)} = (39 \sim 270)(\Omega)$$

T_1 的输出电阻为

$$r_{o1} = \frac{r_{be1} + r_o}{1 + \beta_1} = \frac{(39 \sim 270) + 100}{101} = (1.4 \sim 4.7)(\Omega)$$

同样,对于 T_2,输出电阻表达式中的 r_s 就是 T_1 的输出电阻。流过 T_2 的发射极电流在满载时为 2 A,在空载时为流过 R_3、R_4 的电流,亦即 $9/1.5 = 6$ mA。r_{be2} 的计算如下:

$$r_{be2} = \beta_2 \frac{V_T}{I_{E2}} = 30 \cdot \frac{26}{(2\,000 \sim 6)} = (0.39 \sim 130)(\Omega)$$

所以 T_2 的输出电阻为

$$r_{o2} = \frac{r_{be2} + r_{o1}}{1 + \beta_2} = \frac{(0.39 \sim 130) + (1.4 \sim 4.7)}{31} = (0.057 \sim 4.4)(\Omega)$$

基本放大器的输出电阻是 $r_{o2} \mathbin{/\mkern-4mu/} (R_3 + R_4)$,由于 $r_{o2} \ll (R_3 + R_4)$,所以输出电阻就是 r_{o2}。

下面计算放大器闭环后的输出电阻。在本电路中,射极跟随器的电压放大倍数近似为 1,所以 A_{v0} 就是集成运放的开环增益 200 000。电路的反馈系数 $F = \frac{R_4}{R_3 + R_4} = \frac{1}{1.5}$,所以稳压电源的闭环输出电阻为

$$r_{of} = \frac{r_{o2}}{1 + A_{v0}F} \approx \frac{1.5}{200\,000} \times (0.057 \sim 4.4)\Omega = (0.43 \sim 33)\mu\dot{\Omega}$$

上述结果说明,采用深度负反馈以后,稳压电源的输出电阻可以做到极小。

从严格意义上说,由于稳压电源是大信号工作,而我们在上面的计算中仅以小信号放大器的方法进行计算,也没有考虑实际电路中的许多附加因素,所以得到的结果与实际稳压电源的结果有一定的差距。我们在上面的计算过程主要是想说明在采用深度电压负反馈后,串联型稳压电源的输出电阻得到大幅度降低。

采用类似的分析手段,我们还可以分析此稳压电源的电压调整率、输出电压的温度系数等参数,这里不再一一列举。

将图 5-33 电路与图 2-29 的桥式整流电路结合,就可以构成一个比较完整的直流稳压电源电路。由于电压负反馈电路的稳定电压作用,使得图 2-29 电路输出电压的纹波得以抑制,达到恒稳直流输出。

§5.3　负反馈放大器的频率特性

我们在前面所讨论的负反馈对于放大器特性的种种影响并没有涉及频率特性。其实,负反馈对于放大器的频率特性的影响是巨大的。一方面,负反馈能够扩

展放大器的通频带;另一方面,若负反馈运用不当,会使放大器失去稳定而出现自激。前面所有的关于负反馈放大器的种种讨论,都建立在能够使放大器正常工作的状态条件下。所以,研究负反馈放大器的增益等参数随信号频率的改变以及负反馈放大器的稳定性等现象,就显得十分重要。

5.3.1 负反馈对放大器通频带的影响

通常情况下,负反馈能够扩展放大器的通频带。其基本原理与利用负反馈稳定增益的原理是类似的。因为一个放大器的增益随频率的改变可以看作一种增益的不稳定现象,而负反馈能够改善这种不稳定。例如,放大器的增益随频率增加而减小,对放大器施加负反馈后,若负反馈量随频率改变的趋势与放大器随频率改变的相同,即负反馈量也随频率增加而减小,则整个负反馈放大器的增益随频率增加而减小的程度就可以减缓,也就是扩展了放大器的上截止频率。

下面我们从数学上定量讨论这种扩展。

假设一个基本放大器只有一个极点,其频率特性如下:

$$A(j\omega) = \frac{A_0}{1 + j\omega/\omega_H} \tag{5.31}$$

其中 A_0 是该放大器的低频($\omega \ll \omega_H$)开环增益,ω_H 是该放大器的开环上截止角频率。

对此放大器施加反馈系数为 F 的负反馈后,负反馈放大器的增益为

$$A_f(j\omega) = \frac{A(j\omega)}{1 + A(j\omega)F} = \frac{\dfrac{A_0}{1 + j\omega/\omega_H}}{1 + \dfrac{A_0 F}{1 + j\omega/\omega_H}} = \frac{\dfrac{A_0}{1 + A_0 F}}{1 + j\dfrac{\omega}{(1 + A_0 F)\omega_H}} = \frac{A_{f0}}{1 + j\omega/\omega_{Hf}}$$

$$\tag{5.32}$$

比较(5.31)和(5.32)两式,可以看到对单极点放大器施加负反馈以后,低频放大倍数从 A_0 下降到 A_{f0},下降倍率是 $(1 + A_0 F)$,但是上截止角频率从 ω_H 上升到 ω_{Hf},上升倍率也是 $(1 + A_0 F)$。所以可以得到一个结论:对于单极点放大器,其增益带宽积是一个常数。一般用 GBW 表示增益带宽积,$GBW = A_0 f_H$,其中 $f_H = \omega_H/2\pi$。

上述结论可以用 Bode 图表示如图 5-34。

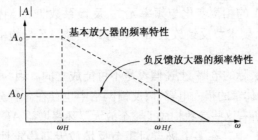

图 5-34　负反馈放大器的增益带宽积

需要注意的是,上述结论是在反馈系数 F 与频率无关的前提下得出的。若实际电路中 F 与频率有关,则上述结论无效。

根据上述结论,我们能够估计负反馈放大器的上限工作频率。

例 5-12　已知某集成运放的低频开环增益 $A_0 = 300\,000$,开环上截止频率 $f_H = 4$ Hz。若用此放大器构成负反馈放大器后,闭环增益 $A_{f0} = 200$,试计算闭环上截止频率。

根据给出的参数,此集成运放的增益带宽积 $GBW = 1\,200\,000$ Hz。根据增益带宽积不变的原则,闭环上截止频率为

$$f_{Hf} = \frac{GBW}{A_{f0}} = 6\,000 \text{ Hz}。$$

由于一般集成运放的下截止频率为 0,所以上述讨论中没有涉及下截止频率。对于一般的放大器,若在低频端只有一个极点,则可以采取类似上面的方法对下截止频率展开讨论,其结论也是类似的,$\dfrac{A}{f}$ 为一常数 $\dfrac{A_0}{f_L}$。

5.3.2　负反馈放大器的频率稳定性

上一节的讨论中有一个前提,就是基本放大器必须只有一个极点。下面我们讨论在基本放大器中存在多个极点的情况。

放大器中存在多个极点是多级放大器固有的现象。由于对多级放大器进行详细的频率特性分析十分困难,在现代计算机辅助分析已经十分普遍的情况下,手工推导计算已经没有必要。但是,定性地讨论多极点放大器的频率特性以及稳定性(Stability)问题对于我们设计电路或调试电路具有十分重要的指导意义,下面我们就此展开讨论。

我们知道负反馈放大器的基本关系式(5.3)式是建立在这样一个假设的前提

下:放大器的增益 A 的相位变化与频率无关、反馈系数 F 的相位变化也与频率无关。或者严格地说,要求负反馈放大器中的环路增益 AF 与频率无关,总体相位变化始终为 π。

然而对于一个实际的电路,上述假设是不可能成立的。因为在放大器中存在各种电抗成分,例如晶体管的极间电容等;反馈网络中也存在各种分布电容、分布电感等分布电抗参数。所有这些参数构成了整个放大器环路增益 AF 中的多个极点。

为了搞清楚 AF 中存在多个极点对于负反馈放大器稳定性的影响,我们先回忆一下第 1 章中关于幅频特性与相频特性的关系:在线性电路中,若存在一个极点,则其幅频特性相应地产生一个 -20 dB/dec 的转折,相频特性一般也移动 $-90°$。所以,存在多个极点的环路增益 AF 的频率特性一般如图 5-35 所示。

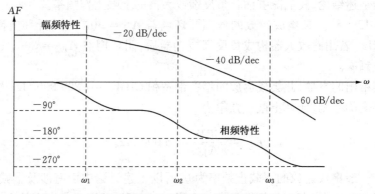

图 5-35   多极点环路增益的频率特性

在图 5-35 中,相频特性只是标注了 AF 的附加相移。若考虑到负反馈放大器中 AF 存在一个固有的 $-180°$ 相移,则当在 AF 中存在 1 个极点时,AF 的绝对相移将达到 $-270°$,存在 2 个极点时,AF 的绝对相移将达到 $-360°$,以此类推。

现在考虑一个极端的情况:当 AF 的附加相移达到 $-180°$,即其绝对相移达到 $-360°$ 时,AF 的绝对值 $|AF| > 1$。在这种情况下,反馈信号实际上已经和输入信号同相,变成了正反馈。而且由于 $|AF| > 1$,反馈信号的幅度大于实际输入放大器的信号。这时若将输入信号撤销,由于反馈信号的存在,输出信号非但不会消失,反而会越来越大,直到放大器进入饱和区才会停止增长。这种现象就称为放大器产生自激。

根据上面的讨论,可以得到放大器产生自激的条件是

$$\begin{cases} |AF| \geqslant 1 \\ \varphi(AF) = (2n+1)\pi, \; n = \pm 1, 2, \cdots \end{cases} \tag{5.33}$$

注意上述相位表达式中不包含负反馈放大器固有的$-180°$相移。

要指出的是,(5.33)式表达的自激条件,并不一定需要先输入一个信号。因为电路中任何一个微小的扰动,例如电路的热噪声,都可以成为最初的原始动力,使得放大器产生自激。

虽然在某些电路(例如振荡器)中要利用自激现象,但是在放大器中,自激是极其有害的,它使得电路无法完成正常的放大功能,所以必须避免。不仅如此,在实际的负反馈放大器电路中,为了可靠地避免自激,通常使得放大器的环路增益 AF 远离(5.33)式表达的自激条件。衡量一个放大器远离自激的尺度是放大器的稳定裕量。

稳定裕量分为增益裕量(Gain Margin)和相位裕量(Phase Margin)两个。

增益裕量 γ_G 是指环路增益 AF 的附加相移达到$-180°$时,$|AF|$ 与 0 dB 的距离,即

$$\gamma_G(dB) = 0 - 20\lg|AF|_{\varphi=-180°} \tag{5.34}$$

相位裕量 γ_φ 是指环路增益 $|AF| = 1$ 时,AF 的附加相移 $\varphi(AF)$ 与$-180°$的距离,即

$$\gamma_\varphi = 180° + \varphi(AF)|_{|AF|=1} \tag{5.35}$$

上述稳定裕量概念可以用图 5-36 表示,显然,增益裕量和相位裕量是等价的。通常在负反馈放大器中要求相位裕量大于 45°。避免负反馈放大器自激的有效途径就是通过合理安排负反馈放大器的环路增益零、极点,使得放大器的稳定裕量得到满足。

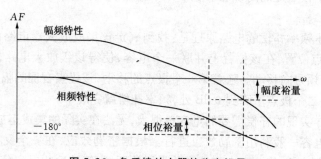

图 5-36 负反馈放大器的稳定裕量

防止负反馈放大器自激的具体方法有多种,在集成运放中经常采用的是频率补偿法。频率补偿是在集成电路中接入一定的补偿电容,使得集成运放在外接反馈网络后能够保证负反馈放大器具有足够的稳定裕量。下面以具体例子说明频率

补偿的方法。

例如某集成运放在未补偿之前的幅频特性如图 5-37 中的虚线所示。显然由于此运放具有 3 个极点,所以其相频特性的最大附加相移可能达到—270°。

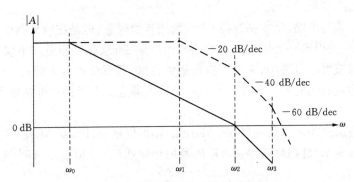

图 5-37   负反馈放大器的频率补偿

通常运放设计者不能预见运放应用电路中的反馈系数 F。但是有一点可以肯定,即一般 F 不会大于 1(否则根据 $A_f \approx 1/F$,闭环增益将小于 1),所以为了达到通用的目的,假设在运放应用电路中 $F = 1$(全反馈)。当 $F = 1$ 时,图 5-37 中的幅频特性就是环路增益 AF 的幅频特性。这样由于在 0 dB 以上具有 3 个极点,电路将产生自激。

如果我们在电路中加入补偿电路,能够使得补偿后运放的幅频特性如图 5-37 中的实线,即在 0 dB 以上只有一个极点 ω_0。那么即使第二个极点位于 0 dB 线上,由于在第二个极点处的附加相移为—135°左右(参见图 5-35),电路仍然具有 45°的相位裕量。

实现上述频率补偿的电路原理是:找到确定该集成放大器电路的第一个极点 ω_1 的电路节点位置,在该位置上并联一个电容,使得该级放大电路的时间常数增加,极点向低频方向移动。随着第一个极点的移动,该极点右侧的幅频特性曲线将下降,直到第二个极点下降到 0 dB 处,频率补偿就完成了。

通常这样实现的补偿需要的电容量很大,无法在实际的集成运放中集成,所以实际的补偿电容一般利用密勒效应进行。根据密勒效应,在一个反相放大器两端并联一个电容,可以将此电容等效到放大器的两端,等效后的电容分别为原来电容的 $(1+|A|)$ 倍和 $\left(1 + \dfrac{1}{|A|}\right)$ 倍。如果此反相放大器具有很高的电压增益 $|A|$,则密勒等效后在它的输入端将呈现一个极大的电容。

依据密勒效应进行补偿的实际例子可以参见第 4 章的图 4-49 和图 4-50。在

图 4-49 中，T_{14} 和 T_{15} 构成一个具有高输入电阻的反相放大级，密勒电容 C 就跨接在此放大级的两端。由于此放大级的电压增益高达 500 倍以上，所以在该放大器中大约为 30 pF 的密勒电容 C 等效到此放大级的输入端后，相当于并联了一个 16 000 pF 的大电容。由于在 T_{14} 的基极(也就是此放大级的输入端)看进去的电阻(射极跟随器 T_{14} 的输入电阻和前面 T_4、T_6 的输出电阻的并联)又很大，所以补偿后的主极点移到了几 Hz 的位置。

　　显然，上述频率补偿的方法实际上是牺牲了开环带宽来换取放大器的稳定性。但是由于集成运放的开环增益很高，所以尽管上述运放的开环带宽只有几 Hz，其增益带宽积仍然高达 1 MHz 以上。而随着集成运放电路的发展，现在的集成运放经过频率补偿后的开环带宽也已经能够做得非常高。

　　另外还要指出，采用类似图 4-49 中密勒电容的接法的电路，经过详细的分析后发现，在移动第一个极点的同时，它会使第二个极点向相反方向移动。这个结果使得补偿的效果更为理想。所以这种电路也称为极点分离补偿电路(Pole-splitting Compensation)。

　　上述对于负反馈放大器的稳定性的分析，不仅对于理解集成运放电路有所帮助，对于任何运用负反馈技术的电路都有指导意义。

　　例如，尽管现代运放大多数已经在内部进行了补偿，其幅频特性如同图 5-37 中的实线，但是若使用不当，仍然可能造成自激。图 5-38 就是这样一个例子。

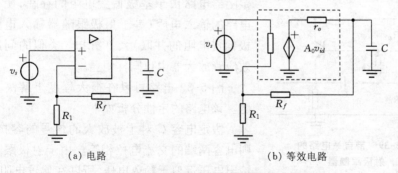

(a) 电路　　　　　　　　　　　(b) 等效电路

图 5-38　接入容性负载的负反馈放大器

　　在图 5-38(a)电路中，运放的输出端接入一个电容负载。用简化的运放等效模型分析这个电路得到的等效电路如图 5-38(b)。由图可以看到，由于电容 C 的接入，它与运放的开环输出电阻 r_o 构成了一个极点。这个极点的位置正好位于 $A_0 F$ 之间。

　　由前面的讨论可知，在计算负反馈放大器的增益(也包括频率特性)时，其基本放大器的增益应该包括负载的效应,所以这个极点将出现在 $A(\mathrm{j}\omega)$ 的表达式中。若由于电容 C 比较大,使得这个极点的频率低到图 5-37 中的 ω_2 附近,则它与运放的第二个极点共同作用后可能使得放大器的相位裕量不够,从而引起放大器自激。所以对于用普通运放构成的放大器,若负载中具有较大的容抗分量时需要谨慎处理。

§5.4　正反馈和反馈振荡器

在前面我们比较详细地讨论了负反馈的原理以及有关负反馈电路的各种问题。其实在电子电路中也用到正反馈,而其中最主要的恐怕就是反馈振荡器。我们在这一节简要介绍正反馈和反馈振荡器。

5.4.1　正反馈

图 5-39 电路是在分立元件电路中常见的一个射极跟随器结构。它与普通射极跟随器电路的不同之处在于:输出电压通过电容 C 反馈到晶体管的基极。由于输出电压与输入同相,所以这是一种正反馈。

在第 3 章我们曾经讨论过,射极跟随器具有很高的输入电阻。然而,普通射极

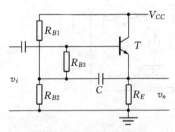

跟随器电路由于基极偏置电阻的存在,使得实际电路的输入电阻(等于射极跟随器输入电阻和基极偏置电阻的并联)大打折扣。类似的问题在场效应管放大器中也同样明显。

图 5-39 电路可以在很大程度上解决上述问题。该电路的定性分析如下:

假定电容 C 对于被放大的信号的容抗极小,则电容两端的交流电位相等。由于射极跟随器的输出电压近似于输入电压,所以在偏置电阻 R_{B3} 两

图 5-39　带自举电路的射极跟随器

端的交流电压近似相等。既然偏置电阻 R_{B3} 两端的交流电压近似相等,则无论 R_{B3} 的阻值如何,流过 R_{B3} 的电流就近似为 0,也就是说,对于交流而言,偏置电阻近似于开路。所以此电路可以将偏置电阻对电路输入电阻的影响降至最小。

由于此电路中正反馈的作用相当于将电容 C 左侧的电位抬举到接近输出电位,所以被称为"自举"。

类似的自举电路还有,下面再举一个互补输出电路中运用自举的例子。

　　图 5-40 是一个带自举偏置电路的分立元件互补
输出电路,其中电容 C 以及 R_{B1}、R_{B2} 构成自举偏置电
路,电容 C 的容量很大。为了说明自举电路的作用,
我们首先不考虑电容 C,将 R_{B1}、R_{B2} 看成一个电阻
R_B,然后分析此电路的输出动态范围。

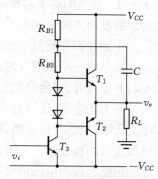

　　显然,此电路的负向输出幅度可以达到 $-V_{cc}+$
$V_{CES3}+V_{BE2}$,即大约 $-V_{CC}+0.9\,\text{V}$。但是此电路的正
向输出幅度受 T_1 基极偏置电流的限制,为 $V_{CC}-$
$I_{B1}R_B-V_{BE1}$。举例说,如果负载输出电流为 $200\,\text{mA}$,
T_1 的 $\beta=80$,则 $I_{B1}=2.5\,\text{mA}$。一般为了维持一定的
静态工作电流,R_B 不会太小,例如 $R_B=2\,\text{k}\Omega$,则此时

图 5-40　带自举偏置电
路的互补输出电路

$I_{B1}R_B=5\,\text{V}$,正向输出幅度为 $V_{CC}-5.7\,\text{V}$。显然,在这种情况下,输出电路的正向
输出幅度将与负向输出幅度严重不匹配,并且使得电路的电源利用效率大幅度下降。

　　我们来看图 5-40 电路。它将 R_B 拆分为两个电阻,例如将上面的 $R_B=2\,\text{k}\Omega$
拆分为两个 $1\,\text{k}\Omega$ 的电阻。在静态时,它与原来的电路一致。电容两端的电压分别
为:电容上端电压近似于 $\frac{1}{2}(V_{CC}+V_{BE1})$,电容下端电压为 0,电容两端的压降为
$\frac{1}{2}(V_{CC}+V_{BE1})$。

　　当输出为正向电压时,由于电容 C 的容量很大,近似认为在输出信号正半周
内电容两端电压不变,这样,随着输出电压(也就是电容下端电压)的升高,电容
上端电压被自举,总是高于输出电压 $\frac{1}{2}(V_{CC}+V_{BE1})$。随着输出电压的升高,电
容上端的电压可以被自举到高于电源电压。所以尽管此时 T_1 仍然需要偏置电
流,但是此电流实际上将由电容 C 提供,其输出幅度不会因为 R_B 上的压降而受
限制。

　　以上两个自举电路的例子,其中很重要的一点是:反馈环的增益 AF 永远小于
1。因为正反馈的反馈信号与输入同相,起到增强输入端作用,所以若反馈环的增
益 AF 大于等于 1,电路的输出将不断增加,其最后的结果无非就是两种:要么放
大器进入非线性区,要么产生自激。

　　关于产生自激的正反馈我们在稍后讨论,下面先讨论放大器进入非线性区的
情况。

　　数字电路中的 RS 触发器其实就是正反馈的非线性运用的极好例子。两个非
门(可以看作是高增益的反相放大器)交叉反馈,构成一个正反馈环,其环路增益远

大于 1。反馈的结果是使得两个非门都进入非线性区,一个饱和另一个截止,从而构成触发器的两个状态。

下面我们介绍另一个非线性电路中运用正反馈的例子。

如果将一个高增益的运算放大器开环使用,由于其增益极高,只要输入一个极小的差模信号,将会产生极大的输出。例如,若同相端电压高于反相端电压,则输出电压为正电压,反之为负电压。但是,由于电源电压的限制,此运放的最终输出不会无限增加,而被限制在某个与电源电压有关的范围内。也因为其增益极高,所以放大器的线性输入范围极小,大部分情况下将工作在非线性区域。综上所述,可以画出此运放的电压传输特性如图 5-41 所示。为了说明问题,图中将输入线性范围大大地扩大了。

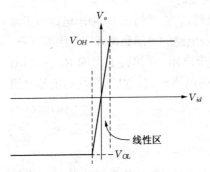

图 5-41　电压比较器的传输特性

事实上,如果放大器的开环电压放大倍数为 A_{v0}、输出被限制在 V_{OH} 到 V_{OL} 范围的话,其差分输入线性范围将在 V_{OH}/A_{v0} 到 V_{OL}/A_{v0} 之间。由于放大器的 A_{v0} 极大,所以实际的差分输入线性范围极小,几乎可以认为,差分输入大于 0,输出就是 V_{OH};差分输入小于 0,输出就是 V_{OL}。

如果将放大器的反相输入端接某个参考电压 V_{REF},同相输入端接输入信号 V_I,则当 $V_I > V_{REF}$ 时输出 $V_O = V_{OH}$,$V_I < V_{REF}$ 时输出 $V_O = V_{OL}$。由于这种器件的输出只有两个状态,而输入可以是连续的模拟信号,所以被称为模拟比较器。模拟比较器通常用来将模拟信号转换为数字信号,此时它的两个输出状态的电平往往与某种数字逻辑电平相符。

模拟比较器可以用集成运放构成,但更方便的是专用的集成比较器器件。按照国家标准,模拟比较器的电路符号如图 5-42 所示。

下面讨论在模拟比较器中施加正反馈的情况。

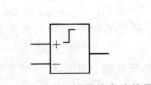

图 5-42　模拟比较器的电路符号

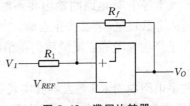

图 5-43　滞回比较器

　　图 5-43 是对一个模拟比较器施加正反馈的电路,我们来研究它的电压传输特性。

　　假设在某个状态下,$V_I < V_{REF}$ 且 $V_O = V_{OL}$。此时由于反馈的作用,比较器同相输入端的电压为

$$V_{I+} = \frac{R_f}{R_1 + R_f}V_I + \frac{R_1}{R_1 + R_f}V_O = \frac{R_f}{R_1 + R_f}V_I + \frac{R_1}{R_1 + R_f}V_{OL}$$

若 V_I 增加,则 V_{I+} 也随之增加。若 V_I 增加到某个阈值电压 V_{TH+} 时 $V_{I+} = V_{REF}$,则当 V_I 再增加时比较器将翻转,所以此时比较器的翻转条件为

$$V_{I+} = \frac{R_f}{R_1 + R_f}V_{TH+} + \frac{R_1}{R_1 + R_f}V_{OL} = V_{REF}$$

解此方程,得到在 V_I 增加过程中比较器翻转的阈值电压为

$$V_{TH+} = \frac{R_1 + R_f}{R_f}V_{REF} - \frac{R_1}{R_f}V_{OL} \tag{5.36}$$

　　按照同样的推导,假设开始时 $V_I > V_{REF}$ 且 $V_O = V_{OH}$,则在 V_i 减小过程中比较器翻转的阈值电压为

$$V_{TH-} = \frac{R_1 + R_f}{R_f}V_{REF} - \frac{R_1}{R_f}V_{OH} \tag{5.37}$$

考虑到 $V_{OH} > V_{OL}$,图 5-43 电路的电压传输特性如图 5-44 所示。

　　可以看到,当比较器加上正反馈以后,其电压传输特性发生很大改变,变得带有滞回特性。这种带有滞回特性的比较器称为滞回比较器。在输入的模拟信号具有不规则抖动的场合,可以利用滞回比较器对输入信号整形。

　　例如在图 5-45 中,要甄别输入信号是否出现超越某个阈值的变化。由于输入波形带有很大的抖动,如果用一般的比较器去甄别输入信号,则输出将可能发生多次状态改变。但是用滞回比较器就能够很好地完成甄别任务。这个例子通常出现在输入某种开关量(例如键盘)的情况中。

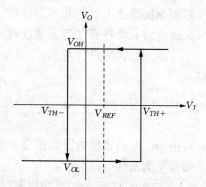

**图 5-44　滞回比较器的电压
传输特性曲线**

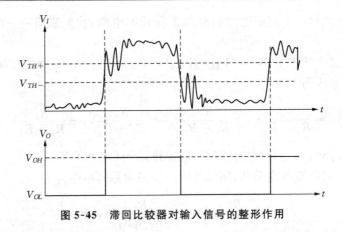

图 5-45   滞回比较器对输入信号的整形作用

5.4.2   反馈振荡器

在各种电子设备中都需要信号源。除了来自外界的自然信号外,一般信号源是由振荡器(Oscillator)产生的。振荡器的工作原理有多种形式,利用正反馈产生的自激振荡现象构成的振荡器称为反馈振荡器。

反馈振荡器的基本结构如图 5-46 所示。其中选频网络构成了放大器的正反馈网络,若放大器增益 $A(j\omega)$ 和反馈系数 $F(j\omega)$ 满足

$$A(j\omega)F(j\omega) = 1 \tag{5.38}$$

则根据反馈放大器的基本关系(5.2)式,此反馈电路的闭环增益为无穷大。所以该反馈电路只要热骚动等因素就可以起振。

(5.38)式可以分解为

$$|A(j\omega)F(j\omega)| = 1 \tag{5.39.a}$$

$$\varphi[A(j\omega)F(j\omega)] = 2n\pi, \ n = 0, \pm 1, \pm 2, \cdots \tag{5.39.b}$$

其中(5.39.a)式称为反馈振荡器的振幅平衡条件,(5.39.b)式称为反馈振荡器的相位平衡条件。

在图 5-46 所示的反馈振荡器中,放大器可以工作在线性放大状态,也可以工作在非线性状态,甚至可以是输入输出满足某种特定函数关系的电路;选频网络可以是 RC、LC 等不同的无源器件的组合。所以可以有各种不同的反馈振荡器电路,产生的振荡信号可以是正弦波,也可以是方波、三角波、锯齿波等不同波形的信

号。在本小节我们主要介绍采用集成运放
构成线性放大器、采用 RC 网络作为反馈网
络的 RC 正弦振荡器。

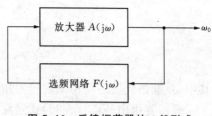

图 5-46　反馈振荡器的一般形式

在采用集成运放构成线性放大器时，
若不考虑放大器的相移，反馈振荡器的相
位平衡条件将唯一由反馈网络的相频特性
确定。选择合适的 RC 网络，使得它对于某
个特定的角频率 ω_0 能够满足(5.38)式，则
振荡器的输出将为此特定频率的信号。

能够满足(5.38)式的 RC 网络有多种，常见的有 RC 串并联网络、RC 双 T 网
络、多级 RC 移相网络等。下面介绍一个比较著名的采用 RC 串并联网络构成的

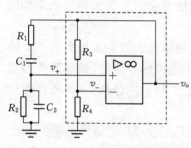

图 5-47　文氏桥振荡器原理

反馈振荡器如图 5-47。由于该电路中反馈网
络与放大器的负反馈电阻之间构成一个电桥形
式的电路，所以在有些文献中称为文氏桥
(Wien Bridge)振荡器。

图 5-47 中，集成运放和负反馈电阻 R_3、
R_4 构成一个电压串联负反馈放大器(可以参考
例 5-2)如图中虚线所框，其电压放大倍数为

$$A_v = \frac{v_o}{v_+} = 1 + \frac{R_3}{R_4} \qquad (5.40)$$

电阻电容 R_1、C_1、R_2、C_2 构成 RC 串并联网络，其电压反馈系数为

$$F(j\omega) = \frac{v_+}{v_o} = \frac{R_2 \mathbin{/\mkern-5mu/} \dfrac{1}{j\omega C_2}}{R_1 + \dfrac{1}{j\omega C_1} + R_2 \mathbin{/\mkern-5mu/} \dfrac{1}{j\omega C_2}}$$

$$= \frac{\omega R_2 C_1}{\omega(R_1 C_1 + R_2 C_2 + R_2 C_1) + j(\omega^2 R_1 R_2 C_1 C_2 - 1)}$$

通常在这个电路中取 $R_1 = R_2 = R$，$C_1 = C_2 = C$，这样上式可写为

$$F(j\omega) = \frac{v_+}{v_o} = \frac{1}{3 + j\left(\omega RC - \dfrac{1}{\omega RC}\right)} \qquad (5.41)$$

将(5.40)式和(5.41)式代入(5.39)式，得到此反馈振荡器的平衡条件为

$$A_v = 1 + \frac{R_3}{R_4} = 3 \qquad\qquad (5.42.a)$$

$$\omega_0 = \frac{1}{RC} \qquad\qquad (5.42.b)$$

其中 ω_0 就是此振荡器输出信号的角频率。

最后要指出一点:(5.39)式是反馈振荡器的平衡条件,但是在振荡器开始起振时,由于热骚动的信号很小,为了使振幅能够逐渐增大,要求 $|A(j\omega)F(j\omega)| > 1$。这个条件称为反馈振荡器的起振条件。

根据起振条件,在上述振荡器电路中应该使 $A_v > 3$。但是由于集成运放构成的放大器具有良好的线性,所以当振幅增加到我们需要的幅度以后,它仍然保持 $A_v > 3$,这样就会使输出幅度继续增加,直到由于放大器进入饱和区而使幅度无法继续增加才会稳定。这样一来,最后得到的输出信号会由于放大器进入饱和区而出现削顶失真。

为了避免出现这种失真的输出波形,一般在采用集成运放构成放大器的反馈振荡器中要加入非线性限幅环节。当输出达到我们需要的幅度时,该环节开始起作用,使得放大器的增益自动下降,最后稳定在满足 $|A(j\omega)F(j\omega)| = 1$ 条件的位置上。

可以利用许多方法改变增益,常见的是使得放大器的反馈电阻随输出幅度变化。例如在上述文氏桥振荡器中,一个可行的方案见图 5-48。它将反馈电阻分成 R_3 和 ΔR_3 两部分串联,$R_3 + \Delta R_3$ 略大于 $2R_4$。并且在 ΔR_3 上并联两个二极管。在开始振荡时,由于输出电压 v_o 很小,在 ΔR_3 上的压降也很小,可以认为小于二极管的导通阈值而二极管截止,所以 $A_v > 3$,满足起振条件。当输出幅度增加到一定程度后,ΔR_3 上的压降开始加大,由于二极管开始导通,流过二极管的电流开始增加,相当于在 ΔR_3 上并联一个电阻而使得 ΔR_3 的等效阻值下降。当 ΔR_3 的等效阻值下降到使得 $R_3 + \Delta R_3$ 等于 $2R_4$ 时,输出幅度得到稳定。改变 R_3 和 ΔR_3 的阻值比例可以改变输出幅度。

上面讨论的振荡器中,放大器工作在线性状态,所以可以产生正弦信号输出。若由于正反馈使放大器进入非线性区(饱和或截止),则实际上放大器蜕化为比较器。此时如果反馈网络能够定时提供比较器的翻转电压,电路也可以产生振荡,但是输出信号将不是正弦信号。一般将这种利用比较器加定时反馈网络构成的振荡器称为张弛振荡器。

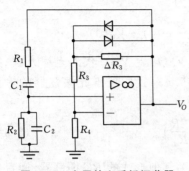

图 5-48　实用的文氏桥振荡器

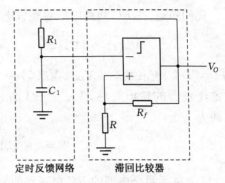

图 5-49　方波发生器

张弛振荡器中的比较器通常采用滞回比较器,图 5-49 就是利用滞回比较器构成的方波发生器。

图 5-49 中,电阻 R_1 和电容 C_1 构成定时反馈网络,比较器和正反馈网络 R_f、R 构成反相滞回比较器。可以证明,此比较器的阈值电压为

$$V_{TH+} = \frac{R}{R + R_f} V_{OH}$$
$$V_{TH-} = \frac{R}{R + R_f} V_{OL}$$

(5.43)

电路的工作原理是:假定开始时比较器输出为 V_{OH},则此电压通过 R_1 对 C_1 充电。当 C_1 上的电压升高到等于 V_{TH+} 时,比较器翻转,输出 V_{OL},而对电容 C_1 的充电过程则反向进行。当反向充电到达 C_1 上的电压等于 V_{TH-} 时,整个过程又翻转。这样在比较器的输出端就产生了方波输出。振荡器的输出波形和电容 C_1 上的电压波形见图 5-50。

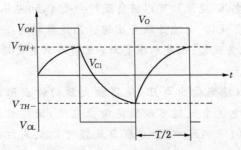

图 5-50　方波发生器的信号波形

我们知道,在 RC 回路中电容充放电的规律为

$$V_C(t) = [V_C(\infty) - V_C(0)](1 - \mathrm{e}^{-\frac{t}{RC}}) + V_C(0)$$

将 $t = T/2$、$V_C(\infty) = V_{OH}$、$V_C(0) = V_{TH-}$、$V_C(t) = V_{TH+}$ 代入上述方程,并假定比较器的输出对称,$V_{OL} = -V_{OH}$,考虑(5.43)式后可得此振荡器的输出周期为

$$T = 2R_1C_1\ln\left(1 + \frac{2R}{R_f}\right) \tag{5.44}$$

以上举了两个典型的 RC 振荡器的例子,有关其他形式的 RC 振荡器,读者可以参考相关的文献资料,本章与下一章习题中也有几个 RC 振荡器的原理电路可供参考。

本章概要

将输出信号的部分或全部通过反向传输网络引回到电路的输入端,与输入信号叠加后作用于基本放大电路的输入端称为反馈。

根据反馈信号与输入信号的相互关系,可以将反馈分为正反馈与负反馈。若反馈信号与输入信号叠加后使得放大器的输入增强,则称此反馈为正反馈;若反馈信号与输入信号叠加后使得放大器的输入削弱,则称此反馈为负反馈。可以根据输入信号与反馈信号之间的相位关系来判断反馈的极性,常用的方法为瞬时极性法。

负反馈电路是放大器中最常见的结构。可以将负反馈放大器看成由基本放大器和反馈网络两部分构成。若基本放大器的放大系数为 A,反馈网络的反馈系数为 F,则负反馈放大器的反馈深度为 $1 + AF$,增益为 $A/(1 + AF)$。

根据从放大器输出端采样的反馈信号类型(电压、电流)和在放大器输入端叠加的反馈信号类型(电压、电流),可以将负反馈分成4类:电压串联负反馈、电压并联负反馈、电流串联负反馈、电流并联负反馈。凡是采样电压的都是电压负反馈,采样电流的都是电流负反馈;凡是电压叠加的都是串联负反馈,电流叠加的都是并联负反馈。

电压负反馈可以稳定输出电压,使得放大器的输出阻抗降低为基本放大器的 $1/(1 + AF)$;电流负反馈可以稳定输出电流,使得放大器的输出阻抗增加为基本放大器的 $(1 + AF)$ 倍。串联负反馈可以提高放大器的输入阻抗到基本放大器的 $(1 + AF)$ 倍;并联负反馈可以降低放大器的输入阻抗到基本放

大器的 $1/(1+AF)$。但是需注意在上述计算输出阻抗、输入阻抗以及闭环增益等过程中,基本放大器增益 A 的表达式在信号源与负载非理想情况下可能是不同的。

负反馈放大器还可以减小放大器的非线性失真程度。

负反馈放大器的一般分析方法需要正确分离基本放大器和反馈网络。分离的原则是:对于电压反馈,将反馈网络的取样点对地短路;对于电流反馈,将反馈网络的取样点开路。由此得到的反馈网络就是它对于基本放大器输入端的影响电路。对于串联反馈,将反馈网络的反馈点开路;对于并联反馈,将反馈网络的反馈点对地短路,由此得到的网络就是反馈网络对于基本放大器输出端的负载电路。分离后的反馈网络对基本放大器具有负载作用。

在满足某些条件时,可以近似估算负反馈放大器的参数:若满足深度负反馈条件,即反馈深度 $(1+AF) \gg 1$,可以用虚短路虚开路方法估算负反馈放大器的增益。若反馈网络的分流或分压作用很小,则可以忽略反馈网络负载效应,直接将不考虑反馈网络的放大器作为基本放大器,从而简化估算过程。

负反馈放大器可以提高基本放大器的频率响应范围。对单极点放大器施加负反馈以后,低频放大倍数的下降倍率与上截止频率的升高倍率相同,所以对于单极点放大器,其增益带宽积是一个常数。

若放大器具有多个极点,则施加负反馈可能使得放大器自激。为了避免负反馈放大器自激,要求放大器具有足够的相位裕量和增益裕量。经常采用的方法是频率补偿法,在集成电路中常常采用密勒电容加以补偿。

在电子电路中,利用正反馈可以构成各种自举电路,也可以构成各种非线性应用,例如滞回比较器。正反馈的最大应用是构成反馈振荡器。

反馈振荡器可以利用线性放大器和选频网络构成,这种振荡器的输出一般为简谐振荡,振荡频率由选频网络的频率特性确定,常用的选频网络是 RC 网络,例如文氏桥。振荡平衡条件是 $A(j\omega)F(j\omega) = 1$,起振条件是 $|A(j\omega)F(j\omega)| > 1$。为了降低输出失真,往往在电路中加设某种限幅措施。

反馈振荡器也可以利用非线性放大器(如比较器)和定时反馈网络构成,这种振荡器称为张弛振荡器。张弛振荡器的输出是方波、三角波等非简谐振荡波形,振荡频率由定时反馈网络的时间常数确定。

思考题与习题

1. "负反馈可以改善放大器的放大性能"这句话是否一定正确?它要求有什么先决条件?

2. 运用虚短路、虚开路概念估算负反馈放大器电路有什么限制?

3. 有人说,可以将共集电极电路看成是施加百分之百电压负反馈的共发射极电路,将共基极电路看成是施加百分之百电流负反馈的共发射极电路。试从电路的结构、增益、输入电阻、输出电阻等方面证明上述说法的正确性(提示:将共发射极电路看成一个四端网络)。

4. 判断下列电路中是否存在反馈? 是正反馈还是负反馈? 若是负反馈,请说明反馈类型,并写出反馈系数。

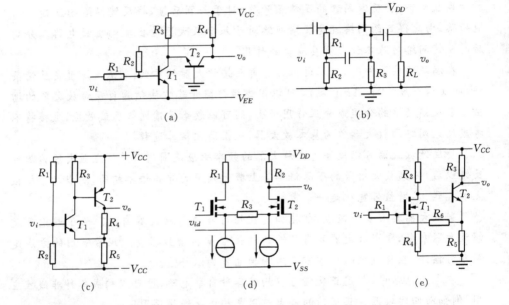

5. 写出上题中所有负反馈电路的电压增益表达式,假设其中晶体管的 g_m 或 β 已知,Early 效应可忽略。

6. 已知下图电路中,所有晶体管的参数为: $\beta = 100$, $V_{BE} = 0.7\,V$, $V_A = 100\,V$。其余电路参数已经在图中标明。试计算此电路的电压增益、输入电阻和输出电阻。

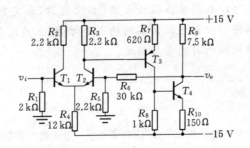

7. 试用深度负反馈概念重做上题电路,并与上题结果比较。

8. 试用虚短路、虚开路概念计算下列电路的源电压增益。

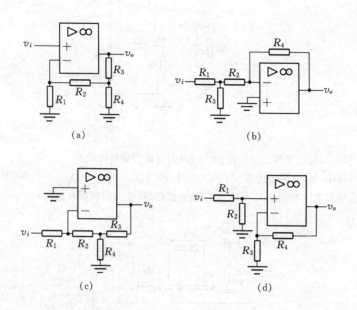

(a)　　　　　　　　　　　　　　(b)

(c)　　　　　　　　　　　　　　(d)

9. 某些集成运放为了增加带宽,在进行频率补偿时故意不作全补偿,即在波特图 0 dB 线上方(含 0 dB 线)保留了两个极点。在这种运放的使用说明中,要求使用者设计的放大器的闭环放大倍数不能小于某个一定的值,譬如 10。试用波特图说明它的原理。

10. 下图是一种多级移相 *RC* 反馈振荡器的原理电路。试分析它的工作原理,并写出它的幅度平衡条件和相位平衡条件。

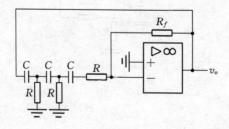

11. 下图是一种实用的文氏桥振荡器,其中 D_1 是普通二极管,D_z 是稳压二极管,T_1 是 N 沟道结型场效应管。试分析它的稳幅原理(提示:场效应管在 V_{DS} 很小的时候工作在可变电阻区,其导通电阻是 V_{GS} 的函数)。

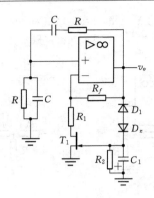

12. 试证明(5.43)式,并画出反相滞回比较器的电压传输特性曲线。

13. 下图电路中,A_1 为理想运放;A_2 为比较器,输出电压 $V_{OH} = -V_{OL} = 12\text{ V}$。试说明它们各组成什么基本电路? 画出 $V_i \sim V_o$ 的传输特性曲线(须注明转折点电压)。

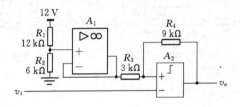

14. 下图是一个占空比不等于 1/2 的方波发生器。试分析其工作原理,并写出 $V_O = V_{OH}$ 和 $V_O = V_{OL}$ 的时间常数表达式(假设 D_1、D_2 是理想二极管)。

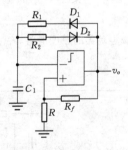

第 6 章　信号处理电路

　　信号处理(包括对信号的放大和各种变换)是模拟电子电路最主要的功能。掌握常见的信号处理电路的结构与工作原理,对于模拟电路系统的分析与设计具有很大的帮助。然而信号处理电路的门类繁杂、形式多样,在任何一本教材中都不可能穷其所有,所以本章只能介绍一些典型电路,并通过这些典型电路讨论一些基本的构成原则。希望读者能够通过这些典型电路举一反三,领会它们的基本分析方法以及设计思想。

　　由于集成电路的发展非常迅速,目前已经有上万种具有各种特性的集成运放面世,所以目前在模拟电子学领域,尤其在信号频率不是很高的情况下,大部分信号处理电路基于集成运放展开,本章介绍的信号处理电路也是如此。

§6.1　运　算　电　路

6.1.1　基本电路

　　图 6-1 所示是两个基于集成运放的基本电路——同相放大器和反相放大器。关于这两个放大器的分析,我们已经在第 5 章讨论过,这里将结论重复如下:

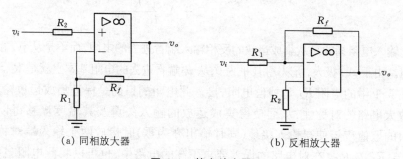

(a) 同相放大器　　　　　　　　(b) 反相放大器

图 6-1　基本放大器

同相放大电路的电压传递函数为

$$A_v = \frac{v_o}{v_i} = 1 + \frac{R_f}{R_1} \tag{6.1}$$

反相放大电路的电压传递函数为

$$A_v = \frac{v_o}{v_i} = -\frac{R_f}{R_1} \tag{6.2}$$

由于集成运放具有高开环增益、高输入电阻以及低输出电阻的特点,所以基于集成运放的运算电路都满足深度负反馈条件,上述输入输出关系可以用虚短路虚开路分析方法得到。

由于上述基本放大器的输入输出是一个简单的比例关系,所以也将这两个电路称为比例运算电路。

另外,根据第 5 章的分析,同相放大器的输入电阻和输出电阻是

$$r_{if} \approx (1 + A_{v0}F)r_i \tag{6.3}$$

$$r_{of} \approx \frac{r_o}{1 + A_{v0}F} \tag{6.4}$$

其中 A_{v0} 是集成运放的开环电压增益,F 是反馈系数,r_i 是集成运放的差模输入电阻,r_o 是集成运放的输出电阻。由于 A_{v0} 极大,所以在不是特别需要的情况下,可以近似认为同相放大器的输入电阻无穷大,而输出电阻几乎为 0。

反相放大电路的输入电阻与输出电阻是

$$r_{if} \approx \frac{R_f}{1 + A_{v0}} \tag{6.5}$$

$$r_{of} \approx \frac{r_o}{1 + A_{v0}\dfrac{R_1}{R_1 + R_f}} \tag{6.6}$$

注意此输入电阻指的是从集成运放的反相输入端看进去的电阻,而不是从 v_i 端看进去的电阻。由于 A_{v0} 极大,所以 r_{if} 几乎为 0,从 v_i 端看进去的电阻基本上就是 R_1。

图 6-1 中的电阻 R_2 是补偿电阻,接入此电阻的目的是保证集成运放输入端的差分放大电路的对称性,从而使得集成运放的输入失调及其温度漂移得以补偿。此电阻的取值应该使得输入接地(同时输出亦为零)时运放两个输入端对称,所以有 $R_2 = R_1 /\!/ R_f$。在对电路的误差要求不高的电路中,也可以将此电阻省略。我们在以下的电路中,为了使得电路图简洁易读,如无特别需要均将此电阻省略。

当同相放大器中的 $R_f = 0$,即运放的输出直接与反相端连接时,$v_o = v_i$,电路成为一个电压跟随器。由于此时 R_1 可以取任意值,所以通常将其开路,电路形式如图 6-2 所示。

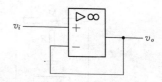

需要注意的是,上述同相放大器(包括电压跟随器)的输入电压同时也就是集成运放的共模输入电压,所以在采用这种电路形式的时候对于集成运放的共模抑制比有一定的要求。

图 6-2　电压跟随器

基本放大器的反馈网络由电阻构成。实际上,若以一个具有电抗的元件甚至一个复杂的网络取代图 6-1 中的电阻 R_1 和 R_f,(6.1)式和(6.2)式仍然成立,只要将其中的电阻改为相应的网络阻抗即可。

这一点是容易证明的,例如,将图 6-1(a)中的 R_f 换成一个复阻抗 Z_f,根据虚短路虚开路原则,流过复阻抗 Z_f 的电流等于流过电阻 R_1 的电流 i_1,而 R_1 两端的电压等于输入电压,与反馈电阻采用何种网络无关,所以电流 i_1 与 Z_f 的性质无关,$i_1 = v_i / R_1$。而 Z_f 两端的电压等于 $i_1 Z_f$,所以最后得到

$$v_o = v_i + i_i Z_f = v_i + \frac{v_i}{R_1} Z_f = \left(1 + \frac{Z_f}{R_1} \right) v_i$$

电压传递函数的形式与(6.1)式完全一致。

我们可以同样证明,将图 6-1(a)中电阻 R_1 换成复阻抗 Z_1 后,$A_v = 1 + \dfrac{R_f}{Z_1}$;而将图 6-1(b)中的电阻更改为一个复阻抗后,(6.2)式的形式也同样保持不变。

根据上述结论,我们可以比较方便地分析一个具有复杂结构的负反馈放大器的电压传递函数,只要将(6.1)式或(6.2)式中的电阻改为相应的网络阻抗即可。

例 6-1　计算图 6-3 电路的电压传递函数。

本电路的反馈电阻为一个电阻电容构成的网络,根据前面的分析,可以先写出反馈网络的复阻抗

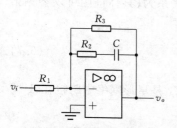

$$Z_f = R_3 \mathbin{/\mkern-5mu/} \left(R_2 + \frac{1}{sC} \right) = R_3 \frac{1 + sR_2 C}{1 + s(R_2 + R_3)C}$$

图 6-3　具有复杂反馈网络的反相放大器

所以电压传递函数为

$$A_v(s) = -\frac{Z_f}{R_1} = \frac{R_3}{R_1} \cdot \frac{1 + sR_2 C}{1 + s(R_2 + R_3)C}$$

在运用上述结论时,要注意取代电阻的网络只能是一个双端网络,连接在原来电阻的位置。若以一个 3 端或更多端口的网络取代电阻,则一般不能直接运用(6.1)式或(6.2)式的形式计算电压传递函数,而需要根据实际情况列节点方程进行计算。或者在可能的情况下做必要的代换,将网络等效到原来电阻的两端后进行计算。

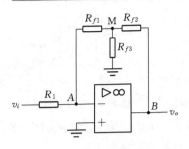

图 6-4 反馈网络中存在接地节点的反相放大器

例 6-2 计算图 6-4 电路的电压传递函数。

本例题中，R_{f1}、R_{f2}、R_{f3} 等 3 个电阻构成反馈网络。由于该网络是一个 3 端网络，所以不能直接计算。下面讨论两种常用的计算方法。

第一种方法是直接用虚短路虚开路方法对图 6-4 电路进行分析。为此设节点 M 的对地电压为 v_M，考虑到运放反相输入端为虚地，可以列出节点方程如下：

$$\begin{cases} \dfrac{v_i}{R_1} = \dfrac{-v_M}{R_{f1}} \\[3mm] \dfrac{-v_M}{R_{f1}} = \dfrac{v_M}{R_{f3}} + \dfrac{v_M - v_o}{R_{f2}} \end{cases}$$

在上述方程中消去中间变量 v_M，得到结果为

$$A_v = \frac{v_o}{v_i} = -\frac{R_{f1} + R_{f2} + R_{f1}R_{f2}/R_{f3}}{R_1}$$

这种方法是一个通用的方法，可以适用于任何复杂网络结构。

第二种方法是沿用 (6.2) 式的形式计算电压传递函数。这种方法需要计算反馈网络在运放反相端与输出端之间的电阻，为此可以先做电路形式的变换。一个常用的变换方式是星形网络-三角形网络代换，代换关系为（具体证明可以参见第 1 章习题）

$$Z_{AB} = Z_A + Z_B + \frac{Z_A Z_B}{Z_C} \tag{6.7}$$

其中 Z_{AB} 是三角形网络中跨接在 A、B 两端的阻抗，Z_A 是星形网络中跨接在 A 端与中间节点之间的阻抗，Z_B、Z_C 类同。

依据 (6.6) 式，我们可以将图 6-4 转换为图 6-5。其中 $R_f = R_{f1} + R_{f2} + \dfrac{R_{f1}R_{f2}}{R_{f3}}$，是转换后的反馈电阻。$R_f'$ 和 R_f'' 也可以同样计算。由于 R_f' 位于虚地与实地之间，其电压降为 0，导致流过 R_f' 的电流为 0，R_f'' 则成为负载的一部分，所以在计算电压传递函数时对这两个电阻均可不加理会。这样，最后得到的电压传递函数为

$$A_v = -\frac{R_f}{R_1} = -\frac{R_{f1} + R_{f2} + R_{f1}R_{f2}/R_{f3}}{R_1}$$

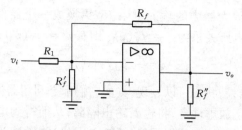

图 6-5　星形-三角形变换后的反相放大器

与用虚短路虚开路方法得到的结果相同。

　　最后附加说明一点,图 6-4 电路也是一种反相放大器电路。它与图 6-1(b)电路的主要区别在于:图 6-4 电路的电压传递函数中存在 $\dfrac{R_{f1}R_{f2}}{R_{f3}R_1}$ 这一项,当 R_{f3} 取值比较小时,由这一项可以得到很高的电压增益。而图 6-1(b)电路一般不能得到很高的电压增益,其原因有两方面:一方面 R_f 的取值不能太大。若 R_f 取值太大,则由于高阻值电阻的噪声较大、稳定性较差等原因使得放大器无法正常工作。另一方面 R_1 的取值又不能太小。若 R_1 取值小到可以与输入电压 v_i 的源内阻以及运放的输入电阻(等于 R_f / A_{v0})相比较时会引起电压增益的不稳定。所以图 6-1(b)电路中 R_f 和 R_1 的比值不能太大,也就限制了它的增益。

　　上面我们讨论了将基本放大器中的电阻更换成网络的分析方法,下面我们对此作进一步推广:将反相放大器中的反馈电阻更换成一个器件 Z,该器件 Z 的电压-电流关系为某个函数 $v = f_z(i)$,此结构的电路如图 6-6(a)所示。

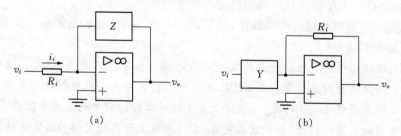

　　　　(a)　　　　　　　　　　　　　　　　　　(b)

图 6-6　函数电路

　　若定义信号源向运放输入端流出的电流为 i_i,由于虚地的存在, $i_i = \dfrac{v_i}{R_i}$,
$v_o = - f_z(i_i)$,所以有

$$v_o = - f_z\!\left(\frac{v_i}{R_i}\right) \tag{6.8}$$

同理,若将反相放大器中的输入电阻 R_1 更换成一个器件 Y,如图 6-6(b)所示。该器件的电流-电压关系为 $i = f_Y(v)$,则有 $i_i = f_Y(v_i)$,$v_o = -R_f i_i$,所以

$$v_o = -R_f f_Y(v_i) \tag{6.9}$$

仔细研究上述结果,我们可以发现,其实它们都是利用器件的伏安特性具有某种函数关系,并利用运放虚地点,将输入输出隔离,从而得到电路的输入输出关系与反馈网络(或输入网络)的函数关系相关的结果。此结果的实际意义在于:它对于器件的伏安特性没有具体的限制,所以,若器件具有非线性的函数关系,就可以用集成运放构成非线性电路。

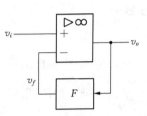

图 6-7　反函数电路

我们还可以将上述结论拓展。上述结论中只涉及反相比例放大器,如果我们以一个函数电路作为一个同相比例放大器的反馈网络,如图 6-7 所示。其中 F 是一个具有某个函数关系 $v_f = f(v_o)$ 的电路,则根据虚短路虚开路原则可以得到 $v_i = v_f = f(v_o)$,所以有

$$v_o = f^{-1}(v_i) \tag{6.10}$$

即图 6-7 电路可以构成反函数电路。

以上我们从基本放大器出发,讨论了它的各种变形,导出了复杂反馈网络的概念和函数与反函数电路的概念。根据上述概念,我们可以得到许多有用的电路。实际上,许多用集成运放构成的信号处理电路都可以看成是基于上述概念发展的结果,我们将在下面介绍其中最为典型的一些电路。

在实际的集成运放应用电路中,除了需要考虑上面讨论的各种函数关系外,还应该考虑的因素有:

(1)运放的频率特性。运放的低频响应范围一般可以到直流,但是高频响应范围有限。若运放的增益带宽积为 GBW,闭环放大倍数为 A_{vf},则能够被正常放大的信号的上限频率将低于 GBW/A_{vf}。实际上真正能够工作的频率范围还要低许多,因为许多负反馈放大器的特性(例如改善失真)都需要放大器具有足够的带宽支持。

(2)运放的压摆率。在大信号输出时,输出端的最大信号斜率可能达到 $V_m \omega_m$,其中 V_m 是输出信号的幅度,ω_m 是输出信号的最高频率。若此值大于运放的压摆率 SR,则输出信号将出现严重失真。

(3)运放的输出动态范围。由于负反馈能够起作用的前提是运放工作在线性区,所以保证运放具有足够的输出动态范围是保证负反馈电路正常工作的必要条件。

(4)运放的失调和失调温漂。这个特性对于实现精确的运算关系十分重要,

除了在电路中增加调零电路外,在必要时还可以考虑选择低失调低漂移的运放。当然对于不需要精确运算的电路可以不考虑上述因素。

上述几点要求对于所有以下要介绍的运算电路、滤波器电路以及所有基于集成运放的应用电路都是必须重视的。

6.1.2　加减运算

若将图 6-1 中的输入由一个变为多个,根据线性电路的叠加定理,输出将是每个输入的独立响应的线性叠加。可以根据这个原理实现加减运算,具体电路有多种,下面介绍常见的 3 种结构。

图 6-8 电路是反相加法器。根据叠加定理,v_{i1} 的独立响应是令 v_{i2} 等于 0 时的输出,由于运放的负输入端为虚地,所以此时流过 R_2 的电流为 0,$v_{o1} = -\dfrac{R_f}{R_1}v_{i1}$。同理,$v_{i2}$ 的独立响应是 $v_{o2} = -\dfrac{R_f}{R_2}v_{i2}$。两者叠加后得到整个电路的输出为

$$v_o = -\left(\frac{R_f}{R_1}v_{i1} + \frac{R_f}{R_2}v_{i2}\right) \tag{6.11}$$

可见此电路能够实现两个输入信号相加,每个信号前面的系数可以看成某种权重,所以实现的是带权相加。

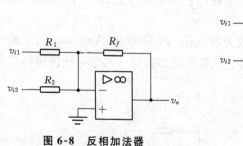

图 6-8　反相加法器

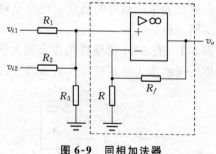

图 6-9　同相加法器

根据同样的原理可以对图 6-9 所示的同相加法器进行分析,它的输出是

$$v_o = \left(1 + \frac{R_f}{R}\right)\left(\frac{R_2 /\!/ R_3}{R_1 + R_2 /\!/ R_3}v_{i1} + \frac{R_1 /\!/ R_3}{R_2 + R_1 /\!/ R_3}v_{i2}\right)$$

$$= \left(1 + \frac{R_f}{R}\right)\left(\frac{R_2 R_3}{R_1 R_2 + R_1 R_3 + R_2 R_3}v_{i1} + \frac{R_1 R_3}{R_1 R_2 + R_1 R_3 + R_2 R_3}v_{i2}\right)$$

$$\tag{6.12}$$

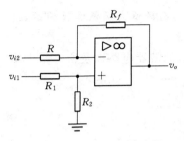

图 6-10　减法器（差动放大器）

以上两个电路都可以实现两个输入电压带权相加的功能。若增加输入信号的数目,它们可以实现多个输入信号的相加。

图 6-10 电路则可以实现两个输入信号相减的功能。该电路的分析仍然可以用叠加定理进行:令 $v_{i2} = 0$,则 $v_{o1} = \left(1 + \dfrac{R_f}{R}\right) \cdot \dfrac{R_2}{R_1 + R_2} v_{i1}$;令 $v_{i1} = 0$,则 $v_{o2} = -\dfrac{R_f}{R} v_{i2}$。所以输出为

$$v_o = \left(1 + \frac{R_f}{R}\right) \cdot \frac{R_2}{R_1 + R_2} v_{i1} - \frac{R_f}{R} v_{i2} \tag{6.13}$$

可见此电路实现输入信号的带权相减。

若在上述电路中令 $R_2 = R_f$, $R_1 = R$,则(6.13)式变为

$$v_o = \frac{R_f}{R}(v_{i1} - v_{i2}) \tag{6.14}$$

由于(6.14)式在形式上与差分放大器的输入输出关系类似,所以满足 $R_2 = R_f$, $R_1 = R$ 条件的这个电路也称为差动放大器。由于负反馈的存在,此电路的差模输入范围和共模输入范围均比差分放大器大得多,通常使用在需要将差模信号转换为单端信号的场合。在此电路的基础上加以发展,可以形成一些很有用的实用电路。

例 6-3　图 6-11 电路称为仪表放大器(Instrumentation Amplifier),它是一种将差模信号转换为单端信号的放大器。试分析它的差模与共模电压传输特性。

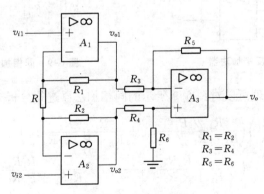

$R_1 = R_2$
$R_3 = R_4$
$R_5 = R_6$

图 6-11　仪表放大器

我们首先分析电路的差模电压传输特性,此时 $v_{i1} = -v_{i2}$。

由于电路的对称性,可以认为此时在电阻 R 两端的电压变化大小相等方向相反,所以可以将电阻 R 分成上下两半,每半个的阻值为 $R/2$,而这个电阻的中点接地。所以对于运放 A_1、A_2 来说,它们都构成了同相放大器,其输出为

$$v_{o1} = \left(1 + \frac{R_1}{R/2}\right)v_{i1} = \left(1 + \frac{2R_1}{R}\right)v_{i1}$$

$$v_{o2} = \left(1 + \frac{2R_2}{R}\right)v_{i2}$$

运放 A_3 构成差动放大器,有

$$v_o = \left(1 + \frac{R_5}{R_3}\right) \cdot \frac{R_6}{R_4 + R_6}v_{o2} - \frac{R_5}{R_3}v_{o1}$$

联立上述等式,并考虑到图中的条件 $R_1 = R_2$、$R_3 = R_4$ 和 $R_5 = R_6$,则输出为

$$v_o = -\frac{R_5}{R_3}\left(1 + \frac{2R_1}{R}\right)(v_{i1} - v_{i2}) \tag{6.15}$$

上述结论也可以直接用虚短路虚开路方法得到。根据虚短路原则,在电阻 R 两端的电压应该是 $v_{i1} - v_{i2}$,所以流过 R 的电流为 $(v_{i1} - v_{i2})/R$。此电流应该由运放 A_1、A_2 的输出提供,所以有

$$\frac{v_{o1} - v_{o2}}{R_1 + R + R_2} = \frac{v_{i1} - v_{i2}}{R}$$

将此式同差动放大器电路的输出公式 $v_o = \left(1 + \frac{R_5}{R_3}\right) \cdot \frac{R_6}{R_4 + R_6}v_{o2} - \frac{R_5}{R_3}v_{o1}$ 联立,也能得到(6.15)式的结果。

(6.15)式表明,通过改变电阻 R 可以改变此放大器的差模增益,并且不会影响电路的对称性。

由于这个电路的两个输入端均为运放的同相输入端,并且接成同相放大器形式,所以两个输入端都具有相当高的输入电阻,在一般应用中常常将它视为无穷大。

下面我们分析此电路的共模电压传输特性,此时 $v_{i1} = v_{i2} = v_{ic}$。

假定电路完全对称,则电阻 R 两端电压 $v_{i1} - v_{i2} = 0$,在电阻 R 中无电流。这样可以认为电阻 R 开路,所以运放 A_1、A_2 都构成了电压跟随器,输出 $v_{o1} = v_{i1}$,$v_{o2} = v_{i2}$,即它们的共模增益为 1。

由于 A_1、A_2 的输出就是差动放大器 A_3 的输入,所以在共模输入时 $v_{o1} = v_{o2} = v_{ic}$,整个电路的共模增益就是差动放大器 A_3 的共模增益。

考虑到由 A_1、A_2 组成的放大器对于差模信号具有的增益为

$$\frac{v_{o1} - v_{o2}}{v_{i1} - v_{i2}} = 1 + \frac{2R_1}{R}$$

因此,相对于差动放大器 A_3,此电路的差模增益增加了 $\left(1 + \dfrac{2R_1}{R}\right)$ 倍,而共模增益没有增加。这样,对于整个电路来说,共模抑制比比没有 A_1、A_2 的情况(也就是一般的差动放大器)提高了 $\left(1 + \dfrac{2R_1}{R}\right)$ 倍。由此可见,此电路可以具有很高的共模抑制比。要注意的是:由于以上结论的前提是电路完全对称,所以在实际的仪表放大器电路中,想要得到高的共模抑制比,必须注意电路的对称性,包括运放 A_1、A_2 的对称以及电阻的对称。

此电路同图 6-10 电路所示的差动放大器相比,具有更高的输入电阻以及更好的共模抑制比,所以经常在仪器仪表、工业控制以及需要高输入电阻和高抗共模干扰的场合应用。

6.1.3 微分和积分运算

微分电路(Differential Circuit)和积分电路(Integrating Circuit)也是基于集成运放构成的函数电路。图 6-12 是一种微分电路,它可以看成是将输入电阻换成电抗后的反相放大器。

将(6.2)式中的输入电阻改用复阻抗表示的电容,我们有

$$v_o(s) = -\frac{R}{1/sC} v_i(s) = -sRC \cdot v_i(s)$$

将上式进行拉普拉斯反变换,则有

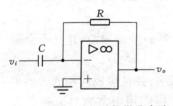

图 6-12 反相微分电路

$$v_o(t) = -RC \frac{\mathrm{d}}{\mathrm{d}t} v_i(t) \tag{6.16}$$

所以此电路实现了对输入信号的反相微分运算。

图 6-13 表示了反相微分电路对于稳态输入信号和瞬态输入信号的输出响应电压波形。在实际应用微分电路时要注意,由于受到集成运放的输出动态范围和

压摆率的影响,这个电路对于实际输入信号的最大变化率的响应是有限的。例如对于图 6-13 所示的阶跃输入,理论上它的微分为 δ 函数,具有无穷大的幅度和无穷大的上升下降斜率。但是实际的输出信号是一个有限幅度的值,它的上升沿和下降沿也具有有限的斜率。

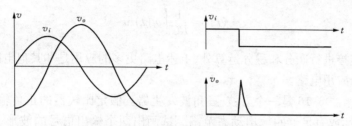

图 6-13   反相微分电路的输出响应

将电容置于反馈环节,则构成反相积分电路如图 6-14。将(6.2)式中的反馈电阻改用复阻抗表示的电容,我们可以导出此电路的输入输出关系为

$$v_o(s) = -\frac{1/sC}{R} v_i(s) = -\frac{1}{sRC} \cdot v_i(s)$$

变换到时域,就得到了积分关系

$$v_o(t) = -\frac{1}{RC} \int v_i(t) \, \mathrm{d}t \tag{6.17}$$

由于在这个电路中电容的位置跨接在放大器的输出端和反相输入端,形成一个密勒电容,所以也将它称为密勒积分电路。

相对于图 6-14 所示的反相积分电路,图 6-15 所示的同相积分电路要稍稍复杂一些。

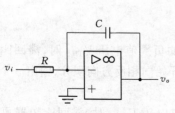

图 6-14   反相积分电路

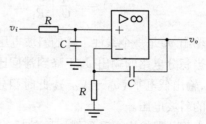

图 6-15   同相积分电路

我们仍然可以用复阻抗方法分析图 6-15 电路。由于图 6-15 电路中两个电阻相等,两个电容相等,所以可以将它看成是一个具有复阻抗反馈的差动放大器,将

(6.13)式中的反馈电阻换成电容的复阻抗,则有

$$v_o^{'}(s) = \frac{1/sC}{R}[v_i(s) - 0] = \frac{1}{sRC}v_i(s)$$

拉普拉斯反演后得到

$$v_o(t) = \frac{1}{RC}\int v_i(t)\mathrm{d}t \tag{6.18}$$

除了直接进行微分和积分运算外,上述电路更多的应用是和其他电路结合,形成各种实际应用电路。

例 6-4 图 6-16 是一个方波-三角波发生器。假定比较器的正负输出电压为 V_{OH}、V_{OL},运放有足够的输出动态范围。试画出两个输出信号的波形,并确定输出信号的周期。

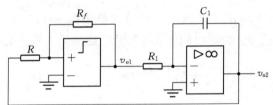

图 6-16 方波-三角波发生器

图 6-16 中,第一级电路是同相滞回比较器,第二级是反相积分电路。振荡器的工作过程如下:

假设在开始时同相滞回比较器输出高电平 ($v_{o1} = V_{OH}$),此时输出 v_{o1} 通过 R_1 对 C_1 充电,反相积分电路开始积分。在 v_{o1} 保持不变的情况下,积分电路的输出为

$$v_{o2}(t) = -\frac{1}{C_1}\int \frac{v_{o1}}{R_1}\mathrm{d}t = -\frac{1}{R_1C_1} \cdot v_{o1} \cdot t + v_{o2}(0) \tag{6.19}$$

所以输出 v_{o2} 是一个线性下降的斜坡电压。

当积分电路的输出 v_{o2} 下降到滞回比较器的负阈值电压 V_{TH-} 时,滞回比较器翻转,输出低电平 ($v_{o1} = V_{OL}$)。此时积分电路开始向相反方向积分,输出一个线性上升的斜坡电压。

当积分器输出上升到滞回比较器的正阈值电压 V_{TH+} 时,滞回比较器再次翻转。如此周而复始就形成振荡信号输出,其波形如图 6-17 所示。

显然,在半个振荡周期 T_1 或 T_2 内,积分器的输出电压改变量为 $\Delta v_{o2} = V_{TH+} - V_{TH-}$。为了确定输出信号的周期,我们首先需要确定同相滞回比较电路的

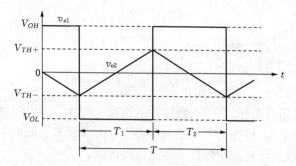

图 6-17　方波-三角波发生器的输出波形

两个阈值电压。由于此滞回比较器的参考电压为 0,根据第 5 章的讨论,两个阈值电压分别为

$$V_{TH+} = \frac{R + R_f}{R_f} V_{REF} - \frac{R}{R_f} V_{OL} = -\frac{R}{R_f} V_{OL} \tag{6.20}$$

$$V_{TH-} = \frac{R + R_f}{R_f} V_{REF} - \frac{R}{R_f} V_{OH} = -\frac{R}{R_f} V_{OH} \tag{6.21}$$

在 T_1 时间段, $v_{o2}(0) = V_{TH-}$, $v_{o2}(T_1) = V_{TH+}$, $v_{o1} = V_{OL}$ 。将这几个条件代入(6.19)式,再结合(6.20)式和(6.21)式,可以解出

$$T_1 = R_1 C_1 \frac{R}{R_f} \cdot \frac{V_{OH} - V_{OL}}{-V_{OL}}$$

同样可以解得

$$T_2 = R_1 C_1 \frac{R}{R_f} \cdot \frac{V_{OH} - V_{OL}}{V_{OH}}$$

所以,此电路的振荡周期为

$$T = R_1 C_1 \frac{R}{R_f} \cdot \left[\frac{V_{OH} - V_{OL}}{-V_{OL}} + \frac{V_{OH} - V_{OL}}{V_{OH}} \right] \tag{6.22}$$

当电源正负对称时, $V_{OL} = -V_{OH}$,电路的振荡周期为 $T = 4R_1 C_1 \dfrac{R}{R_f}$ 。

6.1.4　对数与指数运算

从第 2 章可知,二极管的电流-电压关系近似为

$$i_D \approx I_s \exp\left(\frac{v_D}{V_T}\right)$$

电压-电流关系近似为

$$v_D \approx V_T \ln \frac{i_D}{I_s}$$

根据函数电路的思想,利用二极管的上述伏安特性,可以用二极管构成对数放大器(Logarithmic Amplifier)和指数放大器(Exponential Amplifier)。图 6-18 和图 6-19 就是对数放大器和指数放大器的原理电路。

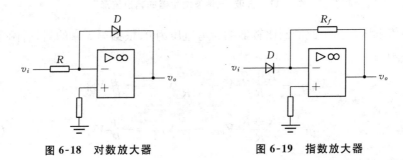

图 6-18　对数放大器　　　　　　图 6-19　指数放大器

根据(6.7)式,对数放大器的输入输出关系为

$$v_o \approx - V_T \ln \frac{v_i}{I_s R} \tag{6.23}$$

根据(6.8)式,指数放大器的输入输出关系为

$$v_o = - R_f I_s \exp\left(\frac{v_i}{V_T}\right) \tag{6.24}$$

在(6.23)式和(6.24)式中,输出均与 I_s 和 V_T 有关。由于这两个量均是温度的函数,所以上述电路的输出与温度有关。另外,二极管的伏安特性符合对数(指数)规律的近似条件是 $\exp\left(\frac{v_D}{V_T}\right) \gg 1$,也就是流过二极管的电流不能太小,但是当流过二极管的电流较大时,二极管材料的体电阻以及引线的欧姆接触电阻等影响将不可忽略。上述两个因素决定了这两个基本电路的特点:动态范围比较小,只能运用在要求不高的场合。

实用的对数(指数)放大器必须考虑上述影响因素,所以往往用晶体管的发射结代替二极管作为函数元件,并增加了补偿功能。图 6-20 就是一个集成对数放大器的简化原理图。在这个电路中,采用了两个集成运放,其中运放 A_1 作为基本放大器,完成对数函数功能;运放 A_2 作为辅助放大器,主要用来完成补偿功能。

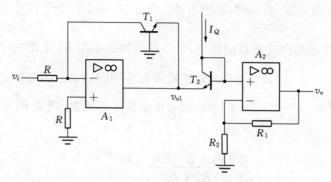

图 6-20　集成对数放大器

我们先来看运放 A_1 构成的基本对数放大器。由于晶体管 T_1 的 v_{BE} 与集电极电流 i_C 的关系是对数关系,即

$$v_{BE1} = V_T \ln \frac{i_{E1}}{I_{s1}} \approx V_T \ln \frac{i_{C1}}{I_{s1}}$$

所以此放大器的输出为

$$v_{o1} = - v_{BE1} = - V_T \ln \frac{v_i}{I_{s1}R}$$

严格地说,上式的 v_{BE1} 应该包含 i_B 在 $r_{bb'}$ 上的压降以及 i_E 在发射区体电阻上的压降。但是由于 i_B 很小,所以 i_B 在 $r_{bb'}$ 上的压降可以忽略;晶体管发射区高掺杂,所以发射区体电阻很小,i_E 在发射区体电阻上的压降也可以忽略。

辅助放大器 A_2 是一个同相放大器,它的输入 $v_{i2} = v_{o1} + v_{BE2}$。由于 $v_{BE2} = V_T \ln \frac{I_Q}{I_{s2}}$,若考虑晶体管 T_2 与 T_1 对称,则 $I_{s2} = I_{s1}$,A_2 的输入为

$$v_{i2} = v_{o1} + v_{BE2} = - V_T \ln \left(\frac{v_i/R}{I_Q} \cdot \frac{I_{s2}}{I_{s1}} \right) = - V_T \ln \frac{v_i}{I_Q R}$$

所以输出电压为

$$v_o = \left(1 + \frac{R_1}{R_2} \right) v_{i2} = - \left(1 + \frac{R_1}{R_2} \right) V_T \ln \frac{v_i}{I_Q R} \tag{6.25}$$

可见利用晶体管的补偿效果后,可以将晶体管中 I_s 的影响去除。由于 I_s 受温

度的影响很大且具有不确定性,所以上述晶体管补偿方法可以消除很大一部分的温度影响。

但是在上式中还有一个与温度有关的参数 $V_T = \dfrac{kT}{q}$,它的温度系数为 $\dfrac{\mathrm{d}V_T}{\mathrm{d}T} = \dfrac{V_T}{T}$。为了消除它的温度系数的影响,可以在外接的电阻 R_2 上串联一个正温度系数的电阻。若匹配合适,可以在比较宽的温度范围内达到补偿效果。匹配的原则是使得 $\dfrac{\mathrm{d}}{\mathrm{d}T}\left[\left(1 + \dfrac{R_1}{R_2}\right)V_T\right] = 0$。若将串联热敏电阻后的 R_2 写成 $R_2' + R_T$,则匹配原则为

$$\frac{\mathrm{d}}{\mathrm{d}T}\left\{\frac{R_2' + R_T + R_1}{R_2' + R_T} \cdot \frac{kT}{q}\right\} = 0$$

解上述方程,得到

$$\frac{\mathrm{d}R_T}{\mathrm{d}T} = \frac{(R_2' + R_T + R_1)(R_2' + R_T)}{TR_1} \tag{6.26}$$

选择符合上述方程的热敏电阻,可以使得对数放大器的输出与温度无关。

根据同样的原理,可以分析图 6-21 的指数放大器,其中 A_2 是基本指数放大器,A_1 是补偿用的辅助放大器。详细分析过程从略,其输出电压为:

$$v_o = I_Q R \exp\left[-\left(\frac{R_2}{R_1 + R_2}\right)\frac{v_i}{V_T}\right] \tag{6.27}$$

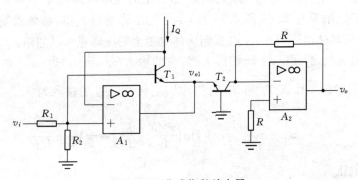

图 6-21　集成指数放大器

同样,可以在外接的电阻 R_2 上串联一个合适的热敏电阻,使得指数放大器的输出与温度无关。

6.1.5　乘法器

由于乘除运算取对数后成为加减运算,所以乘法与除法运算可以用对数放大器、加法器以及指数放大器联合构成。其基本结构如图 6-22 所示。

图 6-22　用对数放大器和指数放大器构成的乘法电路

在集成电路中,常用的乘法器是利用双极型晶体管差分放大器的跨导正比于静态工作点电流的特点构成的乘法器。原理性电路见图 6-23,将两个输入信号中的一个作为差分放大器的差模输入,另一个控制放大器的静态工作点,则可以实现两个信号的相乘。

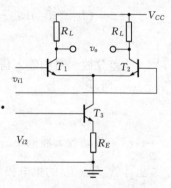

在图 6-23 中,晶体管 T_1、T_2 构成差分对,其跨导为 $g_m = \dfrac{I_{EE}}{2V_T}$。它们的静态工作点就是晶体管 T_3 的集电极电流。若忽略 T_3 的基极电流,则有 $I_{EE} = I_{C3} \approx I_{E3} = \dfrac{V_{i2} - V_{BE3}}{R_E}$。所以输出为 $v_o = g_m R_L v_{i1} = \dfrac{V_{i2} - V_{BE3}}{2R_E V_T} R_L v_{i1}$。如果 $V_{i2} \gg V_{BE3}$,则

图 6-23　集成乘法器的原理

$$V_o \approx \frac{R_L}{2R_E V_T} \cdot V_{i2} \cdot v_{i1}$$,实现了乘法运算。

以上是集成乘法器的原理电路。但是这个电路必须满足 $V_{i2} \gg V_{BE3}$,也就是 V_{i2} 中必须包含 T_3 的直流偏置,这是一个比较大的缺陷。在实际的集成乘法器电路中,利用晶体管的对称性解决了这个问题,并且做到了温度补偿,使得电路特性更为理想。一种常见的实际电路如图 6-24,此电路在一般文献中称为吉尔伯特(Gilbert)乘法器。

图 6-24 电路中,晶体管 T_1、T_2 和 T_3、T_4 分别构成两对差分对,它们的工作点电流是晶体管 T_5、T_6 的集电极电流,而晶体管 T_5、T_6 又构成一对差分对。下面我们对输出电压进行分析。

输出电压是两对差分对的输出电流共同在电阻 R_L 上的压降造成的,可以写成

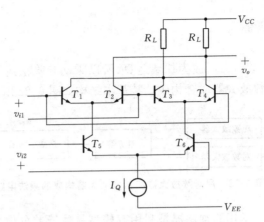

图 6-24 Gilbert 乘法器

$$v_o = (I_{C1} + I_{C3})R_L - (I_{C2} + I_{C4})R_L = [(I_{C1} - I_{C2}) - (I_{C4} - I_{C3})]R_L$$

$$(6.28)$$

当差分放大器的输入信号为小信号时,有 $(I_{C1} - I_{C2}) = g_{m12}v_{i1}$,$(I_{C4} - I_{C3}) = g_{m34}v_{i1}$,所以

$$v_o = (g_{m12} - g_{m34})R_L \cdot v_{i1} \qquad (6.29)$$

已知差动放大器的 $g_m = \dfrac{1}{2} \cdot \dfrac{I_{EE}}{V_T}$,而晶体管 T_1、T_2 和 T_3、T_4 的工作点电流是晶体管 T_5、T_6 的集电极电流,即 $I_{EE12} = I_{C5}$、$I_{EE34} = I_{C6}$,所以有

$$v_o = \dfrac{1}{2V_T}(I_{C5} - I_{C6})R_L \cdot v_{i1} \qquad (6.30)$$

同样,当输入信号 v_{i2} 为小信号时,有 $(I_{C5} - I_{C6}) = g_{m56}v_{i2}$,而 $g_{m56} = \dfrac{1}{2} \cdot \dfrac{I_Q}{V_T}$,所以

$$v_o = \dfrac{I_Q R_L}{4V_T^2} \cdot v_{i1} \cdot v_{i2} \qquad (6.31)$$

从上面的推导以及结论,图 6-24 电路可以实现乘法运算。由于差分放大器的对称性,此电路可以很好地抑制温度漂移,在输入信号中也不必包含偏置信号,所以可以实现四象限乘法。唯一的一个限制条件就是输入信号 v_{i1} 和 v_{i2} 必须是小信号。这是因为在前面的推导中,运用了差分放大器的小信号线性化近似条件。

利用负反馈方法可以实现大信号四象限乘法,这里不再作深入讨论,有兴趣的读者可以自行参考有关文献。

§6.2 有源滤波器

滤波器(Filter)是电子电路中一个很重要的组成部分。它的作用是从输入信号中选取有用的频率成分,剔除不需要的频率成分。滤波器有许多种类,也有许多结构,在本教材中不可能对所有的滤波器进行介绍,只能选取很少几个进行介绍,目的是让读者对模拟滤波器有一个入门的概念。

6.2.1 滤波器基础知识

从滤波器取舍信号的频率范围,可以将模拟滤波器大致分为低通滤波器(Low Pass Filter, LPF)、高通滤波器(High Pass Filter, HPF)、带通滤波器(Band Pass Filter, BPF)、带阻滤波器(Band Elimination Filter, BEF)、全通滤波器等(All Pass Filter, APF)。除此之外,还有一些特殊要求的滤波器,已经不在我们的介绍范围之内了。

我们以低通滤波器为例,介绍滤波器的频率特性。理想低通滤波器的频率特性如图 6-25(a)所示:当频率低于截止频率 ω_p 时,滤波器的输出保持不变,按照低频增益进行放大。这段频率称为滤波器的通带。当频率高于截止频率 ω_p 时,滤波器的输出为 0。这段频率称为阻带。

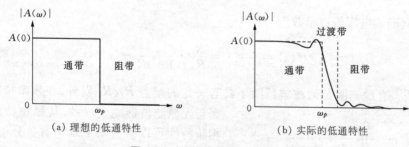

(a) 理想的低通特性　　　　　(b) 实际的低通特性

图 6-25 低通滤波器的幅频特性

但是实际的滤波器不可能具有这样的理想特性。实际滤波器的频率特性往往如同图 6-25(b)那样,在通带内输出略有起伏。一般将增益下降到零频增益的某个倍数(通常为 0.707,即 -3 dB)时的频率称为滤波器的截止频率。当频率高于截止频率 ω_p 时,输出经过一个过渡带后才下降到一个比较小的值。即使在阻带,输出仍然可能具有一定的起伏,并不一定是单调地下降到 0。

参照低通滤波器的特性,我们可以类推高通、带通和带阻滤波器的特性。至于全通滤波器的特性,我们将在下面介绍。

6.2.2 有源低通滤波器分析

滤波器可以根据其传递函数分为一阶(First Order)、二阶(Second Order)以及高阶等。最简单的低通滤波器是一阶低通滤波器,一阶无源低通滤波器和有源低通滤波器电路如图 6-26。

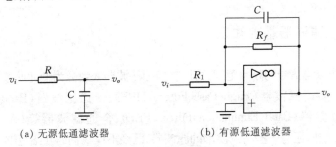

(a) 无源低通滤波器　　　　(b) 有源低通滤波器

图 6-26　一阶低通滤波器的例子

显然,图 6-26(a)的电压传递函数为

$$H(s) = \frac{v_o(s)}{v_i(s)} = \frac{1}{1 + sRC} \tag{6.32}$$

图 6-26(b)的电压传递函数为

$$H(s) = \frac{v_o(s)}{v_i(s)} = \frac{R_f}{R_1} \cdot \frac{1}{1 + sR_fC} \tag{6.33}$$

所以,有源一阶低通滤波器除了具有一定的增益 R_f/R_1 以外,在频率特性方面与无源滤波器完全一致,其幅频特性和相频特性可以参见第 1 章的有关分析,这里不再赘述。

由于一阶滤波器的过渡带不够陡峭,通带和阻带特性不理想,所以在实用中经常采用二阶或更高阶的滤波器。一个典型的二阶有源低通滤波器的电路如图 6-27。下面我们分析此电路的特性。

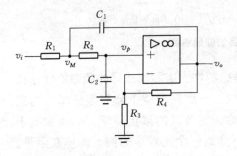

图 6-27　二阶有源低通滤波器的例子

图 6-27 电路可以看成是一个由 R_1、R_2、C_1、C_2 构成的滤波网络加上一个同相放大器构成。由于滤波网络比较复杂,采用虚短路虚开路方法分析比较方便。据此写出图 6-27 电路中滤波网络的节点电流方程如下:

$$\begin{cases} \dfrac{v_i - v_M}{R_1} + \dfrac{v_p - v_M}{R_2} + sC_1(v_o - v_M) = 0 \\[3mm] \dfrac{v_p - v_M}{R_2} + sC_2 v_p = 0 \end{cases}$$

将上述方程加上条件 $v_o = A_{v0} v_p$,其中 $A_{v0} = 1 + \dfrac{R_4}{R_3}$ 是同相放大器的放大倍数,可以解得此电路的电压传递函数为

$$A_v(s) = \frac{v_o(s)}{v_i(s)} = \frac{A_{v0}}{1 + s[R_1 C_1 + R_2 C_2 + R_1 C_2 - A_v R_1 C_1] + s^2 R_1 R_2 C_1 C_2}$$

$$= A_{v0} \frac{\omega_0^2}{s^2 + \dfrac{\omega_0}{Q}s + \omega_0^2}$$

$$(6.34)$$

其中 $\omega_0 = \sqrt{\dfrac{1}{R_1 R_2 C_1 C_2}}$,$Q = \dfrac{\sqrt{R_1 R_2 C_1 C_2}}{R_1 C_1 + R_2 C_2 + R_1 C_2 - A_{v0} R_1 C_1}$。

根据第 1 章的讨论,我们知道上述电压传递函数表示一个二阶低通网络,其通带内的增益为 A_{v0},转折角频率为 ω_0。这样我们就得到了这个电路的频率特性,其形状大致如同图 1-27 和图 1-28。显然,由于当 $\omega \gg \omega_0$ 时二阶系统具有 40 dB/dec 的滚降率,所以其频率特性比一阶系统更理想。

将(6.34)式中的 s 换成 $j\omega$,得到上述电路的频率特性表达式:

$$A_v(j\omega) = \frac{v_o(j\omega)}{v_i(j\omega)} = A_{v0} \frac{\omega_0^2}{(j\omega)^2 + \dfrac{\omega_0}{Q}j\omega + \omega_0^2}$$

$$(6.35)$$

$$= A_{v0} \frac{1}{1 - \left(\dfrac{\omega}{\omega_0}\right)^2 + j\dfrac{1}{Q} \cdot \dfrac{\omega}{\omega_0}}$$

令 $\omega = \omega_0$ 可以解得 $|A_v(j\omega_0)| = \left| \dfrac{v_o(j\omega_0)}{v_i(j\omega_0)} \right| = QA_{v0}$,所以品质因数 Q 等于在转折频率上的电压放大倍数与通带内电压放大倍数之比。

图 6-27 电路的一个特例是令此电路中 $R_1 = R_2 = R$,$C_1 = C_2 = C$,此时有

$$\omega_0 = \frac{1}{RC}$$

$$Q = \frac{1}{3 - A_{v0}}$$ (6.36)

由于 Q 等于转折频率上的电压放大倍数与通带内电压放大倍数之比，Q 等于无穷大系统将在转折频率上振荡，所以在此特例中，图 6-27 电路中同相放大器的放大倍数 A_{v0} 必须小于 3。

由上述对于低通滤波器的分析过程，我们可以知道分析这类电路的大致步骤如下：

根据工作在深度负反馈条件下的运放电路可以采用虚短路虚开路方法分析的原则，将电路元件全部用复阻抗表示，写出节点方程，然后解方程，得到电路在复频域的电压传递函数。根据此电压传递函数可以分析电路的频率特性。也可以将此复频域的电压传递函数转换到频域，就是电路的频率特性表达式。若将此电压传递函数反演，就得到电路的时域响应表达式。

根据上述步骤，我们也可以对其他形式的滤波器进行分析。然而上述步骤不局限于对滤波器电路进行分析，它也是任何一个工作在深度负反馈的运放构成的线性电路分析的基本步骤。

6.2.3 其他有源滤波器

以下我们列出几个常见的滤波器，并给出它们的电压传递函数。除了特别需要说明的以外，不再给出分析过程。

二阶高通滤波器的典型例子见图 6-28。根据前面所述的方法，可以得到它的电压传递函数为

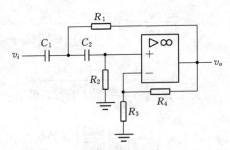

图 6-28 二阶有源高通滤波器的例子

$$A_v(s) = \frac{v_o(s)}{v_i(s)} = \frac{A_{v0}}{1 + \frac{1}{s}\left(\frac{1}{R_1 C_1} + \frac{1}{R_2 C_2} + \frac{1}{R_2 C_1} - \frac{A_v}{R_1 C_1}\right) + \frac{1}{s^2 R_1 R_2 C_1 C_2}}$$

$$= A_{v0} \frac{s^2}{s^2 + \frac{\omega_0}{Q}s + \omega_0^2}$$

$$(6.37)$$

其中 $\omega_0 = \sqrt{\dfrac{1}{R_1 R_2 C_1 C_2}}$, $Q = \dfrac{\sqrt{R_1 R_2 C_1 C_2}}{R_1 C_1 + R_2 C_2 + R_1 C_2 - A_{v0} R_2 C_2}$, $A_{v0} = 1 + \dfrac{R_4}{R_3}$。

若令此电路中 $R_1 = R_2 = R$, $C_1 = C_2 = C$, 则有

$$\omega_0 = \frac{1}{RC}$$

$$(6.38)$$

$$Q = \frac{1}{3 - A_{v0}}$$

仔细观察图 6-27 的低通滤波器和图 6-28 的高通滤波器,可以看到它们之间的关系实际上是将滤波网络中的电阻元件和电容元件互换。其实这是一个普遍规律。可以证明,高通滤波器与低通滤波器具有对偶性,即将一个低通滤波器的滤波网络中的电阻与电容互换,则该滤波器就成为高通滤波器,反之亦然。

带通滤波器可以用两个有源滤波器串联实现,也可以在一个运放中实现。

两个有源滤波器串联实现时,选择高通滤波器的截止频率为 f_L,低通滤波器的截止频率为 f_H,两个滤波器的通带有交叠,即 $f_H > f_L$。这样最后的输出实现了带通,其通带范围就是两个滤波器通带的交叠部分,即 $f_L \sim f_H$。

采用单个运放实现的有源带通滤波器典型电路见图 6-29,它的无源滤波网络可以看成是一个低通和一个高通的串联。根据前面所说的方法,可以得到此电路的电压传递函数为

$$A_v(s) = A_{v0} \frac{sRC}{1 + (3 - A_v)sRC + (sRC)^2} = A_{v0} \frac{s\omega_0}{s^2 + \frac{\omega_0}{Q}s + \omega_0^2} \quad (6.39)$$

其中 $\omega_0 = \dfrac{1}{RC}$, $Q = \dfrac{1}{3 - A_{v0}}$, $A_{v0} = 1 + \dfrac{R_2}{R_1}$。

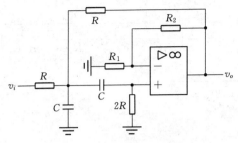

图 6-29 有源带通滤波器的例子

将(6.39)式转换为频率特性表达式,并令 $\omega = \omega_0$,得到通带放大倍数为

$$A_v(\mathrm{j}\omega_0) = QA_{v0} \tag{6.40}$$

令 $A_v(\mathrm{j}\omega) = \dfrac{1}{\sqrt{2}}QA_{v0}$,可以求得此电路通频带的两个截止频率点:

$$\omega_L = \frac{1}{2}[\sqrt{(3-A_v)^2+4} - (3-A_v)]\omega_0 \tag{6.41}$$

$$\omega_H = \frac{1}{2}[\sqrt{(3-A_v)^2+4} + (3-A_v)]\omega_0$$

电路的通频带为

$$BW = \frac{(\omega_H - \omega_L)}{2\pi} = (3-A_v)\frac{\omega_0}{2\pi} = \frac{1}{Q}\cdot\frac{\omega_0}{2\pi} \tag{6.42}$$

带阻滤波器可以用两个有源滤波器并联实现,也可以用一个运放实现。

两个有源滤波器并联实现的做法与带通滤波器类似,选择两个滤波器的阻带有交叠,最后实现的阻带范围就是两个滤波器阻带的交叠部分。

采用单个运放实现的带阻滤波器典型电路见图 6-30,其电压传递函数为

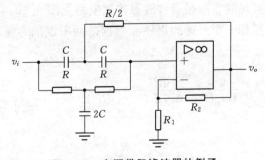

图 6-30 有源带阻滤波器的例子

$$A_v(s) = A_v \frac{1 + (sRC)^2}{1 + 2(2 - A_v)sRC + (sRC)^2} = A_v \frac{s^2 + \omega_0^2}{s^2 + \frac{\omega_0}{Q}s + \omega_0^2} \quad (6.43)$$

其中 $\omega_0 = \sqrt{\frac{1}{RC}}$，$Q = \frac{1}{2(2 - A_v)}$，$A_v = 1 + \frac{R_2}{R_1}$。

类似带通滤波器的做法，可以得到上下截止频率和阻带宽度分别为

$$\omega_L = [\sqrt{(2 - A_v)^2 + 1} - (2 - A_v)]\omega_0$$
$$\omega_H = [\sqrt{(2 - A_v)^2 + 1} + (2 - A_v)]\omega_0 \quad (6.44)$$

$$BW = \frac{(\omega_H - \omega_L)}{2\pi} = 2(2 - A_v)\frac{\omega_0}{2\pi} = \frac{1}{Q} \cdot \frac{\omega_0}{2\pi} \quad (6.45)$$

全通滤波器是一种比较特殊的滤波器，其频率特性是：对所有频率的信号其幅频特性为一直线，而其相频特性在特定频率处发生转折。图 6-31(a) 就是一个全通滤波器的例子。

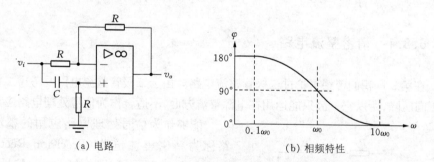

(a) 电路　　　　　　　　(b) 相频特性

图 6-31　有源全通滤波器的例子

可以将图 6-31(a) 看成一个具有相同输入信号的减法电路，只是同相输入端由电阻换成电容。套用 (6.12) 式可以得到

$$A_v(s) = \frac{v_o(s)}{v_i(s)} = \left(1 + \frac{R}{R}\right) \cdot \frac{R}{\frac{1}{sC} + R} - \frac{R}{R} = -\frac{1 - sRC}{1 + sRC} \quad (6.46)$$

所以其频率特性为

$$A_v(j\omega) = -\frac{1 - j\omega RC}{1 + j\omega RC} = -\frac{1 - j\omega/\omega_0}{1 + j\omega/\omega_0} \quad (6.47)$$

其中 $\omega_0 = \dfrac{1}{RC}$。

将上式写成模与幅角形式：

$$|A_v| = 1$$

$$(6.48)$$

$$\varphi = 180° - 2\arctan\dfrac{\omega}{\omega_0}$$

其相频特性如图 6-31(b)。

顺便指出，将图 6-31(a) 中运放同相端的 RC 交换，也可以形成一个全通滤波器，但是它的相频特性将与图 6-31(b) 不同。读者可以作为一个练习自行求解它的相频特性曲线。

在本章的习题中，我们给出了一些其他形式的有源滤波器，它们既是读者分析滤波器的练习，也可以作为设计电路的参考。

§6.3 用集成运放构成的其他信号处理电路

6.3.1 精密整流电路

在第 2 章我们曾经讨论过二极管整流电路。由于二极管整流电路要考虑二极管的正向压降，所以它一般只能运用在电源整流方面，不适合作为信号处理电路应用。

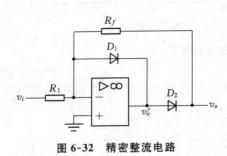

图 6-32 精密整流电路

能够作为信号处理电路应用的整流电路称为精密整流电路（Precision Rectifier Circuits），它利用了运放的高增益特性，将二极管置于深度负反馈电路的环内，从而消除二极管正向压降的影响。图 6-32 就是一个精密整流电路。

在图 6-32 中，当输入信号 $v_i > 0$ 时，输入产生的电流（即流过电阻 R_1 的电流）由于运放输入端虚开路特性，将通过二极管 D_1 流向运放的输出端，二极管 D_1 导通，$v_o' = 0 - V_{D(on)} < 0$。但是此电流无法流过 D_2，所以在反馈电阻 R_f 上无电流，输出 v_o 等于虚地电压 0。

当输入信号 $v_i < 0$ 时，情况完全倒过来，输入信号产生的电流通过二极管 D_2

流向运放的输出端,二极管 D_1 截止,D_2 导通。此时电路等效于一个反相放大器。由于二极管 D_2 串联在运放输出端与电路输出端之间,所以它的正向压降成为运放输出电压的一部分,可以很粗略地将它的影响看成是使得运放的增益略有下降。但是由于运放的高增益,这点损失完全不影响深度负反馈的建立,所以电路的输出仍然符合深度负反馈的关系,即

$$v_o = -\frac{R_f}{R_1} v_i$$

这样我们就得到这个电路的传输特性和输入输出波形如图 6-33 所示。$v_i > 0$ 时的输出始终为 0,$v_i < 0$ 时的输出符合线性关系。

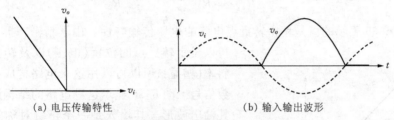

(a) 电压传输特性　　　　　　　　(b) 输入输出波形

图 6-33　精密整流电路的电压传输特性

　　显然,若将图 6-32 中所有二极管反向,则图 6-33(a) 中的电压传输特性将沿 v_o 轴翻转,即输入负电压时输出为 0,输入正电压时输出负信号。

　　在使用这个电路的时候要注意运放的输出动态范围。由于在线性输出时 v'_o 始终比 v_o 高一个二极管的正向压降,所以实际的输出动态范围比运放的输出动态范围略有减小。在低电源电压应用时要特别注意这一点。

　　精密整流电路除了它的整流功能外,在信号处理电路中还可以用它与其他运算电路结合构成一系列应用电路。

　　例 6-5　图 6-34 是一个带阈值的精密整流电路,也称精密转折点电路(Precision Breakpoint Circuits)。其中 V_R 是一个参考电压。试写出它的输出电压表达式,并作出输出 v_o 关于输入 v_i 的特性曲线。

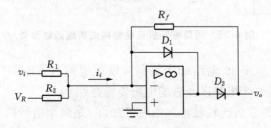

图 6-34　精密转折点电路

图 6-34 电路可以看成两个电阻构成的无源加法器和一个精密整流电路构成。从前面对精密整流电路的分析可知,此电路当输入信号产生的输入电流 i_i 为正(流向运放的反相输入端)时,输出为 0;而输入电流为负($i_i < 0$)时,输出电压等于该电流与反馈电阻 R_f 的乘积,即 $v_o = -i_i R_f$。考虑到运放反相输入端为虚地,输入电流为

$i_i = \dfrac{v_i}{R_1} + \dfrac{V_R}{R_2}$,条件 $i_i < 0$ 就是 $\dfrac{v_i}{R_1} + \dfrac{V_R}{R_2} < 0$,也就是 $v_i < -\dfrac{R_1}{R_2}V_R$,所以有

$$v_o = \begin{cases} 0 & v_i \geqslant -\dfrac{R_1}{R_2}V_R \\[3mm] -\dfrac{R_f}{R_1}v_i - \dfrac{R_f}{R_2}V_R & v_i < -\dfrac{R_1}{R_2}V_R \end{cases}$$

图 6-35 表示的就是精密转折点电路的电压传输特性。由于精密转折点电路可以设定转折点的位置(电压)以及转折后的斜率(增益),所以可以用这个电路构成折线函数信号。图 6-36 显示这种电路的结构原理及其输出波形。其输入是一个正负对称的三角波,由于输出是输入与精密转折点电路输出的线性叠加,所以三角波的底部(低于转折阈值部分)受到精密转折点电路输出的影响而改变斜率。显然,采用多个精密转折点电路并合理安排它们的转折阈值和增益,可以形成所需要的某些函数波形。

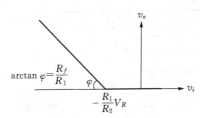

图 6-35　精密转折点电路的电压传输特性

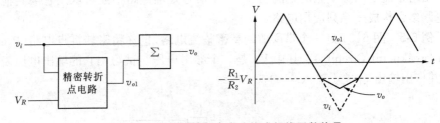

图 6-36　用精密转折点电路构成折线函数信号

例 6-6　利用图 6-32 电路和加法器可以组成绝对值电路(全波精密整流电路)。图 6-37 就是这个电路以及它的电压传输特性。

图 6-37 电路的分析比较简单。由图可知,v_o 是两个信号的叠加:v_i 和 v_{o1},它们的权重系数为 1:2。由于在 $v_i < 0$ 的半周内 $v_{o1} = 0$,而在 $v_i > 0$ 的半周内 v_{o1}

$=-v_i$，所以

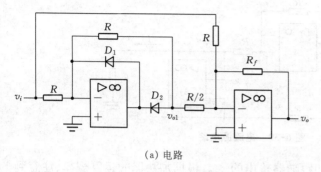

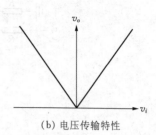

（a）电路　　　　　　　　　　　　　　　　　（b）电压传输特性

图 6-37　绝对值电路

$$v_o = -\frac{R_f}{R}(v_i + 2v_{o1}) = \begin{cases} -\dfrac{R_f}{R}v_i & v_i < 0 \\[3mm] \dfrac{R_f}{R}v_i & v_i \geqslant 0 \end{cases}$$

这正是全波精密整流电路的输出表达式。

6.3.2　电压与电流的相互转换

在实际的电路应用中，有时会需要电压信号与电流信号之间的相互转换。

从电流转换为电压比较简单，直接将运放接成电压并联负反馈电路即可，图 6-38 就是一个例子。

由本章第 1 节已知，图 6-38 电路的跨阻增益 $A_r = -R_f$，输入电阻 $r_{if} = R_f/(1+A_{v0})$，输出电压 $v_o = -i_i R_f$。

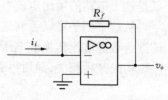

图 6-38　跨阻放大器

将电压信号转换为电流信号，即电流输出的放大器，除了第 5 章介绍的电路以外，利用运放的高增益特性，可以构成多种形式的高性能的电流源电路（Current Source Circuits）。下面我们就举一个用运放构成的电流源电路以说明这种电路的构成原则。要提醒的是，这是在电路系统中使用的电流源，不要同集成电路内部的电流源混淆了。

图 6-39 是一个典型的电流源电路，下面分析它的构成。

此电流源可以看成由一个同相加法器（A_1）和一个跟随器（A_2）构成。加法器

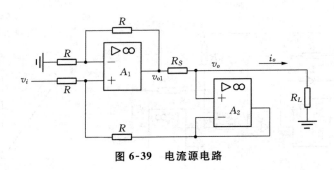

图 6-39　电流源电路

的输入电压有两个:输入 v_i 和跟随器输出的 v_o。根据加法器的运算规律,注意到图中所有有关电阻的阻值均为 R,其输出为

$$v_{o1} = \left(\frac{1}{2}v_i + \frac{1}{2}v_o\right)\left(1 + \frac{R}{R}\right) = v_i + v_o$$

由于运放 A_2 的输入端不取电流,所以流过负载的电流全部流过取样电阻 R_S,输出电流为

$$i_o = \frac{v_{o1} - v_o}{R_S}$$

联立上面两式,得到输出电流为

$$i_o = \frac{v_i}{R_S} \tag{6.49}$$

所以此电路的输出电流取决于输入电压,也有将它称为电压-电流转换电路(Voltage-Current Converter)的。这个电路与第 5 章介绍的电路有一个很大不同,就是这个电路的输出电流可以是双向的。

从这个例子可以看到这类电路的一个构成特点。就是通过一个取样电阻,将流过负载的电流转换成电压,然后利用集成运放构成的运算电路,将此电流与输入电压构成某种相关,最后得到输出电流成为输入电压的函数的目的。

6.3.3　桥式功率放大器

我们在第 4 章曾经讨论过功率输出电路。根据第 4 章的讨论,互补输出电路的最大输出功率为

$$P_L = \frac{1}{2} \cdot \frac{(V_{CC} - V_{CES})^2}{R_L} \tag{6.50}$$

当实际需要输出很大功率的时候,根据此式可知需要很高的电源电压。由于通常集成运放的耐压有限,所以实际的输出功率受到一定的限制。

仔细观察第 4 章的互补输出电路和 (6.50)式,可以看到由于负载电阻跨接在输出与地之间,所以最大输出电压只能达到电源电压。如果负载两端都接输出,但是相位相反,那么加在负载两端的最大输出电压将是普通互补输出的 2 倍,根据电压与功率的关系,输出功率将是原来的 4 倍。图 6-40 就是一种基于上述想法构成的功率输出原理电路,称为桥式功率放大器,在有些文献中称为 BTL(Balanced Transformerless)电路。

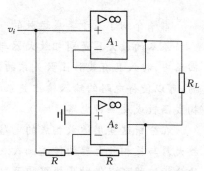

图 6-40　桥式功率放大器的原理

显然,图 6-40 电路中放大器 A_1 的输出信号始终与放大器 A_2 的输出信号反相。在正负电源对称的情况下,若每个放大器的最大输出幅度为 V_{OM},则在负载电阻上得到的最大输出电压 $V_{OL(\max)} = 2V_{OM}$,所以其最大输出功率为

$$P_L = 2\frac{V_{OM}^2}{R_L} \qquad (6.51)$$

由于桥式功率放大器可以在电源电压一定的情况下比常规的互补输出电路增加近 3 倍的输出功率,所以是大功率输出设备中常用的电路。

实际的桥式功率放大器可以采用集成功率放大器,也可以采用通用集成运放与晶体管构成。图 6-41 就是一种采用通用集成运放与晶体管构成的参考电路,其中标有 R_T 的电阻是短路保护电阻,其余工作原理请读者自行分析。

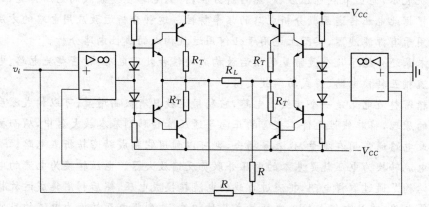

图 6-41　桥式功率放大器的参考电路

本章概要

本章介绍了基于集成运放的一些基本应用电路。

基本的放大器是同相放大器与反相放大器。在基本放大器的输入回路或反馈回路中，接入具有某种函数关系的器件或者网络，利用运放虚地点，将输入输出隔离，可以使得电路的输入输出关系与反馈网络与输入网络的函数关系相关，就可以构成函数或反函数电路。

在分析这些用运放构成的电路时，可以直接根据网络的阻抗或导纳，利用同相放大器与反相放大器的传递函数表达式分析。由于满足深度负反馈，所以更通用的分析过程可以借助虚短路虚开路方法进行。

运算电路中的比例运算实际上就是放大器，加法和减法电路也常常用来构成放大器。其余运算电路包括微分和积分电路、对数与反对数电路等，它们常常用来构成信号变换电路。

模拟乘法器可以用对数和反对数电路组合构成，但是更通用的是集成乘法器。集成乘法器电路(吉尔伯特乘法器)利用双极型晶体管差分放大器的跨导与静态工作点电流成正比的特点，用一个输入控制静态工作点，另一个输入直接进入差分放大器，就形成两个输入信号相乘的形式。

有源滤波器则是集成运放的又一个重要应用。按照滤波器取舍信号的频率范围，可以将模拟滤波器大致分为低通滤波器、高通滤波器、带通滤波器、带阻滤波器、全通滤波器等数种。

分析运放构成的有源滤波器时，可以虚短路虚开路的原则，将电路元件全部用复阻抗表示，写出节点电压方程，然后解方程，得到电路在复频域的电压传递函数，最后根据此电压传递函数分析电路的频率特性。这种分析运放应用电路的方法不仅适用于有源滤波器，实际上适用于任何用运放构成的线性电路分析。

本章还介绍了几个最常见的用运放构成的信号处理电路：精密整流电路、电压与电流相互转换电路、桥式功率放大器。

精密整流电路是一个非线性电路，它利用运放具有极高增益，可以构成深度负反馈的原理，将非线性元件二极管的正向导通压降转移到基本放大器中，从而被克服。此电路通常用在测量、仪表等场合，也可以利用它构成精密转折点电路。

电流转换为电压就是基本的电压并联负反馈放大器。电压转换为电流的电路基本结构是通过取样电阻，将流过负载的电流转换成电压，然后利用集成运放构成的运算电路，将此电流与输入电压构成某种相关，达到将电压转换为电流的目的。

　　桥式功率放大器是一种大功率输出电路,它充分利用了正负两个电源,使得最大输出功率达到普通互补输出电路的 4 倍,常常用在需要较大功率输出的场合。

思考题与习题

1. 画出能够实现下列函数的电路,并注明其中电阻的比例关系。

　　1) $v_o = 3v_1 + 2v_2 + 5v_3$

　　2) $v_o = -v_1 - 2v_2 - 4v_3$

　　3) $v_o = 3v_1 + v_2 - 3v_3$

2. 分析下列图示的电路,写出它们的输出电压表达式。

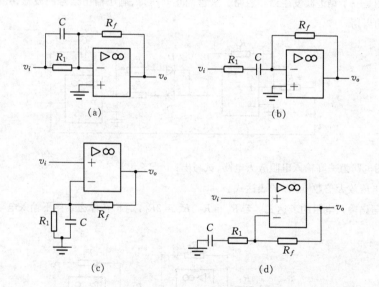

(a)   (b)

(c)   (d)

3. 下图是一种仪表放大器,其中相同标号的电阻具有相同的阻值。通常 R_3 较小而 R_1 和 R_2 较大。试写出它的差模电压增益表达式和共模电压增益表达式,并说明它的电路特点。

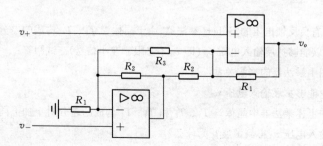

4. 仿照同相积分电路结构,画出同相微分电路并写出输出电压表达式。

5. 下图是另一种积分电路,称为自举积分电路。试分析该电路的工作原理,写出输出电压的
表达式。

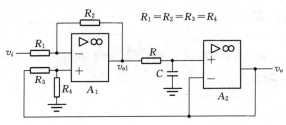

6. 下图是一个锯齿波发生器。忽略二极管的正向压降,画出输出信号的波形,并确定输出信
号的周期。

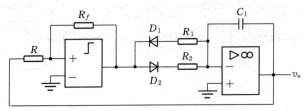

7. 下图电路为一高输入电阻放大电路,试写出:

1) 电压放大倍数 v_o/v_s 的表达式。

2) 写出输入电阻的表达式。若 $R_3 = R_2$、$R_4 = 2R_1$,讨论在什么条件下输入电阻有极大值。

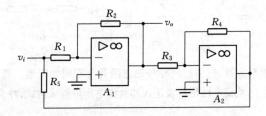

8. 下图是带有负反馈电阻的 Gilbert 乘法器,由于晶体管 T_5、T_6 构成的差分对带有负反馈电
阻 R_E,所以能够扩展输入电压 v_{i2}(即 v_{i2} 不必限制在小信号)。试回答:

1) 写出图中乘法器的乘法关系。

2) 证明它能够扩展输入电压 v_{i2}。

3) 能否在上述乘法器中晶体管 T_1、T_2 和 T_3、T_4 构成的差分对上加上同样的负反馈电阻
使得输入电压 v_{i1} 得到扩展? 为什么?

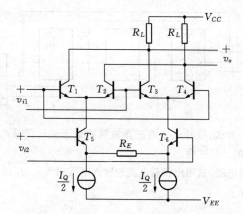

9. 下图是一个低通滤波器,试求它的电压传递函数,并同图 6-27 的电路比较。

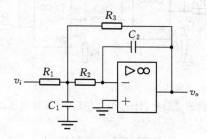

10. 下图是一个高通滤波器,试求它的电压传递函数。

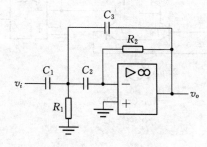

11. 下图是一个状态变量型有源滤波器。试证明其电压传递函数为 $H(s) = \dfrac{v_o(s)}{v_i(s)} =$

$\dfrac{a_2 s^2 + a_1 s + a_0}{s^2 + b_1 s + b_0}$。图中两个符号分别表示求和运算和积分运算。求和运算输入端标注的限

定符号为权重,例如第一个符号表示从上至下 3 个输入分别乘以 1、$-b_1$、$-b_0$ 后再相加。

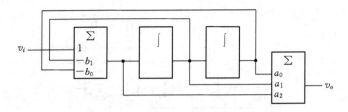

12. 按照本章例题 5 的方式,设计一个将三角波转换成近似正弦波的电路。要求画出电路结构,给出参考电压的计算过程。

13. 下图是一个电流源电路,试写出负载电流与输入电压的关系,并说明在什么条件下,负载电流与负载电阻无关。

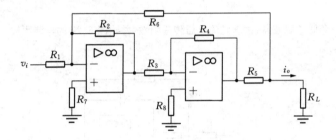

14. 假设下图电路中晶体管的 β 很大,且 r_{ce} 可以忽略,计算其电压增益 $A_{vd} = v_o / v_{id}$。

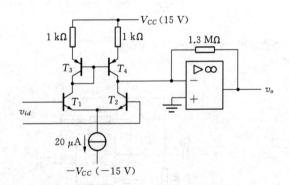

附　　录

附录 1　拉普拉斯变换简介

拉普拉斯变换(The Laplace Transform)是一种函数的变换,经变换后,可以将微分方程变换成代数方程,并且在变换的同时将初始条件引入,避免了经典解法关于求积分常数的麻烦,因此可以使分析问题的过程得以简化。

一、拉普拉斯变换的定义

定义:若将实变量 t 的函数 $f(t)$,乘以指数函数 e^{-st}(其中 $s = \sigma + \mathrm{j}\omega$,是一个复变量),再在 0 到∞之间对 t 进行积分,就得到一个新的函数 $F(s)$。$F(s)$称为 $f(t)$ 的拉普拉斯变换。

$$F(s) = \int_0^\infty f(t)\mathrm{e}^{-st}\,\mathrm{d}t$$

为了保证上面定义中等号右面的积分存在,$f(t)$应满足下列条件:

(1) 当 $t < 0$ 时,$f(t) = 0$;

(2) 当 $t > 0$ 时,$f(t)$分段连续;

(3) 当 $t \to \infty$ 时,e^{-st}较 $f(t)$衰减得更快。

由于 $\int_0^\infty f(t)\mathrm{e}^{-st}\,\mathrm{d}t$ 是一个定积分,t 将在新函数中消失,所以 $F(s)$ 只取决于 s。

拉普拉斯变换是一种单值变换,$f(t)$ 与 $F(s)$ 之间具有一一对应的关系。通常称 $f(t)$为原函数,$F(s)$为像函数。

二、拉普拉斯变换的运算

可以由拉普拉斯变换的定义求原函数的像函数。

例 F1-1　求指数函数 e^{-at} 的像函数。

指数函数 e^{-at} 的像函数为

$$F(s) = \int_0^\infty e^{-at} e^{-st} dt$$

$$= \int_0^\infty e^{-(s+a)t} dt$$

$$= \frac{1}{s+a}$$

例 F1-2 求正弦函数 $\sin \omega t$ 的像函数。

正弦函数 $\sin \omega t$ 的像函数为

$$F(s) = \int_0^\infty \sin \omega t\, e^{-st} dt$$

$$= \int_0^\infty \frac{1}{2j} (e^{j\omega t} - e^{-j\omega t}) e^{-st} dt$$

$$= \frac{1}{2j} \left[\int_0^\infty e^{-(s-j\omega)t} dt - \int_0^\infty e^{-(s+j\omega)t} dt \right]$$

$$= \frac{1}{2j} \left(\frac{1}{s-j\omega} - \frac{1}{s+j\omega} \right)$$

$$= \frac{\omega}{s^2 + \omega^2}$$

更通常的做法是将原函数与像函数之间的对应关系列成表的形式,通过查表可以知道原函数的像函数,或者由像函数反过来查原函数。常用的拉普拉斯变换如附表 1-1 所示。

附表 1-1 常用函数的拉普拉斯变换表

原函数 $f(t)$	像函数 $F(s)$
$\delta(t)$	1
$1(t)$	$\dfrac{1}{s}$
e^{-at}	$\dfrac{1}{s+a}$
t	$\dfrac{1}{s^2}$
t^n	$\dfrac{n!}{s^{n+1}}$

（续表）

原函数 $f(t)$	像函数 $F(s)$
te^{-at}	$\dfrac{1}{(s+a)^2}$
$\sin \omega t$	$\dfrac{\omega}{s^2+\omega^2}$
$\cos \omega t$	$\dfrac{s}{s^2+\omega^2}$
$\dfrac{1}{b-a}(e^{-at}-e^{-bt})$	$\dfrac{1}{(s+a)(s+b)}$
$\dfrac{1}{b-a}(be^{-bt}-ae^{-at})$	$\dfrac{s}{(s+a)(s+b)}$
$\dfrac{1}{a}(1-e^{-at})$	$\dfrac{1}{s(s+a)}$
$\dfrac{1}{ab}\left[1+\dfrac{1}{a-b}(be^{-at}-ae^{-bt})\right]$	$\dfrac{1}{s(s+a)(s+b)}$
$\dfrac{1}{a^2}(at-1+e^{-at})$	$\dfrac{1}{s^2(s+a)}$
$\dfrac{\omega_0}{\sqrt{1-\xi^2}}e^{-\xi\omega_0 t}\sin(\omega_0\sqrt{1-\xi^2}\,t)$	$\dfrac{\omega_0^2}{s^2+2\xi\omega_0 s+\omega_0^2}$, $(0<\xi<1)$
$\dfrac{-1}{\sqrt{1-\xi^2}}e^{-\xi\omega_0 t}\sin(\omega_0\sqrt{1-\xi^2}\,t+\varphi)$, $\varphi=\arctan\dfrac{\sqrt{1-\xi^2}}{\xi}$	$\dfrac{s}{s^2+2\xi\omega_0 s+\omega_0^2}$, $(0<\xi<1)$
$1-\dfrac{1}{\sqrt{1-\xi^2}}e^{-\xi\omega_0 t}\sin(\omega_0\sqrt{1-\xi^2}\,t+\varphi)$, $\varphi=\arctan\dfrac{\sqrt{1-\xi^2}}{\xi}$	$\dfrac{\omega_0^2}{s(s^2+2\xi\omega_0 s+\omega_0^2)}$, $(0<\xi<1)$

　　由于拉普拉斯变换表不可能列出所有的变换公式,所以在运用变换表求拉普
拉斯变换或反变换时,经常要对原有的函数做一些分解或其他变形,同时还要借助
于一些基本的运算定理。附表 1-2 列出了拉普拉斯变换的主要运算定理。

附表 1-2　拉普拉斯变换的主要运算定理

名　称	公　式
叠加定理	$L[f_1(t)\pm f_2(t)]=F_1(s)\pm F_2(s)$
比例定理	$L[Kf(t)]=KF(s)$
微分定理	$L\left[\dfrac{\mathrm{d}f(t)}{\mathrm{d}t}\right]=sF(s)-f(0)$
积分定理	$L\left[\int f(t)\mathrm{d}t\right]=\dfrac{F(s)}{s}+\dfrac{\int f(t)\mathrm{d}t\,|_{t=0}}{s}$

（续表）

名　称	公　式
位移定理	$L[e^{-at}f(t)] = F(s+a)$
延迟定理	$L[f(t-\tau)] = e^{-s\tau}F(s)$
相似定理	$L\left[f\left(\dfrac{t}{a}\right)\right] = aF(as)$
初值定理	$\lim\limits_{t\to 0} f(t) = \lim\limits_{s\to\infty} sF(s)$
终值定理	$\lim\limits_{t\to\infty} f(t) = \lim\limits_{s\to 0} sF(s)$

在电路分析中,传递函数通常具有 $H(s) = k\dfrac{(s-z_1)(s-z_2)\cdots(s-z_m)}{(s-p_1)(s-p_2)\cdots(s-p_n)}$ 的形式,通常该形式的函数无法直接通过查表得到原函数,但是可以通过部分分式展开的方法,将它分解成如下形式:

$$H(s) = \frac{K_1}{s-p_1} + \frac{K_2}{s-p_2} + \cdots + \frac{K_n}{s-p_n}$$

其中 K_1, K_2, $\cdots$, K_n 为待定系数。然后可以通过查表得到原函数。

例 F1-3　求 RLC 串联电路在单位阶跃函数作用下电容两端的电压输出。

从电容两端得到电压输出的 RLC 串联电路的传递函数为

$$H(s) = \frac{\omega_0^2}{s^2 + 2\xi\omega_0 s + \omega_0^2}$$

单位阶跃函数的拉普拉斯变换式为 $\dfrac{1}{s}$,所以电容两端的输出电压为

$$v_C(s) = \frac{\omega_0^2}{s^2 + 2\xi\omega_0 s + \omega_0^2} \cdot \frac{1}{s}$$

要将函数 $\dfrac{\omega_0^2}{s^2 + 2\xi\omega_0 s + \omega_0^2}$ 展开成部分分式,需要首先将分母 $s^2 + 2\xi\omega_0 s + \omega_0^2$ 化成 $(s-p_1)(s-p_2)$ 的形式。由于方程 $s^2 + 2\xi\omega_0 s + \omega_0^2 = 0$ 的根为 $p_{1,2} = -\xi\omega_0 \pm \omega_0\sqrt{\xi^2-1}$,当 ξ 不同时,$p_{1,2}$ 的性质不同,展开成的部分分式也不同,所以必须分别求解如下:

(1) $\xi = 0$, $p_{1,2} = \pm j\omega_0$

此时输出为

$$v_C(s) = \frac{\omega_0^2}{s^2 + 2\xi\omega_0 s + \omega_0^2} \cdot \frac{1}{s} = \frac{\omega_0^2}{s^2 + \omega_0^2} \cdot \frac{1}{s}$$

可以将上式展开为

$$v_C(s) = \frac{\omega_0^2}{s^2 + \omega_0^2} \cdot \frac{1}{s} = \frac{A}{s} + \frac{Bs + C}{s^2 + \omega_0^2}$$

应用通分的方法可以得到其待定系数 $A = 1$，$B = -1$，$C = 0$。代入上式，得到

$$v_C(s) = \frac{1}{s} - \frac{s}{s^2 + \omega_0^2}$$

查表得到

$$v_C(t) = 1 - \cos\omega_0 t$$

它表明，当 $\xi = 0$ 时，RLC 电路的单位阶跃响应为一个等幅振荡。实际上，只有 $R = 0$ 时才有 $\xi = 0$，所以该响应就是表示电路无阻尼的情况。

（2）$0 < \xi < 1$，$p_{1,2} = -\xi\omega_0 \pm j\omega_0\sqrt{1-\xi^2}$

此时方程具有一对共轭复根，输出为如下形式：

$$v_C(s) = \frac{\omega_0^2}{s^2 + 2\xi\omega_0 s + \omega_0^2} \cdot \frac{1}{s}$$

查表可知，

$$v_C(t) = 1 - \frac{1}{\sqrt{1-\xi^2}} e^{-\xi\omega_0 t} \sin\left(\omega_0\sqrt{1-\xi^2} \cdot t + \arctan\frac{\sqrt{1-\xi^2}}{\xi}\right)$$

可见这是一个衰减振荡的情况。

（3）$\xi = 1$，$p_{1,2} = -\omega_0$

此时函数具有两个相同的负实根（重根），应该将函数展开成

$$v_C(s) = \frac{\omega_0^2}{s^2 + 2\omega_0 s + \omega_0^2} \cdot \frac{1}{s} = \frac{A}{s} + \frac{B}{(s+\omega_0)^2} + \frac{C}{s+\omega_0}$$

应用通分的方法可以得到其待定系数 $A = 1$，$B = -\omega_0$，$C = -1$。代入上式，得到

$$v_C(s) = \frac{1}{s} - \frac{\omega_0}{(s+\omega_0)^2} - \frac{1}{s+\omega_0}$$

查表可知，

$$v_C(t) = 1 - \omega_0 t e^{-\omega_0 t} - e^{-\omega_0 t} = 1 - e^{-\omega_0 t}(1 + \omega_0 t)$$

这是一个单调上升曲线。

（4）$\xi > 1$，$p_{1,2} = -\xi\omega_0 \pm \omega_0\sqrt{\xi^2 - 1}$

此时函数具有两个不等的负实根，应该将函数展开成

$$v_C(s) = \frac{\omega_0^2}{s^2 + 2\xi\omega_0 s + \omega_0^2} \cdot \frac{1}{s}$$

$$= \frac{A}{s} + \frac{B}{s - (-\xi\omega_0 + \omega_0\sqrt{\xi^2 - 1})} + \frac{C}{s - (-\xi\omega_0 - \omega_0\sqrt{\xi^2 - 1})}$$

应用通分的方法可以得到其待定系数为

$$A = 1$$

$$B = -\frac{1}{2\sqrt{\xi^2 - 1}(\xi - \sqrt{\xi^2 - 1})}$$

$$C = \frac{1}{2\sqrt{\xi^2 - 1}(\xi - \sqrt{\xi^2 - 1})}$$

代入上式，得到

$$v_C(s) = \frac{1}{s} - \frac{1}{2\sqrt{\xi^2 - 1}(\xi - \sqrt{\xi^2 - 1})[s + \omega_0(\xi - \sqrt{\xi^2 - 1})]}$$

$$+ \frac{1}{2\sqrt{\xi^2 - 1}(\xi - \sqrt{\xi^2 - 1})[s + \omega_0(\xi + \sqrt{\xi^2 - 1})]}$$

查表可知，

$$v_C(t) = 1 - \frac{1}{2\sqrt{\xi^2 - 1}(\xi - \sqrt{\xi^2 - 1})}e^{-(\xi - \sqrt{\xi^2 - 1})\omega_0 t}$$

$$+ \frac{1}{2\sqrt{\xi^2 - 1}(\xi - \sqrt{\xi^2 - 1})}e^{-(\xi + \sqrt{\xi^2 - 1})\omega_0 t}$$

这也是一个单调上升曲线。

·其实从电路的观点来看，(3)和(4)这两种情况都可以将一个二阶网络等效成两个一阶网络的串联，所以它们的阶跃响应都是单调的指数上升曲线。

附录 2　晶体管的网络参数模型

一、网络参数

　　对于任何一个如附图 2-1 所示的四端线性网络,不管其内部结构如何,激励和响应的关系总可以用网络参数加以描述。

所谓网络参数,就是输入端的电压 v_1、电流 i_1 和输出端的电压 v_2、电流 i_2 之间的关系,它不涉及网络内部的具体结构,仅仅用外部端口的电压电流关系加以描述。所以网络参数是一种"黑盒子"概念,这是与网络函数的概念完全不同的。

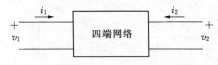

附图 2-1　四端线性网络

　　由于在四端网络中,只要设定输入输出的电压电流 4 个参数中的任意两个作为独立激励源,则其余两个参数必可唯一地确定,所以可以有 6 种不同的网络参数描述一个四端网络:短路导纳参数(y 参数)、开路阻抗参数(z 参数)、混合参数(h 参数和 g 参数)、传输参数($ABCD$ 参数和 $\overline{ABCD}$ 参数)。

　　短路导纳参数(y 参数)可以用下列方程描述:

$$\begin{bmatrix} i_1 \\ i_2 \end{bmatrix} = \begin{bmatrix} y_{11} & y_{12} \\ y_{21} & y_{22} \end{bmatrix} \begin{bmatrix} v_1 \\ v_2 \end{bmatrix} \tag{附 2.1}$$

其中 y_{ij} 具有导纳的量纲。若在(附 2.1)式中分别令 v_1 和 v_2 为零(相当于输入输出分别短路),可以得到 y_{ij} 的表达式为

$$y_{11} = \left. \frac{i_1}{v_1} \right|_{v_2=0} \tag{附 2.2a}$$

$$y_{12} = \left. \frac{i_1}{v_2} \right|_{v_1=0} \tag{附 2.2b}$$

$$y_{21} = \left. \frac{i_2}{v_1} \right|_{v_2=0} \tag{附 2.2c}$$

$$y_{22} = \left. \frac{i_2}{v_2} \right|_{v_1=0} \tag{附 2.2d}$$

其余几个网络参数的描述如下：

开路阻抗参数(z参数)：

$$\begin{bmatrix} v_1 \\ v_2 \end{bmatrix} = \begin{bmatrix} z_{11} & z_{12} \\ z_{21} & z_{22} \end{bmatrix} \begin{bmatrix} i_1 \\ i_2 \end{bmatrix} \qquad (\text{附} 2.3)$$

混合参数(h参数和g参数)：

$$\begin{bmatrix} v_1 \\ i_2 \end{bmatrix} = \begin{bmatrix} h_{11} & h_{12} \\ h_{21} & h_{22} \end{bmatrix} \begin{bmatrix} i_1 \\ v_2 \end{bmatrix} \qquad (\text{附} 2.4)$$

$$\begin{bmatrix} i_1 \\ v_2 \end{bmatrix} = \begin{bmatrix} g_{11} & g_{12} \\ g_{21} & g_{22} \end{bmatrix} \begin{bmatrix} v_1 \\ i_2 \end{bmatrix} \qquad (\text{附} 2.5)$$

传输参数($ABCD$参数和$\overline{A}\overline{B}\overline{C}\overline{D}$参数)：

$$\begin{bmatrix} v_1 \\ i_1 \end{bmatrix} = \begin{bmatrix} A & B \\ C & D \end{bmatrix} \begin{bmatrix} v_2 \\ -i_2 \end{bmatrix} \qquad (\text{附} 2.6)$$

$$\begin{bmatrix} v_2 \\ i_2 \end{bmatrix} = \begin{bmatrix} \overline{A} & \overline{B} \\ \overline{C} & \overline{D} \end{bmatrix} \begin{bmatrix} v_1 \\ -i_1 \end{bmatrix} \qquad (\text{附} 2.7)$$

这几种参数的表达式可以仿照y参数得到。另外这几种参数之间均可以相互转换,具体转换关系可以通过在描述某个参数的方程中改变自变量和因变量的关系得到。

二、晶体管的网络参数模型

将处于小信号放大状态下的晶体管线性化,作为一个四端线性网络处理,可以用网络参数来描述它的行为,这就是晶体管的网络参数模型。通常在低频小信号状态下常常用h参数描述晶体管,在高频小信号状态下常常用y参数描述晶体管。

由于晶体管构成四端网络时有3种不同接法,所以在描述晶体管的网络参数模型中,常常用脚标表示公共引脚,并将网络参数中用数字表述的脚标改用字母表示,如晶体管共发射极的网络参数模型表示为

$$\begin{bmatrix} v_{be} \\ i_c \end{bmatrix} = \begin{bmatrix} h_{ie} & h_{re} \\ h_{fe} & h_{oe} \end{bmatrix} \begin{bmatrix} i_b \\ v_{ce} \end{bmatrix} \qquad (\text{附} 2.8)$$

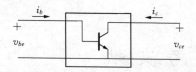

附图 2-2　晶体管共发射极网络参数模型

　　显然,晶体管的网络参数模型是晶体管的一种线性近似模型,它和本教材中使用的晶体管模型之间具有一定的联系。例如,若采用教材中图 2-44 的晶体管小信号模型,则转换成 h 参数后有

$$h_{ie} = \left.\frac{v_{be}}{i_b}\right|_{v_{ce}=0} = r_{be} \qquad\qquad (附\ 2.9a)$$

$$h_{re} = \left.\frac{v_{be}}{v_{ce}}\right|_{i_b=0} = 0 \qquad\qquad (附\ 2.9b)$$

$$h_{fe} = \left.\frac{i_c}{i_b}\right|_{v_{ce}=0} = \beta \qquad\qquad (附\ 2.9c)$$

$$h_{oe} = \left.\frac{i_c}{v_{ce}}\right|_{i_b=0} = \frac{1}{r_{ce}} \qquad\qquad (附\ 2.9d)$$

　　由于网络参数是一种"黑盒子"形式的模型参数,使用者知道网络参数后可以不关心实际网络的具体结构,而在实际应用中可以采用专门的仪器来测试晶体管的网络参数,所以晶体管的网络参数模型在一定程度上可以解决实际使用晶体管的建模问题。但是需要注意,由于晶体管是一个非线性器件,它的网络参数随着它的工作条件(如工作点电流、工作频率、温度等)的改变而改变,所以在使用网络参数模型时,必须注意给出的网络参数的工作条件,否则将得到错误的结果。

参 考 文 献

[1] 蓝鸿翔编著. 电子线路基础. 北京：人民教育出版社, 1981

[2] 李联编著. 模拟电子线路基础. 复旦大学讲义

[3] Donald A. Neamen. *Electronic Circuit Analysis and Design* (Second Edition). 北京：清华大学出版社, 2000

[4] J·米尔曼著, 清华大学电子学教研组译. 微电子学：数字和模拟电路及系统. 北京：人民教育出版社, 1980

[5] 邱关源编著. 电路. 北京：高等教育出版社, 1982

[6] 谢沅清编著. 模拟电子线路. 成都：电子科技大学出版社, 1994

[7] 谢家奎等编著. 电子线路. 北京：高等教育出版社, 1999

[8] 童诗白、华成英等编著. 模拟电子技术基础. 北京：高等教育出版社, 2001

[9] Phillip E. Allen. *CMOS Analog Circuit Design*, (Second Edition). 北京：电子工业出版社, 2002

[10] Behzad Razavi, 陈贵灿等译. 模拟CMOS集成电路设计. 西安：西安交通大学出版社, 2003

[11] 蓝鸿翔、戴蓓倩等编著. 电子信息系统基础. 北京：高等教育出版社, 2002

[12] 陈大钦、杨华等编著. 模拟电子技术基础. 北京：高等教育出版社, 2000

[13] 唐竞新编著. 模拟电子技术基础解题指南. 北京：清华大学出版社, 1998

[14] 国家标准局. 电气制图及图形符号国家标准汇编. 北京：中国标准出版社, 1989

[15] Texas Instrument. *Linear Circuits Operational Amplifiers Data Book*, Volume 1, 1992

[16] Motorola Inc.. *Linear and Interface Iintegrated Circuits*, 1990

[17] National Semiconductor. *Operational Amplifiers Databook*, 1993

[18] A. S. Sedra, K. C. Smith 著, 周玲玲等译. 微电子电路. 北京：电子工业出版社, 2006

图书在版编目(CIP)数据

模拟电子学基础/陈光梦编著. —2 版. —上海：复旦大学出版社,2009.9(2024.7重印)
(复旦博学·电子学基础系列)
ISBN 978-7-309-06858-0

Ⅰ. 模… Ⅱ. 陈… Ⅲ. 模拟电路-电子技术 Ⅳ. TN710

中国版本图书馆 CIP 数据核字(2009)第 151260 号

模拟电子学基础(第二版)
陈光梦 编著
责任编辑/梁 玲

复旦大学出版社有限公司出版发行
上海市国权路 579 号 邮编：200433
网址：fupnet@fudanpress.com http://www.fudanpress.com
门市零售：86-21-65102580 团体订购：86-21-65104505
出版部电话：86-21-65642845
上海华业装潢印刷厂有限公司

开本 787 毫米×960 毫米 1/16 印张 21 字数 388 千字
2024 年 7 月第 2 版第 9 次印刷

ISBN 978-7-309-06858-0/T·346
定价：49.00 元

复旦　电子学基础系列

※ 模拟电子学基础	陈光梦	编著
□ 数字逻辑基础	陈光梦	编著
○ 高频电路基础	陈光梦	编著
现代工程数学	王建军	编著
模拟与数字电路基础实验	孔庆生	编著
模拟与数字电路实验	王勇	主编
微机原理与接口实验	俞承芳　李旦	主编
近代无线电实验	陆起涌	主编
电子系统设计	俞承芳　李旦	主编
模拟电子学基础与数字逻辑基础学习参考	王勇　陈光梦	编著

加"※"者为普通高等教育"十二五"国家级规划教材;

加"□"者为普通高等教育"十一五"国家级规划教材,2011年荣获第二届中国大学出版社图书奖优秀教材奖一等奖;

加"○"者2012年荣获中国电子教育学会全国电子信息类优秀教材奖二等奖,2013年荣获第三届中国大学出版社图书奖优秀教材奖一等奖.

- -

复旦大学出版社向使用《模拟电子学基础(第二版)》进行教学的教师免费赠送教学辅助光盘以供参考,欢迎完整填写下面的表格来索取光盘.

教师姓名:＿＿＿＿＿＿　　课程名称:＿＿＿＿＿＿＿＿＿＿＿＿＿

学生人数＿＿＿＿＿＿　　学校院系:＿＿＿＿＿＿＿＿＿＿＿＿＿

联系电话:(O)＿＿＿＿＿　手机:＿＿＿＿＿　电子邮箱:＿＿＿＿＿＿

邮政编码:＿＿＿＿＿＿　　学校地址:＿＿＿＿＿＿＿＿＿＿＿＿＿

邮政编码:＿＿＿＿＿＿　　邮寄地址:＿＿＿＿＿＿＿＿＿＿＿＿＿

请将本页完整填写后,剪下邮寄到

上海市国权路579号　复旦大学出版社　梁玲收

邮政编码:200433　联系电话:(021)65654718　电子邮箱:liangling@fudan.edu.cn

复旦大学出版社将免费邮寄赠送教师所需要的光盘.